U0145877

WHAT IS PSYCHOLOGY

心理学是什么

崔丽娟 著

北京大学出版社
PEKING UNIVERSITY PRESS

图书在版编目(CIP)数据

心理学是什么/崔丽娟著. —北京:北京大学出版社,2015.9
(人文社会科学是什么)
ISBN 978-7-301-25902-3

Ⅰ. ①心… Ⅱ. ①崔… Ⅲ. ①心理学—通俗读物 Ⅳ. ①B84-49

中国版本图书馆 CIP 数据核字(2015)第121261号

书　　名 心理学是什么
著作责任者 崔丽娟　著
策划编辑 杨书澜
责任编辑 魏冬峰
标准书号 ISBN 978-7-301-25902-3
出版发行 北京大学出版社
地　　址 北京市海淀区成府路205号　100871
网　　址 http://www.pup.cn
电子信箱 weidf02@sina.com
新浪微博 @北京大学出版社
电　　话 邮购部62752015　发行部62750672　编辑部62750673
印 刷 者 北京中科印刷有限公司
经 销 者 新华书店
890毫米×1240毫米　A5　12.5印张　258千字
2015年9月第1版　2022年7月第6次印刷
定　　价 48.00元

阅读说明

亲爱的读者朋友：

非常感谢您能够阅读我们为您精心策划的“人文社会科学是什么”丛书。这套丛书是为大、中学生及所有人文社会科学爱好者编写的入门读物。

这套丛书对您的意义：

1. 如果您是中学生，通过阅读这套丛书，可以扩大您的知识面，这有助于提高您的写作能力，无论写人、写事，还是写景都可以从多角度、多方面展开，从而加深文章的思想性，避免空洞无物或内容浅薄的华丽辞藻的堆砌（尤其近年来高考中话题作文的出现对考生的分析问题能力及知识面的要求更高）；另一方面，与自然科学知识可提供给人们生存本领相比，人文社会科学知识显得更为重要，它帮助您确立正确的人生观、价值观，教给您做人的道理。

2. 如果您是中学生，通过阅读这套丛书，可以使您对人文社会科学有大致的了解，在高考填报志愿时，可凭借自己的兴趣去选择。因为兴趣是最好的老师，有兴趣才能保证您在这个领域取得成功。

3. 如果您是大学生，通过阅读这套丛书，可以帮助您更好地进入自己的专业领域。因为毫无疑问这是一套深入浅出的教学参考书。

4. 如果您是大学生，通过阅读这套丛书，可以加深自己对人生、对社会的认识，对一些经济、社会、政治、宗教等现象做出合理的解释；可以提升自己的人格，开阔自己的视野，培养自己的人文素质。上了大学未必就能保证就业，就业未必就是成功。完善的人格，较高的人文素质是保证您就业以至成功的必要条件。

5. 如果您是人文社会科学爱好者，通过阅读这套丛书，可以让您轻松步入人文社会科学的殿堂，领略人文社会科学的无限风光。当有人问您什么书可以使阅读成为享受？我们相信，您会回答："人文社会科学是什么"丛书。

您如何阅读这套丛书：

1. 翻开书您会看到每章有些语词是黑体字，那是您必须弄清楚的重要概念。对这些关键词或概念的把握是您完整领会一章内容的必要的前提。书中的黑体字所表示的概念一般都有定义。理解了这些定义的内涵和外延，您就理解了这个概念。

2. 书后还附有作者推荐的书目。如您想继续深入学习，可阅读书目中所列的图书。

我们相信，这套书会助您成为人格健康、心态开放、温文尔雅、博学多识的人。

序　一

让人文情怀和科学精神滋润心田

北京大学校长

林建华

一直以来,社会都比较关注知识的实用性,“知识就是力量”“科学技术是第一生产力”,对于一个物质匮乏、知识贫乏的时代来说,这无疑是非常必要的。过去的几十年,中国经济和社会都发生了深刻变化,常常给人恍如隔世的感觉。互联网+、跨界、融合、大数据,层出不穷、正以难以想象的速度颠覆传统……。中国正与世界一起,经历着更猛烈的变化过程,我们的社会已经进入到以创新驱动发展的阶段。

中国是唯一一个由古文明发展至今的大国,是人类发展史上的奇迹。在近代史中,我们的国家曾经历了百年的苦难和屈辱,中国人民从未放弃探索伟大民族复兴之路。北京大学作为中国最古老的学府,一百多年来,一直上下求索科学技术、人文学科和社会科学的发展道路。我们深知,进步决不是忽视既有文明的积累,更不可能用一种文明替代另一种文明,发展必须充分吸收人类积累的知识、承载人类多样化的文明。我们不仅应当学习和借鉴西方的科学和人文情怀,还要传承和弘扬中国辉煌的文明和智慧,这些正是中国大学的历史使命,更是每个龙的传人永远的精神基因。

通俗读物不同于专著,既要通俗易懂,还要概念清晰、更要喜闻乐见,让非专业人士能够读、愿意读。移动互联时代,人们的阅读习惯正在改变,越来越多的人喜欢碎片化地去寻找和猎取知识。我们真诚地希望,这套“人文社会科学是什么”丛书能帮助读者重拾系统阅读的乐趣,让理解人文学科和社会科学基本内容的欣喜丰盈滋润心田;我们更期待,这套书能成为一颗让人胸怀博大的文明种子,在读者的心田生根、发芽、开花、结果。无论他们从事什么职业,都能满怀人文情怀和科学精神,都能展现出中华文明和人类智慧。

历史早已证明,最伟大的创造从来都是科学与艺术的完美结合。我们只有把科学技术、人文修养、家国责任连在一起,才能真正懂人之为人、真正懂得中国、真正懂得世界,才能真正守正创新、引领未来。

序　二

重视人文学科　高扬人文价值

北京大学校长

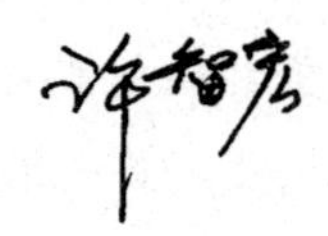

人类已经进入了21世纪。

在新的世纪里,我们中华民族的现代化事业既面临着极大的机遇,也同样面临着极大的挑战。如何抓住机遇,迎接挑战,把中国的事情办好,是我们当前的首要任务。要顺利完成这一任务的关键就是如何设法使我们每一个人都获得全面的发展。这就是说,我们不但要学习先进的自然科学知识,而且也得学习、掌握人文科学知识。

江泽民主席说,创新是一个民族的灵魂。而创新人才的培养需要良好的人文氛围,正如有些学者提出的那样,因为人文和艺术的教育能够培养人的感悟能力和形象思维,这对创新人才的培养至关重要。从这个意义上说,人文科学的知识对于我们来说要显得更为重要。我们迄今所能掌握的知识都是人的知识。正因为有了人,所以才使知识的形成有了可能。那些看似与人或人文学科毫无关系的学科,其实都与人休戚相关。比如我们一谈到数学,往往首先想到的是点、线、面及其相互间的数量关系和表达这些关系的公理、定理等。这样的看法不能说是错误的,但却是不准确的。因为它恰恰忘记了数学知识是人类的知识,没有人类的富于创造性的理性活动,我们是不可能形成包括数学知识在内的知识系统的,所以爱因斯坦才说:“比如整数系,显然是人类头脑的一种发明,一种自己创造自己的工具,它使某些感觉经验的整理简单化了。”数学如此,逻辑学知识也这样。谈到逻辑,我们首先想到的是那些枯燥乏味的推导原理或公式。其实逻辑知识的唯一目的在于说明人类的推理能力的原理和作用,以及人类所具有的观念的性质。总之,一切知识都是人的产物,离开了人,知识的形成和发展都将得不到说明。

因此我们要真正地掌握、了解并且能够准确地运用科学知识,就必须首先要知道人或关于人的科学。人文科学就是关于人的科学,她告诉我们,人是什么,人具有什么样的本质。

现在越来越得到重视的管理科学在本质上也是“以人为本”的学科。被管理者是由人组成的群体,管理者也是由人组成的群体。管理者如果不具备人文科学的知识,就绝对不可能成为优秀的管理者。

但恰恰如此重要的人文科学的教育在过去没有得到重视。我们单方面地强调技术教育或职业教育,而在很大的程度上忽视了人文素质的教育。这样的教育使学生能够掌握某一门学科的知识,充其量能够脚踏实地完成某一项工作,但他们却不可能知道人究竟为何物,社会具有什么样的性质。他们既缺乏高远的理想,也没有宽阔的胸怀,既无智者的机智,也乏仁人的儒雅。当然人生的意义或价值也必然在他们的视域之外。这样的人就是我们常说的“问题青年”。

当然我们不是说科学技术教育或职业教育不重要。而是说,在学习和掌握具有实用性的自然科学知识的时候,我们更不应忘记对于人类来说重要得多的学科，即使我们掌握生活的智慧和艺术的科学。自然科学强调的是“是什么”的客观陈述，而人文学科则注重“应当是什么”的价值内涵。这些学科包括哲学、历史学、文学、美学、伦理学、逻辑学、宗教学、人类学、社会学、政治学、心理学、教育学、法律学、经济学等。只有这样的学科才能使我们真正地懂得什么是真正的自由、什么是生活的智慧。也只有这样的学科才能引导我们思考人生的目的、意义、价值，从而设立一种理想的人格、目标，并愿意为之奋斗终身。人文学科的教育目标是发展人性、完善人格，提供正确的价值观或意义理论，为社会确立正确的人文价值观的导向。

国外很多著名的理工科大学早已重视对学生进行人文科学的教育。他们的理念是，不学习人文学科就不懂得什么是真正意义的人，就不会成为一个有价值、有理想的人。国内不少大学也正在开始这么做，比如北京大学的理科的学生就必须选修一定量的文科课程，并在校内开展多种讲座，使文科的学生增加现代科学技术的知识，也使理科的学生有较好的人文底蕴。

我们中国历来就是人文大国，有着悠久的人文教育传统。古人云：“文明以止，人文也。观乎天文，以察时变，观乎人文，以化成天下。”这一传统绵延了几千年，从未中断。现在我们更应该重视人文学科的教育，高扬人文价值。北京大学出版社为了普及、推广人文科学知识，提升人文价值，塑造文明、开放、民主、科学、进步的民族精神，推出了“人文社会科学是什么”丛书，为大中学生提供了一套高质量的人文素质教育教材，是一件大好事。

2001 年 8 月

人文素质在哪里?
——推介“人文社会科学是什么”丛书

乐黛云

人文素质是一种内在的东西,正如孟子所说:“仁义礼智根于心,其生色也睟然,见于面,盎于背,施于四体,四体不言而喻。”(《尽心上》)人文素质是人对生活的看法,人内心的道德修养,以及由此而生的为人处世之道。它表现在人们的言谈举止之间,它于不知不觉之时流露于你的眼神、表情和姿态,甚至从背后看去也能充沛显现。

要培养和提高自己的人文素质,首先要知道在历史的长河中人类创造了哪些不可磨灭的最美好的东西;其次要以他人为参照,了解人们在这浩瀚的知识、艺术海洋中是如何吸取营养,丰富自己的;第三是要勤于思考,敏于选择,身体力行,将自己认为真正有价值的因素融入自己的生活。要做到这三点并不是一件容易的事,往往会茫无头绪,不知从何做起。这时,人们多么希望能看到一条可以沿着向前走的小径,一颗在前面闪烁引路的星星,或者是过去的跋涉者留下的若隐若现的脚印!

是的,在你面前的,就是这条小径,这颗星星,这些脚印!这就是:《哲学是什么》《美学是什么》《文学是什么》《历史学是什么》《心理学是什么》《逻辑学是什么》《人类学是什么》《伦理学是什么》《宗教学是什么》《社会学是什么》《教育学是什么》《法学是什么》《政治学是什么》《经济学是什么》，等等，每册15万字左右的“人文社会科学是什么”丛书。这套丛书向你展示了古今中外人类文明所创造的最有价值的精粹，它有条不紊地为你分析了各门学科的来龙去脉、研究方法、近况和远景；它记载了前人走过的弯路和陷阱，让你能更快地到达目的地；它像亲人，像朋友，亲切地、平和地与你娓娓而谈，让你于不知不觉中，提高了自己的人生境界！

要达到以上目的，丛书的作者不仅要有渊博的学问，还要有丰富的治学经验和远见卓识，更重要的是要有一种走出精英治学的小圈子，为年青的后来者贡献时间和精力的胸怀。当年，在邀请作者时，策划者实在是十分困难而又费尽心思！经过几番艰苦努力，丛书的作者终于确定下来，他们都是年富力强，至少有20年学术积累，一直活跃在教学科研第一线的，有主见、有创意、有成就的学术骨干。

《历史学是什么》的作者葛剑雄教授则是学识渊博、声名卓著、足迹遍及亚非欧美的复旦大学历史学家。其他作者的情形大概也都类此，他们繁忙的日程不言自明，然而，他们都抽出时间，为这套旨在提高年轻人人文素质的丛书进行了精心的写作。

《哲学是什么》的作者胡军教授，早在上世纪90年代初期就已获北京大学哲学博士学位，在中、西哲学方面都深有造诣。目前，他不仅要带博士研究生、要上课，而且还是统管北京大学哲学系全系科研与教学的系副主任。

《美学是什么》的作者周宪教授，属于改革开放后北京大学最早的一批美学硕士,后又在南京大学读了博士学位,现任南京大学中文系系主任。

从已成的书来看,作者对于书的写法都是力求创新,精心构思,各有特色的。例如胡军教授的书,特别致力于将哲学从狭小的精英圈子里解放出来,让人们懂得:哲学就是指导人们生活的艺术和智慧,是对于人生道路的系统的反思,是美好的、有意义的生活的向导,是我们正不断地行进于其上的生活道路,是爱智慧以及对智慧的不懈追求,是力求提升人生境界的境界之学。全书围绕"哲学为何物"这一问题,层层展开,对"哲学的问题""哲学的方法""哲学的价值"等难以通俗论述的问题做了清晰的分梳。

葛剑雄教授的书则更多地立足于对现实问题的批判和探讨,他一开始就区分了"历史研究"和"历史运用"两个层面,提出对"历史研究"来说,必须摆脱政治神话的干扰,抵抗意识形态的侵蚀,进行学科的科学化建设。同时,对"影射史学""古为今用""以史为鉴""春秋笔法",以及清宫戏泛滥、家谱研究盛行等问题做了深入的辨析,这些辨析都是发前人所未发,不仅传播了知识而且对史学理论也有独到的发展和厘清。

周宪教授的《美学是什么》更是呈现出极为新颖独到的构思。该书在每一部分正文之前都选录了几则古今中外美学家的有关警言,正文中标以形象鲜明生动的小标题,并穿插多处小资料和图表,"关键词"和"进一步阅读书目"则会将读者带入更深邃的美学空间。该书以"散点结构"的方式尽量平易近人地展开作者与读者之间的平等对话;中、西古典美学与现代美学之间的平等对话;作者与中、西古典美学和现代美学之间的平等对话,因而展开了一道又一道多元而开阔的美学风景。

这里不能对丛书的每一本都进行介绍和分析,但可以确信地说,读完这套丛书,你一定会清晰地感觉到你的人文素质被提高到了一个新的境界,这正是你曾苦苦求索的境界,恰如王国维所说:“众里寻他千百度,回头蓦见,那人正在灯火阑珊处。”于是,你会感到一种内在的人文素质的升华,感到孟子所说的那种“见于面,盎于背,施于四体”的现象,你的事业和生活也将随之进入一个崭新的前所未有的新阶段。

前　言

心理学是一门很古老的学问,古希腊哲人亚里士多德的《论灵魂》《论感觉》《论记忆》等著述,就是朴素的心理学;我国古代兵圣孙武的《孙子兵法》,已经能很好地运用心理学了。莎士比亚写剧本、演戏很会调动观众,说明他掌握观众心理学;高明的政治家、军事家、文学家、教育家,甚至是巫师,几乎都懂心理学,古人用具体行为,证明了他们不愧为心理学大师。

心理学又是很年轻的一门学问。1879 年德国人冯特创立第一座心理实验室,出版著作,建立学说,教授学生,心理学才正式登堂入室,被承认为一门独立的科学。到了现代社会,心理学到了无孔不入的地步,不仅教育有心理学,管理有心理学,消费有心理学,恋爱有心理学,连犯罪、自杀,都牵扯到心理学。心理学成了描述一切社会现象的万金油。

什么是心理学呢? 词典上、教科书上已经有了许多答案,可这些答案大部分只会让读者望而却步。差不多一切科学概念都有一个通病:追求准确、系统,追求把握事物的本质,乃至无愧于“科学”的称号。于是,摆出一副高深的学术面孔,脱离大部分人的需要和接受程度。心理学这门似乎人人明白的学科也不例外,即使是一些心理学的入门书,一般人读起来也并不轻松。

其实,“心理学”应该是一个通俗的词汇,它从现实生活的经验出发,抽象出一定的理论,又回到大部分人身边。一切科学的出发点,都是从解释人们身边的生活现象开始的,其最终目标,也应该指向人,应用到我们的现实生活——心理学更应该如此。最近几年,在普及心理学知识方面,人们也确实做了不少工作。看看图书馆、书店的书架上摆着的有关个性分析、兴趣鉴定、智力测验以及人生指导之类的书籍,你就能明白心理学是无时不在我们身边的。只不过这些书大多意在帮助人们认识自己,而不是认识心理学本身。

在我看来,心理学是解释因与果的钥匙,是联系人与动物的基因链条,是接通自我与社会的桥梁,总之,心理学是关于人的学问,是关于生活和社会的科学与技巧。本书试图从人人熟悉的生活现象入手,用通俗的语言引出相关的心理学原理,让读者看得见摸得着,并将心理学原理与自己的内心经验互相印证,把握心理学的精髓。这是本书追求的第一个特点。

现代心理学发端于19世纪末,算起来只有一百多年的历史,相对于古老的文学、历史学、哲学来说,其历史虽然不是很长,但是,在短短的时间里,心理学领域可谓异彩纷呈,大家迭出,在相当大的程度,影响了文学、艺术、哲学,甚至人类历史的面貌。本书试图以简洁的粗线条,向大家介绍心理学的基本知识、基本流派,以及现代心理学发展的基本脉络,使读者建立起对心理学的基本知识体系。这是本书追求的第二个目标。正因为如此,足以让我们在内容的取舍上犯难了:是不是还有什么最能让读者感兴趣的内容我们没有囊括其中?不过既然是书,自有体系,人就是一个宇宙,有关人的发现不是用一个体系能够描述的,我们只希望这是读者所见的独特的体系。心理学还年轻,但并不气盛,我们还有一大片未知的领域等待开拓。一个还没有充分发展的学科,是不能说它是什么的。所以本书的目的只有一个,那就是告诉你我们知道些什么。如果我们的介绍能引起读者对心理学的浓厚兴趣,使你产生要进一步了解它、研究它的愿望,我们已经很感欣慰了。

心理学到底是什么?读了这本书,也许读者心中早已有了自己的答案,而且这个答案可能比我们讲述的还要宽广、宏大;也许有的人会更糊涂了,因为在未涉心理学之前,大多数人都会想:学了心理学是不是可以看穿他人的心思。抱着这种想法的人总归是要失望的。我们也深感罪过,为什么一旦揭去神秘的面纱之后便魅力不再呢?难道心理学真应该是我们描述的这个样子?为什么心理学就不能是大家想象的那个样子呢?除了一些由历史和文化等因素带来的误解之外,我们只能说理想与现实之间总是有差异的。我们的理想与读者可能没什么差别,但是当科学站在我们身边时,我们只能说读者想知道的东西太多而目前心理学所确知的又太少了。看完本书之后,或许你会想,心理学就是这个样子?如果你想借此看透心理学,我们只能对你说抱歉了,因为你只是通过我们所开的一小扇窗户看到房间的一个角落,而房间里到底藏着什么宝物,这是需要大家共同去努力才可能完全摸清楚的。

2002 年,本书出版第一版,共有 12 章,我为该书第一版撰写了六章,马丽霈撰写了四章,杨志勇撰写了两章,最后由我修改并定稿。2005 年,应杨书澜女士要求,我对该书进行修订。在第二版中,我把全书分为四篇,第一篇包括四部分内容,从对大众认识的勘误到心理学大师的解读,试图向读者阐释作为一个整体的心理学是什么;第二篇把个体的人作为阐述对象,向读者介绍了心理学家们对人类心灵深处的探索,也包括了四部分内容;第三篇则向读者介绍了心理学家们对作为社会的人的心理的理解与解释,也包括四部分内容;第四章是对现代心理学的展望,从心理学研究的新内容、新取向两方面阐释了心理学与现代社会。不能求全的是我们的能力有限,而在时间与完美之间,我们又不得不选择时间,所以我们也只能很不情愿地说:错误自是难免,缺陷更不必言。还望读者谅解,学界匡正!

崔丽娟

2005 年 12 月于华东师范大学

目 录
CONTENTS

第一篇

心理学是什么

——从对大众认识的勘误到大师的解读

在冯特创立他的实验室之前，心理学像个流浪儿，一会儿敲敲生理学的门，一会儿敲敲伦理学的门，一会儿敲敲认识论的门。1879年，它才成为一门实验科学，有了一个安身之处和一个名字。

——墨菲

冯特(科学心理学创始人,德国人,1832—1920)

在这一部分我们首先将通过纠正大众普遍存在的对心理学的偏见与误解,告诉你,作为一个整体的心理学应该是什么。然后再通过回答心理学家的一些具体研究,使你感受到用科学的研究方法进行心理学研究的重要性,进而介绍几个传统的心理学研究方法,并通过心理学研究领域的界定,使你看到心理学研究的多样性。最后,我们将带领大家走近心理学的大师们,在大师的研究与学说中,再次感受心理学。

大家知道,自 1879 年冯特(Wundt, W.)创立心理学以来,心理学就呈现出理论纷呈,学派林立的繁荣景象,在这众多的理论门派中,精神分析理论、行为主义学说,人本主义学派,一直被心理学界称为心理学的三大主要流派。我们将向你介绍的就是心理学的这三大门派。

我们的介绍无法勾画出心理学的全部画卷,但希望能帮助你对心理学的一些主要问题有一个大致的了解。本篇包括以下四部分:

1. 心理学要揭示什么——众说纷纭心理学

2. 无意识:清白无邪的梦的背后?——精神分析论心理学

3. 环境和人的行为,谁控制了谁?——行为主义论心理学

4. 不是社会的错:自己的选择自己负责——人本主义论心理学

一 众说纷纭心理学——心理学要揭示什么

“心理学”这个名称常被人误解,其原因就在于:在历史演变中,多次都是旧瓶装入新酒的形式,只换内容,不改名称,因而使人们对心理学有了多种多样的理解,却不能确知“心理”二字的涵义。

以现代心理学的观点,心理学可以说是一门古老而又年轻的科学。心理学源于西方哲学,而西方哲学则源于两千多年前的希腊。苏格拉底、柏拉图、亚里士多德等哲人,都把“心”的探讨,视为哲学的主要问题之一。到了19世纪末,受生物科学的影响,心理学才开始脱离哲学,逐渐成为一门独立的科学。此后,心理学的内容不断变更,但名称仍旧不改。在英文中,表示心理学的单词**psychology**,是由希腊文中的psyche与logos两字演变而成;前者意指“灵魂”,后者意指“讲述”,合起来就是:心理学是阐述心灵的学问。这一界定不含科学概念,只具有哲学意义。到19世纪末,科学心理学萌芽,心理学一度被界定为:心理学是研究心理活动的科学。至此,心理学开始被列入科学的范畴。

从隶属于哲学到开始被视为科学,心理学在内容上只涉及了人的精神或心理方面的问题。到了20世纪20—60年代期间,心理学又被界定为:心理学是研究行为的科学。行为是指可以观察到的外显活动。这一界定一直维持了四十多年,直到70年代才又改为:心理学是对行为和心理历程的科学研究。这一新的界定修正了对行为的偏重,加上了“心理历程”,意指“内外兼顾”,这也正是现代心理学的特征。

1. 大众眼中的心理学——对心理学的偏见与误解

从某种意义上讲，我们每一个人都是心理学家（folk psychologist）。四岁的幼儿已经能揣度别人的心思了，他知道怎样把玩具藏起来让其他小朋友找不到，还会提供错误的线索去误导小朋友；孩子会从妈妈的神情和语气上判断她在生气，所以乖乖地不敢胡闹，等妈妈高兴时，又会乘机提出要求；父母知道怎样运用奖励和处罚来帮助孩子纠正不良行为、养成良好的习惯……这些都建立在对他人心理进行洞察和推论的基础上，也就是说每个人都能对他人在日常生活中的所感、所思和所为进行预测。这也正是心理学家想要努力说明的问题中的一部分。

psychology

尽管每个人都是业余的心理学家,但“心理学”作为一门古老而又年轻的科学,常常被冠以“玄”“神秘”“不可信”,甚至是“伪科学”的名头。如果去问非心理学专业的人士心理学是什么,可能会得到各种不同的答案,其中不乏一些偏见和误解。

1-1　心理学家知道你在想什么

大多数心理学工作者和学习者都有过这样的经历:当周围人得知了你的职业或专业,他们会马上好奇地发问:“你是研究心理学的?那么你说说我正在想什么……”人们总是以为心理学家应该能透视眼前人的内心活动,和算命先生差不多。你不是研究人的心理吗?“研究心理”就是揣摩别人的所思所想。

纠正:心理活动并不只是人在某种情境下的所思所想,它具有广泛的含义,包括人的感觉、知觉、记忆、思维、情绪和意志等。心理学家的工作就是要探索这些心理活动的规律,即它们如何产生、怎样发展、受哪些因素影响以及相互间有什么联系等等。心理学家通常是根据人的外显行为和情绪表现等来研究人的心理,也许他们可以根据你的外在特征或测验结果来推测你的内心世界,但再高明的心理学家也不可能具有所谓的“知心术”——一眼就能看穿你的内心,除非他有超感知能力(ESP),关于这个能力,我们后面再谈。

1-2　心理学就是心理咨询

心理咨询作为一个新兴的行业日渐火热,各种所谓的心理咨询中心、心理门诊、心理咨询热线、心理咨询培训等不断涌现,通过不同的渠道冲击着人们的视听,甚至有越演越烈之势。因此,很多人听到的第一个与心理学有关的名词就是心理咨询,并由此把它当做了心理学的代名词。此外,人们关注一门学科,更容易从实际应用的角度去认识它。而今天,心理学最为广泛的应用就是心理咨询或心理治疗,也就更使人们会把心理咨询与心理学等同起来。

纠正:心理咨询只是心理学的一个应用分支。咨询心理学家的工作对象可以是一个人、一对夫妇、一个家庭或一个团体。心理咨询的目的是为了帮助人们应对生活中的困扰,使其更好地发展,增加生活的幸福感。一般来说,心理咨询是面向正常人的,来访者有心理困扰,但没有出现严重的心理偏差。如果是严重的精神疾病,就要由临床心理学家或精神病学家来处理。

随着生活节奏的加快和竞争压力的加大,现在出现心理困扰的人越来越多,对心理咨询的需求也越来越大。然而,很多人从事这项工作可能是为了获取经济利益,但又缺乏必要的培训和技能,再加上缺乏行业规范,使得目前心理咨询业良莠不齐。这种现象造成了一些人对心理学的失望,对此我们也很担忧。

1-3 心理学家只研究变态的人

很多人都说他们走进心理咨询室是需要很大勇气的,可能还有过思想斗争:“去还是不去?人家会不会认为我是精神病?朋友知道了会怎么看我?……”这在一定程度上反映了很多人对心理学的看法:去心理咨询的人都是“心理有问题”的人,心理有问题就是不正常,就是变态的人,因此,心理学家只研究变态的人。

人们之所以会有这样的看法,一方面和我们的文化传统有关,中国人比较内敛,有了心理困扰倾向于自己调节,如果放在了台面上,就会被认为是很严重的精神问题;另一方面,为了满足人们猎奇的心理,媒体在表现与心理学有关的题材时喜欢选择变态心理,认为这样更具有炒作价值,会有更高的收视率。很多人的确也是从电视、电影、报纸和杂志上认识心理学的,这很容易使人们对心理学产生误解,认为心理学只关注变态的人。尤其是好莱坞和日本的所谓“心理电影”,对此要负很大责任。《精神变态者》《发条橙》《沉默的羔羊》《本能》《催眠》等,为观众展现了光怪陆离的心理世界,也为心理学打上了带有偏见的烙印。

纠正:大多数心理学研究都是针对正常人的。有些人把心理学家和**精神病学家**混淆了。精神病学是医学的一个分支,精神病学家主要从事精神疾病和心理问题的治疗,他们的工作对象是所谓“变态”的人,即心理失常的人。精神科医生和其他医生一样,在治疗精神疾病时可以使用药物,他们还必须要接受心理学的专业培训。与精神病学家不同,心理学家关心所有的人,虽然临床心理学家也关注病人,但他们不能使用药物。除此之外,大多数心理学研究都是探讨正常人心理现象的,如儿童情绪的发展、性别差异、智力、老年人心理、跨文化的比较、人机界面,等等。

1-4 心理学家会催眠

越是神秘的东西,越能让人感兴趣。在很多人眼中,催眠术是一种很玄妙的技术。而知道催眠术的人,又往往把它和心理学家的工作联系起来。之所以有这样的看法,一是因为弗洛伊德的知名度太大了。在一些人看来,弗洛伊德(Freud, S.)就是心理学家的典型代表,既然他使用催眠术,那么心理学家就是会催眠的;二是和几部深有影响的“心理电影”有关,如日本恐怖片《催眠》。这部影片

一个怀表就可以催眠吗?

夸大甚至是歪曲了催眠术的作用,纯粹是为了商业的炒作,和心理学家所使用的催眠术相去甚远。

纠正:催眠术只是精神分析心理学家在心理治疗中使用的一种方法,并非心理学家的"招牌本领",而且很多心理学家并不相信催眠术,他们更喜欢严谨的科学研究方法,如实验和行为观察。

催眠术发源于18世纪的**麦斯麦术**。19世纪英国医生布雷德研究出令患者凝视发光物体而诱导出催眠状态的方法,并认为麦斯麦术所引起的昏睡是神经性睡眠,故另创了"催眠术"一词。但催眠的本质至今尚未明了。催眠术的方法很多,大多是要求人彻底放松,把注意力固定在某个小东西上,如晃动的钟摆和闪烁的灯光,然后诱发出催眠状态。催眠前先要测定患者的暗示性。暗示性高的

催眠状态下身体僵直的图片

来源:梁宁建主编:《心理学导论》,上海教育出版社 2011 年版。

人容易被催眠,能进入深度的恍惚状态,对这些人进行催眠治疗效果较好。人在催眠状态下会按照治疗师的暗示行事,搞不好会有不良后果,所以要由经验丰富的催眠治疗师来进行。催眠术在国外的一个应用是帮助问讯罪犯,使罪犯在催眠状态下不由自主地坦白犯罪情况。但很多司法心理学家反对这样做,认为催眠状态下的问讯对被告人有诱导之嫌,被告很可能会按着催眠师的暗示给出催眠师所“期待”的回答。

1-5 心理学就是梦的分析

这种误会同样是弗洛伊德的影响所致。很多人认为,弗洛伊德的理论中,最吸引人的内容就是释梦。这也不足为怪,因为人总是对自己和别人内心深处的秘密有一种顽固的好奇和挖掘欲望,而梦似乎是透视内心风景的一扇窗户。许多人因此把弗洛伊德的理论等同于梦的分析,又因为弗洛伊德的“代表性”而进一步使之成为心理学的代名词。

这一次,好莱坞的电影又起了作用,例如希区柯克的《爱德华大

电影《爱德华大夫》截图,“病人的梦境”

夫》和里查·基尔的《最后分析》。很多大学生称他们对心理学的最初了解就来自于《爱德华大夫》,它是好莱坞第一部涉及精神分析的作品。希区柯克非凡的洞察力为好莱坞挖掘了一块宝,自此精神分析开始在电影中风行,各种精神变态者和精神科医生粉墨登场。这部影片的一个中心内容就是梦的分析,其中有一句经典台词“晚安,做个好梦,明天拿出来分析一下”,可谓深入人心,让许多人以为这就是心理学家(其实影片中是精神科医生)的口头禅。

纠正:梦的分析只是精神分析流派所使用的治疗技术之一,是心理学工具箱里的一个起子。有关梦的分析的内容,我们在下一章里会有比较详细的阐述。

1-6　心理学是骗人的东西

还有一种让心理学者感到特别伤心的看法，就是：有些人认为心理学是“伪科学”，是骗人的巫术。为什么会有这种评价呢？

一是对心理学科学性的怀疑。在大多数人看来，所谓“科学”就应该像物理学、生物学或数学那样，要么有严格的实验操作，要么有严密的逻辑推理。而人的心理是看不见、摸不着的，对它的任何操作和探究都很“玄”，而且会加进很多主观的东西。人的心理又是一个动态的过程，人本身也是个难以控制的变量，所以心理学研究的结果靠不住，缺乏科学性。

二是有些人对心理咨询的“失望”。有的人缺乏对心理咨询的正确了解，总是希望一两次咨询就能包治百病，这当然是不现实的。还有人认为能否解决心理困扰全是咨询师的责任，自己无须投入，咨询效果自然不会好了。当然，也有心理咨询师队伍的良莠不齐，造成了人们对心理学的失望。由此便认为心理咨询是骗人的，进而把心理学一棒子打死。

纠正：1982 年国际科学联合会（ICSU）接收国际心理科学联合会（IUPsyS）为其会员协会，肯定了心理学的学术地位。心理学中有很多领域向来就与自然科学研究相近，如实验心理学、心理物理学和生理心理学。现在，心理学的各个领域都采取了严格的科学设计，从实验控制、统计学分析，直到结论的提出，都服从于统一的科学标准。所以说，心理学是一门正在成熟的科学。

至于成功的心理咨询，往往需要数月，甚至是更长时间，而且还有赖于求助者的主动意愿和积极参与，它是一个互动的过程。冰冻三尺非一日之寒,问题的解决自然也不是一蹴而就的。大家对心理咨询要有正确的理解和现实的期望,不要因为急于求成而否定了整个心理学。

2. 心理学的研究方法

一些人对心理学家所做的事情不屑一顾,认为他们花很长时间而得到的研究结果只不过是一些人尽皆知的常识。我们认为这样的评价是不公平的。心理学知识不是一般常识,它所研究的范围远远超出了一般常识所能回答的问题。你的看法又如何呢?下面是我们摘自《心理学与你》一书中的几个"常识性"问题,你不妨试着回答一下,看看心理学知识与一般常识是否有区别。

- 做梦用多长时间?

在莎士比亚的《仲夏夜之梦》里,莱桑德尔说真正的爱情是"简单"又"短暂"的,像做梦一样。梦真的是来去一瞬间吗?你认为做一个梦所用的时间是:

1) 一秒钟的几分之一;

2) 几秒钟;

3) 一两分钟;

4) 若干分钟;

5) 几个小时。

- 你隔多长时间做一次梦?

1) 难得或从不做梦;

2) 大约每隔几夜一次;

3) 大约每夜一次;

4）每夜做好几次。

- 牛奶一样多吗？

五岁的瑶瑶看到妈妈在厨房里忙,便走了进去。在厨房的桌子上放着完全相同的两瓶牛奶。她看到妈妈打开其中一瓶,把里面的牛奶倒进一个大玻璃坛子里。她的眼睛溜溜地转,目光从那只仍装满牛奶的瓶子转回到坛子。这时妈妈突然记起她在一本心理学书上读到的情况,便问:"瑶瑶,是瓶子里的牛奶多呢,还是坛子里的牛奶多?"瑶瑶的可能回答:

1）瓶子里的多;

2）坛子里的多;

3）一样多。

- 天生的盲人恢复视力以后

现在运用外科手术使那些天生的盲人在晚年恢复视力,已不是什么奇迹。在拆除绷带的头几天里,你认为这样的人:

1）什么也看不见;

2）看到的只是一片模糊;

3）只看到一些模糊不清的影子在晃动;

4）不用触摸就能认出熟悉的东西;

5）只有在触摸一下并看一看后才能认清东西;

6）看到的一切东西全都上下颠倒。

- 哪一种决定风险大?

一群朋友准备把一些钱作为共同资金在赛马会上花掉。在每次比赛前他们都分别写出赌注的意见。然后集中商讨,做出全组决定。在每项比赛上,最慎重的决定是一点赌金也不押,较为冒险的决定是在最有可能获胜的马上押少量的赌金,而非常冒险的决定是在不大可能获胜的马上押大量的赌金。与个人意见的平均情况相比,全组的决定可能:

1) 更慎重;

2) 更冒险;

3) 既不更慎重也不更冒险。

下面是**心理学家的回答**:

• 做一个梦要用若干分钟,而且每个人每天夜里都会做好几次梦。

你可能觉得自己没做什么梦或梦没那么多,这是因为你忘了做过的梦或只记住了醒来之前的那个梦里的片段情景。研究梦的心理学家把微小的电极贴在正在睡觉的人的头上,记录下脑电波,可以揭示出睡梦期间脑电活动的特有模式。做梦与这种脑电波是同时发生的(睡觉的人在出现这种脑电活动时被叫醒,报告说他们正在做梦),并伴有闭合眼睑下的快速眼动,男性还会伴有阴茎勃起。研究已经表明做梦具有普遍性,这些答案只靠内省报告是得不到的。

• 瑶瑶很可能会认为瓶子里的牛奶比坛子里的多。

一般来讲,七岁左右的儿童才能明白同一瓶液体不管倒进什么容器,其体积都是不变的。瑶瑶只有五岁,如果她只是一般的小孩,当她看见瓶子里的牛奶比坛子里的牛奶液面高很多,她会认为是瓶子里的牛奶较多。

• 在晚年治好失明的人不用触摸就能认清所熟悉的

东西。

这个问题在17世纪就曾经讨论过，可是直到20世纪60—70年代心理学家做了仔细的研究后才令人满意地解决了。对许多先天失明而恢复了视力的人的研究证实了这一结论。

- 全组决定很可能比个人决定的平均情况更冒险一些。

这是一个**集体极化现象**的例子。虽然这种现象具有强烈的反直观性，但是它在课堂教学示范中很容易被展现出来。集体极化的一种特殊实例叫做冒险转移，是50年代末、60年代初由两位心理学家分别发现的。两位研究者使用的方法很不相同，但都显示集体决定一般比个人决定更冒险。对此有两种假设：一种是说在集体讨论中，大多数成员会发现其他人的决定比自己的决定更冒险。因为一般人赞赏冒险精神，这时比较慎重的人就会改变自己的决定。另一种假设是说比较冒险的意见在集体讨论中更容易倾吐出来，其他的人此时容易被说服。

可见，仅仅靠个人日常的经验、体验、经历和常识来了解人们的心理与行为是不准确的，心理学家的研究是非常重要和必要的。你知道心理学家在用什么方法进行研究工作吗？你有参加心理学研究的经历吗？如果有过这样的经历，那么你可能对心理学的研究方法略知一二了。例如，你做过某套有关电视暴力的问卷，该研究所用的方法就是问卷调查法；你报名参加过一项有关安慰剂效应的心理学实验，该研究所用的就是实验法；或者你在某项活动中的表现被心理学研究者用摄像机录了下来，那么他们是在运用观察法……

所有的心理学家都受过有关研究方法的训练，这些方法的重要特点是具有可重复性。如果心理学家能够重复一项研究并重现早期研究结果的话，那么就有理由相信，这两次结果的出现并非偶然。心理学上所使用的研究方法很多，下面我们来看看传统上常用的几种最基本的研究方法。

2-1 观察法

由研究者观察和记录个人或团体的行为，来分析判断两个或多个变量之间的关系的方法，称为观察法。例如，将幼儿与同伴玩耍时的情景拍摄下来，然后进行编码，来分析是不是男孩在游戏中的攻击性行为要多于女孩。

心理学家皮亚杰在街心花园观察儿童游戏

来源：王振宇主编：《学前儿童发展心理学》，人民教育出版社 2004 年版。

心理学上的观察法分为两种：在自然情景中对人或动物的行为直接观察、记录，然后进行分析，称为**自然观察法**。使用这种方法时一般尽量不让被观察者知道，否则他们的行为会变得“不自然”；在预先设置好的情景中进行观察，称为**控制观察法**。

在实际进行观察时，观察者可以有两种身份：一是参与被观察者的活动，在其中将所见所闻，随时记录下来；另一种是以旁观者的身份进行观察。不管以何种身份出现，都应该避免让被观察者发觉而影响观察效果。观察成年人的社会活动（如投票行为）时，可以参与者身份进行观察；观察动物和儿童时，只能以旁观者身份进行观察。以旁观者身份进行观察时，为避免被观察者受到干扰，常在实验室里设置隔间，在隔间墙壁上安装单向玻璃，观察者和被观察者在两个不同的房间。这种情景大家在电影里可能见过，如法国电影《芳芳》，剧中主角芳芳的房间就被安上了单向玻璃，这样观察到的她的所有行为都是自然的，所有的情绪都是真实流露出来的。

2-2　实验法

指在控制的情境之下，实验者有系统地操纵自变量，使之发生改变，然后观察因变量随自变量的改变而受到的影响，也就是探究自变量与因变量之间的因果关系。例如，要研究“某种香水对女性内分泌周期的影响”，香水是自变量，女性内分泌变化就是因变量。

在实验中分别设计**实验组**和**控制组**。比如上面的例子，给实验组的女性施用了香水，对控制组的女性则采用另外一种对女性内分泌周期肯定不会有影响的物质安慰剂，如纯净水，然后通过比较两组女性内分泌变化的情况，来判断这种香水是否起作用。实验组和控制组的唯一差别就是用不用香水,在其他因素上两组都要相等,这样控制组可提供反应基线来与实验组进行比较。为了使两个组达到相等,在抽样(选择被试)和分组(将被试分到不同组)上都要按照统计学上认定合理的方式进行。

在心理学上,实验法除了常见的实验室实验外,还可以延伸到学校、工厂等实际生活情境中进行,我们称之为**实地实验**。还有一种是"**自然的实验**"。例如,研究者有一种假设"大脑前叶与自我意识有关",但不能用正常人来做实验,否则是不道德的。但有时会出现"自然的实验",对有或没有大脑前叶的人进行比较。第二次世界大战使很多人遭遇了严重的脑损伤,生理心理学家通过研究这些人,可以了解到关于大脑各部位与行为或体验之间的许多知识。

2-3 调查法

是以所要研究的问题为范围,预先拟就问题,让受调查者自由表达其态度或意见的一种研究方法。调查法可采用两种方式进行:**问卷法**和**访问法**。问卷法可以经由邮寄的方式进行,同一时间可以调查很多人;访问法只能在面对面的方式下进行,由访问员按接受访问者对问题的反应随时代答或记录。心理学上最著名的调查之一就是阿尔弗雷德·金西(Kinsey, A.)和同事们所做的关于人类性行为的调查。

调查问卷一般包括两部分:一部分是个人资料,如性别、年龄、教育程度、职业、宗教信仰等,一般不要求填写姓名,以消除接受调查者的顾虑,保护其隐私;另一部分要填的是对各题目的反应,答题方式可采用选择法或是非法,也可用简答。

调查法中的一个重要问题是抽样。调查所选取的样本一定要具有代表性,否则不能贸然下结论。例如,研究“大学生对职业选择的意见”,如果以某大学一年级或军事院校四年级的学生为调查对象,所得结果就不能说明问题。因为大学一年级学生对职业选择还缺乏认识,而军事院校则因为自己的特殊性而影响了学生对职业的选择,这样可能就会使调查结果不能反映全面的、真实的情况。为了避免类似的情形,心理学家通常会采用特定的抽样方法,如随机抽样和分层抽样等。

2-4　个案研究法

是以个人或一个团体(如一个家庭、一个公司)为研究对象的一种方法。个案研究最早是医生用来了解病人病情和生活史的一种方法。医生为了诊断正确,询问患者以往求诊经过,以及生活起居习惯等,在性质上即属个案研究。后来个案研究法在心理学上得到普遍应用。临床心理学家用得最多。此外,教育心理学上对学生进行个案辅导,法律心理学上的个案调查,工业心理学上的个案分析,原则上都采用个案法。因为个案研究时,多半要追溯个案的背景资料,了解其生活经历,所以又称**个案历史法**。

与其他研究方法相比,个案研究法除了强调“个案”外,还有两个特征:一是广集个案资料。以法律心理学为例,要想研究个案的整个犯罪行为及犯罪的心理历程,在资料收集上必须包括:个人基本资料、家庭背景、学校生活、社会生活、身体特征、心理特征、过往创伤性经历、犯罪史等等;二是兼采多种方法,如问卷法、测验法、身体检查等。

3. 心理学的研究领域有哪些?

心理学家活动的领域相当广阔。在咨询中心、精神卫生中心以及医院,我们可以看到临床心理学家的身影,他们为那些需要帮助的人提供建议,解决他们的心理困惑,帮助来访者健康成长,对那些有比较严重的心理疾病患者,如强迫症、厌食症、抑郁症、焦虑症、广场恐惧症、精神分裂症患者等,则采用行为矫治或者药物治疗,除了提供帮助之外,他们也做一些研究性工作;在学校,教育心理学家和学校心理学家发挥着极其重要的作用,教育心理学家研究学生如何学习,教师应该怎样教学,教师如何才能把知识充分地传授给学生,以及如何针对不同的课程设计不同的授课方式等等,而学校心理学家负责学校学生的心理辅导与健康成长的工作,有时他们也针对个别学生提供学习上、情感上的帮助和支持。在监狱、犯罪研究机构以及司法部门,活跃着的心理学家通常被称为司法心理学家,他们研究社会犯罪的特征和规律,为决策机构提供预防、减少犯罪的措施,帮助偏离社会正轨的人重新踏上社会,有时也为司法部门在心理障碍病人犯罪的判决问题上提供科学定罪依据。其他的领域还有很多,如军事、部队、工业、经济等等,凡是有人的地方就有心理学的用武之地,可以说,还没有哪一门学科有这么广泛的研究和应用范围。

心理学的研究,涵盖了人的各个活动层面:内心与外显的、个体和群体的,这也构成了心理学的整体内容。但因为本质和方法上的着重点不同,心理学的各领域也有不同的探讨对象和内容。下面我们介绍一下几个主要的领域。

3-1　实验心理学与心理学的生物基础分支

心理学在沿着自然科学道路发展的过程中,在遵循自然科学研究的一般原则的基础上,也形成了适合本学科特殊研究对象的一套独特的研究方法,并形成了一个重要的学科分支,这就是**实验心理学**的来源。虽然我们可以用实验方法研究行为的各个层面,但有关个体基础活动过程的内容,如学习、知觉、记忆、动机、感觉等常为科学方法所探讨的问题,也归入实验心理学的范畴。当然,广义来说,心理学也强调以生物体为研究对象,所以对动物行为也有浓厚的兴趣,但也是为了进一步了解人类的行为。另外,实验心理学也开发精确的测量方法和工具,探讨行为控制的有效程序如治疗技术等。

心理学很重要的一个分支,就是针对人类的生物基础来进行探究,这就是**生理心理学**的重要任务:建立生物过程与人类行为之间的密切联系。常见的研究内容有:我们的大脑如何对我们不同的日常活动进行分工?思维、动作、情绪等的指挥中心在脑的哪些部位?左撇子的起源与神经系统的关系何在?汉字阅读与英文阅读的大脑活动是否一样?荷尔蒙的分泌如何影响性行为?等等。

3-2　人类行为的发展与展现:发展心理学、人格心理学与社会心理学

说到人的心理与行为,我们必须从人生存的整个历程的观点来看。人从出生到死亡,早期经过一些固定的阶段,而逐渐演进并习得了阅读能力、情绪的成熟或不同成长时期如幼儿期或少年期的智

能状态、思维现象等,都是**发展心理学**的研究课题。在人类人格的形成及成长、社会行为的发展等方面,心理学关心的是人们一生的过程,如何开展人格特征、个体间人格的差异、人格的分类及测量和人格形成的理论探讨等,是**人格心理学**的主要题材。人是群体性的动物,所以必须恰当地发展人与人之间的社会行为,其间涉及重要的心理层面,有彼此的态度、互动关系、团体行为、心理沟通等基本心理现象;在应用方面,热门的课题则有团体冲突和化解、从众行为、人际关系、种族偏见和攻击行为等**社会心理学**研究的有趣现象。

3-3 行为的矫正与治疗:临床心理学与咨询心理学

人有时会出现情绪或行为上的偏差,例如精神分裂症、少年犯罪、吸毒、智能障碍、家庭及婚姻问题等,都需要有经过专业心理学训练的人帮助解决或减轻症状。在这个领域服务的**临床心理学家**,从事对心理或行为的诊断,采用各种心理治疗的手段来介入心理的偏常以达到矫正的作用,也是运用心理的科技来助人,是技术性较高的心理学分支。临床心理学家的活动范围涉及精神病院、青少年管教所、法庭、监狱和心理卫生部门以及高校的科研部门,他们与医生、精神科医生和社会工作人员之间关系很密切。另外有些心理学家也从事助人的诊断和对应性工作,但他们的服务对象所面临的问题较轻,如学生学习问题、青少年情绪问题、人际关系问题等,都可经由学习和心理辅导而得到帮助或解决。另外如婚姻与职业问题的辅导等,也都是**咨询心理学家**的中心服务内容。

3-4 教与学相关的领域:教育心理学、教学心理学和学校心

理学

心理学在学习与教育方面的努力与成绩,可从传统的学习原理和教学观点来看。许多研究者从探讨教学方法、课堂教学教程设计、学生动机引发、教具的开发等方面着手,希望有助于有效的学习、授课方式和教师行为,这些都是**教育心理学**的中心课题。近年来,随着认知心理学的迅速发展,教育心理学中关于学习历程的研究也进入了新的层次。许多认知心理学家把人的思维、记忆和推理的特征,运用到设计教材、促进理解和提高学习效率等具体层面,使得心理学的应用更具体化、科技化,也产生了重大的学习效果。这个心理学的分支就是新兴的"**教学心理学**",它与传统的教育心理学有相辅相成的功能。

另外一个与学生有关的心理学分支是**学校心理学**。当学生(尤其是中小学生)在学校生活中遭遇到较为严重的情绪、学习上的困难时,学校心理学家为他们提供辅导和帮助。这方面的服务,多半结合儿童发展、儿童教育及临床和咨询心理学的知识和技巧进行。具体的辅导方式包括儿童学习困难和情绪困扰问题的测量,测试儿童的智商、成绩和人格特征等,并协助教师、家庭一起来帮助儿童克服困难。

3-5　在经济领域一展身手:工业与组织心理学、功效心理学、消费心理学与广告心理学

心理学在经济领域内也有突出的应用和贡献。**工业及组织心理学**,讨论如何使心理学在工商及事业机构里发生具体的效用,可分为人事管理和组织心理两个分支。前者注重应用心理测验及其

他心理学技术,从事人员的甄选、训练、提升、人员发展、职务分析、职责评定等方面的研究;后者则重视工作机构里的领导方式、激励、态度分析、沟通、决策过程及组织中的人际关系等方面。这两个分支的成功应用,对组织的工作绩效、生产力、员工满意感会有正面的促进及成效。

功效心理学在工作的操作过程、工作方法和组织环境的设计与配合方面,有重要作用,涉及具体的效率、安全、舒适、满足感等员工心理和操作需求条件的配合,对组织的经济效益和人员效益有直接影响,这个分支称为**功效学**或**人因心理学**。

消费心理学和广告心理学也与企业组织效益相关。**消费心理学**侧重研究消费者的消费动机、认知及消费行为,以便了解并设计产品、布置商场和影响顾客的态度及行为,其中也涉及社会行为、个人人格特征对消费者的影响等。**广告心理学**则更进一步探讨心理学在广告设计、分析与比较、市场的动态分析及产品形象的推动和维护等各方面的应用,充分利用心理学的理论与成果作为客观依据,从而促进广告的影响力及市场活动的质量。

心理学研究的多样性

心理学,尤其现代心理学,研究内容非常广泛,涉猎了社会生活的方方面面。下面是美国心理学会(APA)的分支机构,每个机构都代表着一个特定的研究或应用领域,相信读者由此对心理学家广阔的活动领域会有所体会。

普通心理学
心理学教学
实验心理学
评价、测量和统计
神经行为科学和比较心理学
发展心理学
人格和社会心理学
社会问题的心理学研究
心理学和艺术
临床心理学
应用咨询心理学
工业和组织心理学
教育心理学
学校心理学
理论咨询心理学
公共服务中的心理学家
军事心理学
成人发展与老龄化
应用实验和工程心理学
康复心理学
消费者心理学
理论和哲学心理学

行为实验分析
心理学史
社区心理学
精神药理学和药物依赖
心理治疗
心理催眠
各州心理学常务联会
人本心理学
智力缺陷和发展性障碍
人口与环境心理学
女性心理学
宗教心理学
儿童、青少年和家庭服务
健康心理学
心理分析
临床神经心理学
心理学和法律
独立从业的心理学家
家庭心理学
男女同性恋的心理学研究
少数民族的心理学研究
媒体心理学

锻炼和运动心理学

和平心理学

团体心理学和团体治疗

成瘾

男性和男性化的心理学研究

国际心理学

临床儿童心理学

幼儿心理学

药物疗法

“心理学”一词最早是怎样出现的?

心理学最早的历史可以追溯到古希腊时代,但心理学作为一个专门的术语却是在1502年才出现的。在这一年,有一个叫马如利克的塞尔维亚人首次用psychologia这个词发表了一篇讲述大众心理的文章。这是心理学一词的debut(首次亮相)。之后70年,另一位名叫歌克的德国人又以此词出版了名为《人性的提高,这就是心理学》一书。这便是人类历史上最早记载的以心理学这一术语发表的书。

第一个有记载的心理学实验

人类历史上第一个有记载的心理学实验是在公元前7世纪做的。古埃及有一个名叫普萨姆提克一世的国王,他为了证明埃及人是世界上最古老的民族,将两个出生不久的婴儿带到一个遥远的地方隔离起来,每天由人供给他们食物饮水,却不许人与他们讲话。

国王设想,这两个与世隔绝的孩子发出的第一个音节,一定是人类祖先的语言了。他希望这个音节是埃及语中的一个词。待孩子两岁时,他们终于发出了第一个音节becos。可惜,埃及语中没有这个发音。于是,这位国王伤心地发现,埃及人不是人类最古老的民族。国王把小孩子的偶然发音当做人类最古老的语言,这不但使他大失所望,也使心理学的第一个实验“出师不利”。

? 考考你

1. 心理学一词是怎么来的?

2. 你眼中的心理学家是什么样子的呢?

3. 举几个生活中与心理学有关的例子。

4. 心理学传统的基本研究方法有哪些?

5. 看了我们的大致介绍之后,你对哪一领域的心理学比较感兴趣呢?

二　精神分析论心理学——无意识：清白无邪的梦的背后？

若我无能将天堂射下来的光线折弯，我也得把地狱里的水搅拌。

——弗洛伊德

正像心理学家墨顿·亨特（Hunt，M.）在其 *The story of psychology* 一书中所说，在心理学编年史上，没有哪位人物能像西格蒙德·弗洛伊德一样，其理论既备受吹捧，又惨遭批评；他的个人人格既备受尊崇，又惨遭诋毁；他被世人推崇为一位伟大的科学家、令人尊敬的学派领袖的同时，又被世人斥为骗子。然而，不管是他的推崇者还是他的批评者，在某一点上都达成共识，那就是，在科学史上，他对心理学、心理治疗以及对西方社会看待自己的方式等诸多方面所产生的影响，比科学史上的其他任何人都大得多。正如一位作家所说："弗洛伊德的潜意识理论对当代电影、戏剧、小说、政治运动、广告、法庭辩论，甚至对宗教都有着巨大的影响。"英国学生研究莎士比亚时，要参考弗洛伊德的心理学；希区柯克拍电影，要借助精神分析的魅力；我们日常的语言也与之相关，人们谈话中会自然而然地提到弗洛伊德的一些概念，如遗忘、潜意识（无意识）、压抑等，而事实上，很多人对心理学的认识，就是从弗洛伊德开始的。也许弗洛伊德对心理学最大的贡献在于，他其后的心理学家都会以他的理论作为基础、对照或是反驳的对象。

下面我们就从弗洛伊德开始,对精神分析理论做一简单介绍。精神分析本身复杂深奥,现代学者对之也颇多质疑,希望大家能以客观的态度去了解它。

1. 心灵的白昼与黑夜——弗洛伊德与精神分析

人们啊!留心!

深沉的午夜说些什么?

我睡了,我睡了——

我从深沉的睡梦中惊醒;

我知道,世界是如此深沉;

深于白昼所知道的。

深沉就是它的痛苦,

快乐却比痛苦更深。

痛苦说:消逝吧!

而快乐却希望着永恒。

——《苏鲁支醉歌》,尼采

尼采在精神分裂中结束了自己的一生,他的思想是美丽而又危险的,也因此引起了许多心理学家的兴趣。弗洛伊德就多次将尼采的作品运用到他的心理学上。比如这首《苏鲁支醉歌》,弗洛伊德将白昼解释为意识,将黑夜解释为无意识。宇宙是一个无意识的世界,我们要当心!这是尼采的忠告,正如我们挣扎在无意识的涌动中,因为欲望与道德的冲突而痛苦。

西格蒙德·弗洛伊德

1-1　天才弗洛伊德——生平简介

西格蒙德·弗洛伊德(Sigmund Freud,1856—1939),奥地利心理学家、精神病学家,精神分析学派的创始人。有人将他和马克思、爱因斯坦合称为改变现代思想的三个犹太人,他的学说、治疗技术,以及对人类心灵世界的理解,开创了一个全新的心理学研究领域。

1856 年弗洛伊德出生于摩拉维亚,他的父亲是一个开明而严格的人,母亲是一位典型的犹太家庭妇女。1860 年弗洛伊德举家迁往维也纳,并在那里生活和工作,直至生命的最后一年。在学生时代,弗洛伊德就对整个人生产生了兴趣。当他进入维也纳大学读医科时,一开始并没有集中精力攻读医学,而是对生物学产生了兴趣。他在德国著名科学家布吕克的实验室里花了六年的时间进行生理学研究。1882 年他订了婚,需要一个有可靠收入的职业,为此他不得不开始在维也纳总医院当医生。1886 年他同玛莎结婚,并建立了自己的"神经症"私人诊所。他一直维持着这个诊所直至生命的最后一刻。

弗洛伊德对精神领域的探索工作,大致可以划分为三个阶段。

第一阶段:弗洛伊德提出了很多重要概念,发展了精神分析学的理论和治疗方法。1885—1886 年间,他向法国神经病学家**沙可**学习催眠术,由此激发了对心理问题的浓厚兴趣。当时沙可正在用催眠术治疗歇斯底里症(hysteria,又译作癔症)。弗洛伊德在自己的病人身上发现了类似的症状,他曾试图用电疗法和催眠术进行治疗,但二者的效果都不尽人意。而后他尝试用他朋友**布洛伊尔**曾用过的**宣泄法**。这种方法假设:歇斯底里症的病因是病人已经忘记了的某种强烈的情感经历,治疗就是要引发出病人对这一经历的回忆,使相应的感情发泄出来。这种主张认为,人可以受自己并未意识到的记忆或感情的折磨,使用某种方法使病人意识到这种记忆或感情,病情就会有好转。这种主张即是弗洛伊德发展其精神分析学说的基础。后来他又引进了**抵抗**、**压抑**和**移情**的概念。在 19 世纪末的几年里,弗洛伊德对自己进行了精神分析,得出了**婴儿性行为**和**释梦**的概念,这些都是使精神分析理论得以成熟的重要概念。

第二阶段:弗洛伊德发表了一些重要著作,精神分析理论日渐成熟。1900 年弗洛伊德出版了《梦的解析》(*The Interpretation of Dreams*),他认为这是他最好的一本书。1901 年他发表了《日常生活中的精神病理学》(*The Psychopathology of Everyday Life*),分析了日常错误(口误、笔误等)的无意识根源。1905 年他又发表了《性学三论》(*Three Essays on the Theory of Sexuality*)。以上三部著作将精神分析理论扩展到了正常的精神生活领域,而不局限于分析病理情况。1913—1914 年,他又发表了《图腾与禁忌》(*Totem and Taboo*),将他的理论应用于人类学。1915—1917 年,《精神分析引论》(*Introductory Lectures on Psychoanalysis*)发表,对整个精神分析理论做了详尽的阐述。

第三阶段:弗洛伊德进一步发展和修正他的理论,并尝试将精神分析理论应用于社会问题。他先是提出了**死本能**的概念,然后又在 1923 年发表了《自我和本我》(*The Ego and the Id*)一书。

1-2　暗流的涌动——无意识精神状态的假设

弗洛伊德在探究人的精神领域时运用了决定论的原则,认为事出必有因。看来微不足道的事情,如做梦、口误和笔误,都是由大脑中的潜在原因决定的,只不过是以一种伪装的形式表现了出来。由此,弗洛伊德提出了关于**无意识精神状态的假设**,将意识划分为三个层次:意识、前意识和无意识。

前意识(preconscious)是能够变成意识的东西,比如我们对特定经历或特定事实的记忆。我们不会一直意识到这些记忆,但是一旦有必要时就能突然回忆起来。每个人都可能有过这样的经历:早晨醒来对做过的梦全然不知,接下来的一件事或一样东西与梦中的情境似乎有关联,受此触动你马上就会想起你的梦境来。这个过程很像心理学中的启动效应。

无意识(unconscious)也称**潜意识**,是指那些在正常情况下根本不能变为意识的东西,比如人内心深处被压抑而无从意识到的欲望。这就是大家比较熟悉的所谓“冰山理论”:人的大脑就像一座冰山,露出水面的只是一小部分(意识),但隐藏在水下的绝大部分却对其余部分产生影响(无意识)。弗洛伊德认为无意识具有能动作用,它主动地对人的性格和行为施加压力和影响。譬如,无意识的欲望能使一个人做出他自己也无法合理解释的事情来。

下面我们用一个比喻来说明意识三个层次之间的关系,当然仅代表弗洛伊德的观念:“无意识”像个很大的门厅,各种冲动拥挤在此,都想闯进“前意识”掌管的一个小接待室,以引起屋里那位“意识”先生的注意。可是接待室的门口(意识阈)站了个看门人,“压抑”一些看不顺眼的冲动,拒之门外。被压回“无意识”大厅的冲动并不死心,如果不能伪装改容混入“意识”,就会郁积在心,导致变态心理。

1-3 人格结构的一仆二主——本我、自我和超我

有时候你是否觉得“这一个我不是我”, 或者内心总有不同的声音在对话:“做得? 做不得?”或者内心因为欲望和道德的冲突而痛苦不堪,或者为自己某个突如其来的丑恶念头而惶恐? 我们来看看弗洛伊德对此是怎么说的。

弗洛伊德《自我与本我》(*The Ego and the Id*)一书中对人格的结构有详尽的介绍,他将人格分为三部分:**本我**(id)、**自我**(ego)和**超我**(superego)。

本我包含要求得到眼前满足的一切本能的驱动力,就像一口沸腾着本能和欲望的大锅。它按照**快乐原则**行事,急切地寻找发泄口,一味追求满足。本我中的一切,永远都是无意识的。

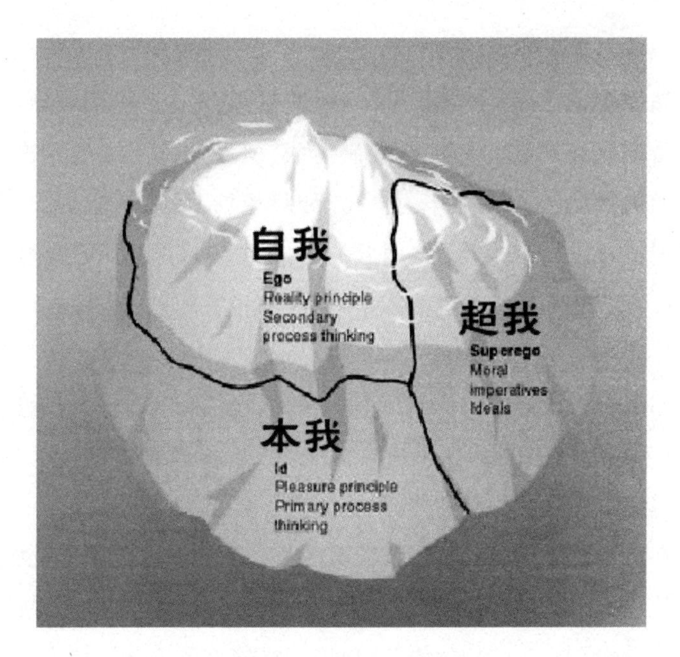

"自我·本我·超我"示意图

自我处于本我和超我之间,代表理性和机智,具有防卫和中介职能,它按照**现实原则**行事,充当仲裁者,监督本我的动静,给予适当满足。自我的心理能量大部分消耗在对本我的控制和压制上。任何能成为意识的东西都在自我之中,但在自我中也许还有仍处于无意识状态的东西。

对于本我和自我的关系,弗洛伊德有这样一个比喻:本我是马,自我是马车夫。马是驱动力,马车夫给马指方向。自我要驾驭本我,但马可能不听话,二者就会僵持不下,直到一方屈服。对此弗洛伊德有一句名言:"本我过去在哪里,自我即应在哪里。"自我又像是一个受气包,处在"三个暴君"的夹缝里:外部世界、超我和本我,努力调节三者之间互相冲突的要求。

超我代表良心、社会准则和自我理想,是人格的高层领导,它按照**至善原则**行事,指导自我,限制本我,就像一位严厉正经的大家长。弗洛伊德认为,只有三个"我"和睦相处,保持平衡,人才会健康发展;一旦三者吵起了架,引起失调,就会导致神经症的产生。

1-4 清白无邪的梦、披着羊皮的狼?——自由联想和梦的分析

弗洛伊德认为解决心理问题的关键是揭示出病因。在精神分析治疗中,他使用多种技术去洞察一个人的无意识心理过程,这些技术包括自由联想和梦的分析。

在**自由联想**中,病人通常是躺在长椅上,闭上眼睛尽量放松。然后让病人听见一句话,或者看到一个字,病人会产生联想,接着随口说出浮现在心头的任何语句、想法和感觉。精神分析师坐在病人身后,记录下病人的所有联想内容。这种场景相信大家在好莱坞的一些"心理电影"中见到过,如《最后分析》,影片里李察·基尔为乌玛·瑟曼做精神分析时就常使用这种方法。自由联想往往是病人潜意识里的东西,经过分析,从中能发现致病的潜在原因。

在**梦的分析**(释梦)中,病人将梦境中的事情作为最初刺激,然后运用自由联想来探索梦的潜在意义。弗洛伊德认为,梦不是偶然的,而是被压抑的愿望,通过伪装得以满足。

> 清白无邪的梦……是披着羊皮的狼。当我们对这些梦进行分析时,它们的含义可能与其表象正好相反。

弗洛伊德认为潜意识好比“情感的垃圾箱”，一个人在成长过程中，会将各种不符合现实原则或不被道德意识所允许的本能或非理性欲望及相关经验通过压抑赶到潜意识里。在梦中，压住“情感垃圾箱”箱盖的意识力量减弱了很多，潜意识活动便开始活跃起来。因为潜意识里的原始冲动或欲望很丑陋，不能赤裸裸地涌出来，而且处于半休息状态的“意识警察”仍在潜意识的出口把门，潜意识中的种种欲望、冲突、见不得人的东西，必须乔装改扮后才能通过意识警察的把关，浮现到意识层面。所以通过分析梦的隐藏意义，就可以洞察到被压抑的欲望，发现病因。梦的解释通常涉及一个人的性生活、童年经历、婴儿时期的性欲，以及同父母的关系。

在今天，我们虽然不能认为所有的梦都是“潜意识欲望的改装”，但弗洛伊德释梦的“文法”以及解读这种文法的“自由联想”，仍是我们理解梦这道奇异的夜间风景的一个最佳角度。

1-5　伟大的弗洛伊德：我们如何评价他？

弗洛伊德以潜意识作为研究对象，开辟了心理学研究的新纪元。他的潜意识理论，在医疗、文艺、运动等许多领域都有广泛的实践意义，如文学评论中对莎翁作品和女性文学的精神分析，以及达利描绘光怪陆离的梦境的画作。另外，弗洛伊德重视病人的内心冲突和动机，把变态心理学从静态描述转变为精神动力的研究，这也是一大突破。

弗洛伊德的贡献还在于改变了传统的生物医学模式。有些人可能看过一部好莱坞电影《红伶劫》(*Frances*)，其中有精神病院的治疗场景：药物、电击和颞叶切除手术，依靠躯体治疗来“解救”精神病患者。弗洛伊德可谓异军突起,提出"精神创伤"(trauma)是引起心理失常的主要原因,主张用精神分析来挖掘病人被压抑到潜意识里的心理冲突,从而治好病人。这就打破了纯粹依靠药物、手术和物理方法的传统医学模式,为**现代生物—心理—社会医学模式**的建立当了先锋官。

1-6 挑弗洛伊德的毛病

弗洛伊德的学说也遭到了很多非议。他的观点建立在对引起病人问题的原因的推论上,他是通过观察并且设法帮助那些有问题的人而逐渐形成了他对人性的看法,因而有人认为他不关心正常人,只关心一小部分不幸的人,他的理论也不能运用到整个人群中。

另一种批评则是针对他悲观消极的宿命论。在弗洛伊德看来,人性是丑恶的,人总是挣扎在无意识的涌动中,因为欲望与道德的冲突而痛苦。大多数人可能宁愿去相信孟子的"人之初,性本善",而不愿意做弗洛伊德口中的"衣冠禽兽"。

还有一种批评是指向他学说中的神秘主义,这也正是很多人认为精神分析"荒诞"的原因。例如,某人潜意识地在脑海中浮现出426718这串数字,弗洛伊德是这样分析的:这个人潜意识里盼望其三姐和五哥去死,因为六个数从1排到8,独缺3和5。另外,弗洛伊德对梦境、笔误等日常过失的分析也有不少神秘色彩。

对弗洛伊德最多的质疑可能来自他的**泛性论**,他把一切问题都归因为性的问题,总是把性欲当做人行为的真正动机。他所谓的性是广义的,指广义的快感的满足,而不是单指两性性接触,而且性在婴儿出生后便已开始了。弗洛伊德认为在性的背后有一种原始的驱动力,驱使人们去寻求快感,他称之为**力比多**(libido)。在此基础上他提出了**恋母情结**、**恋父情结**等概念,细心的读者可能会想起根据米兰·昆德拉的作品《生命中不可承受之轻》改编的电影中有此应用。这里,弗洛伊德极端夸大了性本能的作用,宣扬泛性主义的性欲决定论,似乎是一大错误。还有人甚至将他视为20世纪60年代西方性解放运动的"罪魁祸首"。

我们怎样造梦

弗洛伊德把梦境分为两种:显梦和隐梦。显梦是能回忆并且陈述出来的梦,是经过化装的。隐梦指梦背后所隐藏的无意识动机。做梦就像是编写谜语,显梦是谜面,隐梦是谜底。为了把隐梦变成显梦,要通过弗洛伊德所谓的"梦的工作"。梦的工作有四种方式:

凝缩 是指将几种隐含意思用一种象征表现出来。比如一个人梦见一位中年男人,这个中年人长着他爸爸的脸,却留着和班主任老师一样的小胡子,身上穿着军装。实际上他爸爸没留胡子,也不是军人。这个梦中人就是由父亲、班主任和军官三个人物凝缩而成的,在现实生活中都代表着"权威",因而梦中之人可能就是"权威"的象征。

转移 是指把某种情绪由原来的对象转移到其他可接受的代替物上,一些次要的部分"反客为主",取代原来强烈的情感色彩。比如,梦见自己走出了大门,又折回来取眼镜。回来取眼镜是件不重要的表象,实际上在梦里这个人是想回去再看看年轻漂亮的女主人。

象征化 指用具体可见的东西代替抽象的思想。比如,一个女子梦见自己被马践踏,其实是代表她内心的屈服。

润饰 指在醒来后,把梦中乱七八糟的材料条理化,以掩藏真相。

自我防御机制

自我防御机制是一种自我保护法,帮助人来减轻和解除心理紧张。弗洛伊德的女儿安娜将她父亲提到的自我防御机制归纳为10种,比如我们常常提到的投射、升华、合理化等。**投射**就是“己所不欲,施之于人”。明明自己嫉妒别人,偏偏说是别人嫉妒她。**升华**是把本能的欲望冲动转化为能被社会接受的事情,比如柏拉图的精神恋爱。合理化就是“自圆其说”,指用一种自我能接受,超我能宽恕的理由来代替自己行为的真实动机,比如阿Q的精神胜利法。

2. 无意识:魔鬼寓于神中——荣格与分析心理学

我们生活在一个希腊人称之为“众神变形”的时代,一个充满如此多的风险、如此依赖于当代人心理素质的时代。

——荣格(Jung, C. G.)

有人做过这样一个评价:弗洛伊德为人类打开了心理学的大门,荣格则为心理学带来了光亮。荣格很欣赏中国的阴阳学说,是西方研究《易经》的权威。在他的心理学理论中,有很多类似于阴阳对生的概念,如意识和无意识,阿尼玛和阿尼姆斯,外向和内向等。

荣格对无意识内容有过这样一段描述:“我所知道的、但此时未想到的一切事物;我曾经意识到、但现在已忘却的一切事情;我感官所感受的、但未被我意识注意的一切事情;我感觉、思索、记忆、需要和做的非自愿而又不留意的一切事情;正在我心中形成的、有一天将出现在意识中的东西。”无意识包括了未来的有意识精神内容,又包含了远古以来祖先遗传、积累的沉淀物。无意识的化身具有两重性,它包含了人性的所有对立面:黑暗与光明、邪恶与善良、兽性与人性、魔性与神性——魔鬼寓于神中。

2-1 有两个人格的荣格——生平简介

卡尔·荣格(Carl Gustav Jung,1875—1961),瑞士精神病学家,著名心理学家,分析心理学派的创始人,他突出心理结构的整体性,提出“集体无意识”和“原型”等概念,扩大了潜意识的内涵,对心理学及宗教、历史、艺术、文学等有深远影响。荣格曾是弗洛伊德最为钟爱的弟子,师徒二人相处甚欢,意气相投,弗洛伊德也一度将他视为自己的衣钵传人,是他“心理学王国的王储”。但后来二人因为学术上的分歧而分道扬镳。

1875 年荣格出生于瑞士山区的一个乡村里,父母和祖先都是因袭传统的人。由于父母关系紧张,他从小养成了孤独的性格。少

卡尔·荣格

年荣格腼腆而敏感，常常与父母的信念、老师的要求相悖。他和同学相比很特别，脆弱而且易受伤害。当受到不公正待遇时，他容易发怒。也正是在这时候他开始了对自己“第一人格”和“第二人格”的思考。

> 在背后的幽深之处，我总是意识到我是两个人，一个是我父母的儿子，正在念书，与其他男孩相比，显得不太聪明，不太专心，不太刻苦，不太庄重，不太整洁；另一个是成熟老练，实际上——是一个多疑多虑的怀疑论者，他远离人世，但接近自然、

大地、太阳、月亮、天空和万物,尤其是接近黑夜、梦和“上帝”为他所设的一切。

在荣格看来,“另一个”就是他的第二人格,脆弱而不坚定,所以他不得不以他所谓的第一人格去推动他。第一人格是虚伪的、狡诈的,它逐渐包围了他,满足了他。当他在人生道路上屡获成功时,无论他干得多么出色,他内心的混乱都一直困扰着他,刺激着他,把他从旁人期待他走的道路上引导出来。当他的第一人格辉煌灿烂时,他的第二人格却痛苦着。因此他后来一生都在追求生命的完善。

1902 年荣格获得苏黎世大学医学博士学位,1905 年任该校精神病学讲师。后来辞职自己开诊所。1906 年他与弗洛伊德开始通信,对弗洛伊德充满仰慕之情。1907 年他前往维也纳与弗洛伊德见面,二人成了亲密的朋友和同事。后来二人因为学术上的分歧而分道扬镳,这是荣格生命中的一次最大打击,使他经历了从未体会过的迷惘、惶恐和孤独,但当他度过这段黑暗时期之后,他的事业开始日渐辉煌。

值得一提的是,荣格对东方文化和宗教一直很感兴趣,并借用到了他自己的理论当中。在他生前,曾写过几篇文章,论及心理学和东方宗教。他的涉猎很广,从藏传佛教、印度瑜伽、中国的道学和易经、日本的禅学到东方的冥想,他都有过深入的思考。他还曾引用过中国炼金术的理论和佛教的曼陀罗图治疗精神病。荣格很欣赏易经的阴阳学说,所以在他的分析心理学理论中,常常出现相对的概念,如意识与无意识、阿尼玛与阿尼姆斯、内向和外向等,下面我们都会提到。

2-2 人格隧道的尽头——集体无意识

荣格也认为人格结构由三个层面组成:**意识**(自我)、**个人无意识**(情结)和**集体无意识**(原型),这和弗洛伊德的提法有所不同。

意识是人格的最上面一层,能被人觉知,如我们所觉察到的记忆、思维和情绪等。意识的作用就是使人适应周围的环境。自我则是意识的中心。荣格认为意识只是心灵中很少的一部分,扮演门卫的角色,选择和淘汰无意识。在门卫处有一条水平线,自我就是控制这条水平线的主人。

个人无意识是人格结构的第二层,作用要比意识大。它包括一切被遗忘的记忆、知觉和被压抑的经验,以及梦和幻想等。个人无意识相当于弗洛伊德的前意识,可以进入意识的领域。荣格认为个人无意识的内容是情结(complex)。情结往往具有情绪色彩,是一组一组被压抑的心理内容聚集在一起而形成的无意识丛,如恋父情结、批评情结、权力情结等。当我们说某人具有某种情结时,是说这个人沉溺于某种东西而不能自拔,用流行的话来说就是上了"瘾"。最早荣格认为情结起源于童年时期的创伤性经验。后来他觉得情结必定起源于人性中比童年时期的经验更为深邃的东西。在这样一种好奇心的鼓舞下,他发现了精神中的另一个层次——"集体无意识"。

集体无意识是人格结构最底层的无意识,包括祖先在内的世世代代的活动方式和经验库存在人脑中的遗传痕迹。从一些包含着深化主题和宗教象征的材料中,如他自己的和病人的梦和幻象,还有精神分裂症患者的幻觉,荣格发现了集体无意识。集体无意识和个人无意识的区别在于:它不是人后天学来的,而是由种族先天遗传的，而且它不是被遗忘的部分，而是我们一直都意识不到的东西。荣格曾用岛打了个比方，露出水面的那些小岛是人能感知到的意识；由于潮来潮去而显露出来的水面下的地面部分，就是个人无意识；而岛的最底层是作为基地的海床，就是我们的集体无意识。

2-3　心灵的原子能——原型

荣格认为集体无意识的内容是**原型**。原型与本能差不多，都是人格中的根本动力，原型在心理上追求它的固有目标，而本能在生理上追求满足。原型是由于人类祖先历代沉积而遗传下来的，不需要借助经验的帮助，只要在类似的情境下，人的行为就会和祖先一样。比如，我们都知道“A > B，B > C，则 A > C”，这类知识就是原型的表露。科学发明或艺术创造的“如有神助”“神来之笔”等，就是原型在显身手。荣格认为有多少典型情境就有多少原型，如出生原型、死亡原型、骗子原型、魔鬼原型、太阳原型、武器原型等。当一种与特定原型相对应的情境出现时，这种原型就被激发，并不可抗拒地表现出来，就像一种本能的冲动。

荣格反复告诫我们：当被释放的无意识内容没有采取适当的保护和预防措施时，就有可能导致危险的后果。因为它可能会压倒意识，使意识崩溃，引起严重的后果，甚至会导致精神错乱。他把原型的爆发力比作被释放的原子能。

> 原型具有一种与原子世界相同的特点，这就是……研究者越深入到微观物理世界的深处，他发现在那里被束缚的爆发力就越具有毁灭性。

这可能会让我们想起一些气功修炼者坐禅入境时的“走火入魔”。在密宗的禅定中,心观的形象,代表着一些原型。每个原型都具有双重性——光明与黑暗,所以,当它从无意识的深处跳出来时,其力量的黑暗面就会引起虚妄的幻想。心理不健全的人很脆弱,会因为原型以它意想不到的可怕一面出现而精神失常,出现“走火入魔”。

2-4 人格的“四合一”

有时候我们说“某某是多重人格”,往往是带有贬损意味的。实际上,每个人都是不同人格特质混合而成的产品。荣格认为人格主要有四个原型:**人格面具**和**阴暗自我**,**阿尼玛**与**阿尼姆斯**。

人格面具(Persona)总是讨好别人,按着别人的期望行事,和真正的你并不一致,这就是我们常说的“表里不一”。

阴暗自我(Shadow Self)是人内心最黑暗的东西,包括一切不道德的欲望、情绪和行为,是人的兽性的一面。台湾某个网站有一个栏目,可以让网虫们毫无顾忌地发泄,“肆无忌惮”地说出心里最想说的话。让版主大吃一惊的是,几乎所有人的帖子都充满了恶毒的诅咒、抱怨和为非作歹的念头,这就是阴暗自我的大曝光。

阿尼玛(Anima)是指男性身上的女性特质,拉丁文的原意为“魂”。荣格认为每个人身上都有一个女人的原型和一个男人的原型,就好像男性也会分泌雌性荷尔蒙,女性也会分泌雄性荷尔蒙。当阿尼玛高度集中时,就能让男性变得女性化,容易激动、多愁善感、好嫉妒和爱慕虚荣。

阿尼姆斯(Animus)是指女性身上的男性特质,拉丁文的原意为“魄”。当阿尼姆斯高度集中时,就会使女性变得男性化,富有攻击性，追求权力，并引起内心冲突。

对阿尼玛和阿尼姆斯运用最多的是在男女感情方面。如果人身上没有一点儿异性特质，那男女之间就不可能相互理解，更谈不上“心有灵犀一点通”了。当一个男人爱上一个女人，很有可能是因为这个女子很符合他身上的阿尼玛，所以觉得亲切和默契，就像是自己的“另一半”。当然，如果一个人身上的两种特质失去平衡，男性变得“小女人气”，或者女性变得“大丈夫气”，都容易引起男女间的冲突，严重时还会导致心理变态。

2-5　外向和内向的人

我们描述一个人的性格时，常常用到“内向”“外向”这样的形容词。这种对人格的划分也是荣格的学说之一。荣格早年在字词联想测验中发现，不同的人会有不同的“情结”表现。后来他根据自己的临床经验和与各种人的广泛接触，提出把人分为两种：**外向型**和**内向型**。

外向型的人往往很关心“外面的世界”，这种人喜欢运动，爱说话，喜欢社交，爱热闹，很自信，也很开朗乐观，容易适应新环境，但是比较轻率，喜欢赶时髦。这种人走极端的话，会得神经症。

内向型的人往往很关注自己的内心世界，爱思考，喜欢安静，善于内省，但不够自信，也不善于交朋友，显得孤僻和害羞，对宗教、哲学容易感兴趣。这种人如果走极端，可以发展为精神病。

不过，没有纯粹外向或内向的人，每个人都或多或少有些外向或内向，只不过有的人外向特征占优势，有的人内向特征占优势。这两种特征也说不上谁好谁坏，各有其优缺点。有一种有趣的现象是两种类型的“互补”效应:内向的人心里面羡慕外向的人,外向的人又对内向的人很感兴趣,这种情况在异性交往中尤其常见,性格相反的人反而更容易互相吸引。

2-6 人格的八大类型

在提出了两种人格倾向后,荣格又提出了人格的四种功能类型,他将二者搭配组合,就形成了八种性格类型,分别是思维外向型、思维内向型、情感外向型、情感内向型、感觉外向型、感觉内向型、直觉外向型和直觉内向型,具体表现如下:

思维外向型:按固定的规则生活,客观而冷静。积极思考问题,武断、感情压抑。

思维内向型:独处的愿望强烈。实际判断力差,社会适应差。智力发达,忽视日常生活实际。感情压抑。

情感外向型:极易动感情,尊重权威和传统。寻求与外界的和谐,爱交际。思维压抑。

情感内向型:安静、有思想,感觉灵敏。对于别人的感情和意见漠不关心和迷惑不解。思维压抑。

感觉外向型:寻求欢乐,无忧无虑,社会适应力强。不断追求新异的感觉刺激,或许好吃,对艺术品感兴趣。直觉压抑。

感觉内向型:生活受情景所决定、被动、安静、艺术性强。不关心人类事业,只顾身旁发生的事情。直觉受压抑。

直觉外向型:做决定的不是依据事实,而是凭预感。不能长时间坚持某一观点,好改变主意,富于创造性。感觉受压抑。

直觉内向型:偏激而喜欢做白日梦,观点新颖但稀奇古怪。冥思苦想,很少为人理解,但不为此烦恼。以内部经验指导生活。

荣格本人很关注内心体验的隐秘背景,内在想象力十分丰富,而且很敏感,常常产生各种离奇的幻觉和想象。按照他的八大类型分类,他应该属于直觉内向型。

荣格与炼金术

炼金术对荣格的学说有很大的影响。一般人认为,炼金术的目的就是通过化学实验制造金子或是令人长生不老的灵丹妙药。但是荣格认为炼金活动实质上是一种精神修炼。炼金士炼金时有一定的心理体验,按荣格的话讲就是在体验他自己的无意识,把无意识投射到物质的黑暗中,以期进行精神转化。大量混乱复杂的炼金符号,描述了精神从蛰伏到苏醒的过程。受此启发,荣格发现了解释自己学说的图解:一个人从无意识状态到意识状态的逐渐领悟,以及构成其基础的治疗作用。中国神话里的太上老君修炼时要炼仙丹,大概也是这个道理。

荣格和弗洛伊德为什么会决裂

有人认为,荣格和弗洛伊德的失和,除了学术上的分歧外,还有其他原因:一、荣格是一个典型的马丁·路德教派的新教徒;二、他是瑞士山区人,有吹毛求疵的毛病,他们排外,尤其是犹太人;

三、他有德国人的特点，缺乏幽默，不像弗洛伊德那么风趣诙谐；四、欧洲人对神明的认同，有一种矛盾复杂的心理，这使得他们二人彼此不能相容。看来想成为事业上的同道中人，性情相投、品位相当是很重要的。

什么叫心理平衡？

我们常说"某某心理不平衡"。"心理平衡"一词可谓是中国人独创的心理学术语。在西方心理学中，是没有 psychological balance 这一术语的。其实"心理平衡"就是指人用升华、幽默、外化、合理化等手段来调节对某一事物得失的认识。中国人之所以用"心理平衡"一词来形容这一心理调节过程，大概可以归结到我们思维中的阴阳对立、福祸转换的"文化基因"上。千百年来，中国人在看待个人的荣辱得失时，深受老庄哲学的影响，故很讲究内心的平衡之道。所以，中国人用"心理平衡"一词形容自我的心理调节绝非偶然。其实，心理学中常用的内向、外向的概念，就是荣格在读了老子的《道德经》后提出的，其中即含阴阳平衡之意。

3. 站在弗洛伊德的肩上——阿德勒和埃里克森的理论

对弗洛伊德的评价向来是众说纷纭。我们比较欣赏这样一个比喻：他就像一棵巨大的橡树，伫立在一片树林的中央，历久而引人注目，既引起了诸多质疑和反驳，又繁衍出了一大批学者，他们在弗洛伊德理论的基础上推陈出新,形成了自己的学派观点,我们称之为**新精神分析**。霍尼(Horney, K.)曾经说过:“同弗洛伊德的巨大成就相比,这些理论的不同在于它们建立在他所创建的基础之上。”这些学者认为,弗洛伊德理论中的三个局限对新精神分析的发展起了很大作用:

弗洛伊德认为人格在儿童五六岁时就完全形成,今天的人格扎根于童年,与后来的经历无关。新精神分析者承认儿童期经历的重要性,但他们认为,青春期和成年初期的经历也很重要。

弗洛伊德没有认识到社会文化力量在人的发展中的作用,只强调了本能的影响。后来的心理学家,尤其是霍尼等人认为,我们成长其中的文化在造成人格的性别差异等方面起了很大作用。

许多学者不喜欢弗洛伊德理论的消极特征。很多人都对人格和人类本身持更积极的看法,例如,有人提出了自我的积极特征,强调意识而不是无意识对行为的决定作用,以及人的寻求优越和自我补偿。这批学者中的代表人物有荣格、阿德勒、埃里克森、霍尼等,这里我们简单介绍一下阿德勒和埃里克森的一些观点。

3-1 克服与生俱来的自卑——寻求优越

寻求优越是**阿尔弗雷德·阿德勒**(Alfred Adler,1870—1937)提出的一个概念。弗洛伊德的学生中有很多都和他决裂了,阿德勒是其中的第一人。阿德勒起初是弗洛伊德理论的捍卫者,后来因为在学术上与弗洛伊德有分歧,被后者视为背叛者,二人也因此彻底决裂。最终阿德勒走出了弗洛伊德的阴影,创立了自己的学派,称为“个体心理学”(individual psychology)。他的理论的核心概念就是“寻求优越”。

阿尔弗雷德·阿德勒

阿德勒认为,每个人生来就有一种**自卑感**。儿童必须在更为强大的成人的照料下才能生存下来,这就是自卑感的证明。这就是说人从一开始就要为克服自卑感而抗争,是为**寻求优越**。具体来说,每个人一生下来就存在着身心缺陷,所以产生补偿这种缺陷的欲求;而补偿往往是超额的,不仅抵偿了缺陷,还会发展为优点。弗洛伊德把人的动机结构的基础集中在性和攻击上,阿德勒则认为寻求优越才是人生的内驱力。他还指出,追求优越既能成为向上的动力,也能危害社会。如果一个人一心一意地追求自己个人的优越,而忽视了他人和社会的需要,这个人就会形成一种自尊情结,就会变得骄傲、专横、自以为是和缺乏社会兴趣,希特勒从一个自卑的少年成长为一个冷酷的独裁者,就是最好的例子。

人追求优越是来自人的自卑感。阿德勒早期强调生理缺陷或功能不足,据此他提出了**补偿**的概念。克服自卑的主要表现就是对缺陷的补偿。补偿有两个基本途径：(1) 发展机能不足的器官，如体弱者通过锻炼使身体强健；(2) 发展其他器官的机能来补偿缺陷，如失明的人往往听力和触觉很好，这就是一种补偿。后来阿德勒把补偿的概念应用到心理学领域，认为自卑感是人与生俱来的，没有自卑就没有补偿。例如，儿童与成人相比，显得虚弱和无能，自卑感激起儿童获得能力的强烈动机，从而克服自卑感，以便能达到优越的目标。这种对自卑的对抗就是**补偿作用**。可以说没有自卑就不会有补偿。但过度自卑又会使人垮掉。

历史上有不少名人在生理上都存在不足或者缺陷，如拿破仑就是一个身体瘦弱矮小的人，而美国第 32 任总统富兰克林·罗斯福则因为幼时患小儿麻痹症而致残，是不是自卑感促使他们追求卓越呢？不管真实的情形如何，至少在阿德勒眼里是这样的。

3-2　三岁看小、七岁看老？——人格发展的八个阶段

这里我们介绍埃里克森关于人格发展的八阶段论。**埃里克·埃里克森**(Erik Eriksen，1902—1994)出生于德国，曾经是一个游历欧洲的艺术家。在奥地利一所小学工作时，他有机会认识了精神分析，并得到了精神分析的培训。后来他成为一名开业的心理医生，并逐渐形成了自己的理论。埃里克森的学说中保留了弗洛伊德理论的一些成分，但他本人对心理学的贡献也是巨大的，其中包括**自我同一性**的概念和人格发展的八阶段论。篇幅有限，我们只介绍后者。

弗洛伊德认为人的个性在最初的几年就已经形成了。的确，童年经验对人格的发展非常重要。但我们也常常会说，我们的人格在

埃里克·埃里克森

最近几年发生了很大的变化。埃里克森认为,人格在人的一生中不断发展,据此他提出了八个阶段,每一个阶段对人格的发展都很重要。

人格发展八个阶段的危机和相应的品质

阶段	危机	年龄(岁)	积极解决的品质	消极解决的品质
婴儿期	信任对不信任	0—1	希望、安全感	恐惧、不安全感
学步期	自主对羞怯和怀疑	1—3	自我控制	自我怀疑
学前期	主动对内疚	4—5	方向和目的	无价值感
小学期	勤奋对自卑	6—11	能力	无能
青少年期	同一性对角色混乱	12—20	忠诚	不确定感
成年早期	亲密对孤独	20—24	爱	两性关系混乱
成年期	繁殖对停滞	25—64	关心	自私
老年期	自我整合对失望	65—死亡	明智	失望和无意义感

按照埃里克森的观点,每一个发展阶段都由一对冲突(conflict)或者两极对立组成,形成一种危机(crisis)。危机的积极解决能增强自我,使个性得到健康的发展,有利于我们对环境的适应;危机的消极解决会削弱自我,使人格不健全,阻碍人对环境的适应。另外,前一阶段危机的顺利解决,会增加后一阶段危机积极解决的可能性;反之,后面阶段危机的解决就会更困难。

第一个阶段是**婴儿期**(0—1 岁),这一阶段的危机是**基本信任对不信任**。在出生后的一年中,婴儿最为软弱,离不开成人的照料和关爱,依赖性很大。他们是否能得到成人充满爱的照料,他们的需要是否得到了满足,他们的啼哭是否得到了注意,都是他们人格发展中的第一个转折点。需要得到满足的儿童,会产生基本的信任感。受到适当的爱和关注的儿童,认为周围的人是充满爱意的,世界是安全可靠的。相反,如果婴儿没有得到爱和关注,基本需要没有得到满足,就会产生不信任感和不安全感。这样的儿童在他们的一生中对他人都会表现得疏远和退缩,不相信自己,更不相信他人,不能爱别人和接受爱。可以说,儿童的基本信任感是形成健康人格的基础。

其他七个阶段这里就不一一详述了。感兴趣的读者可以参阅相关的书籍。

女性心理学

凯伦·霍尼(Karen Horney)是新精神分析理论的一员女战将,她很强调文化和社会对人格的影响,她对精神分析方法的重要贡献之一就是**女性心理学**。

凯伦·霍尼

霍尼认为弗洛伊德的理论有蔑视妇女的成分,由此她开始怀疑弗氏的理论。弗洛伊德的一个观点是女性发展的本质可以在阴茎嫉妒中找到,每一个女孩都希望成为男孩。霍尼用**子宫嫉妒**一词来反驳讨好男性的立场,男性会嫉妒妇女怀孕并哺育儿童的能力。当然,霍尼并不是说男性会因此对自己不满,而是认为每一种性别都具有让另一性别赞赏的地方。

霍尼进一步指出,在弗洛伊德的时代,女性之所以想当一个男人,是因为文化给她们带来的负担和压力,而不是天生就有劣势。她认为,男性和女性的人格差异是社会环境造成的。霍尼的观点对后来的女权主义运动有很大的影响。

出生次序对儿童人格的发展有影响吗?

阿德勒很强调出生顺序对儿童发展的影响。他认为,儿童和兄弟姐妹相处,一心都想争夺优越地位,特别是父母的爱。年龄较大的以哥哥、姐姐自居,向弟妹发号施令,甚至仗势欺人。年龄小的孩子自知年幼体弱,能以柔制胜,他们很听话,对父母也恭敬,以此博得父母的欢心。

长子在第二个孩子出生前一直是家里人关怀的中心人物。但第二个孩子出生后,他的地位就会迅速下降。他知道弟妹的出生给他带来的威胁,容易产生嫉妒和不安全感,怕父母对自己的爱让老二夺去,所以比较孤独或倔强,对人容易产生敌意,也容易自卑。次子常常雄心勃勃,有远大抱负,因为他要赶超长子,常怀有野心,容易反抗和嫉妒。但他们有长子作为赶超的对象和竞争的伴侣,相对是比较幸福的。最小的孩子没有弟妹,容易受人溺爱,总想让别人帮助他。他们在家中的地位是没人能取代的,容易被惯坏,爱依赖别人或者专横霸道。

出生次序作为一种环境变量,确实会对儿童的人格发展有影响,但没有阿德勒所认为的那样简单,后来的研究并没有得出一致的结论。比如,在智力方面,有研究表明天才儿童中长子长女所占的比例最大;在问题行为方面,有人认为没有哪一个出生次序是最坏的,每一个次序中的儿童都有困扰,而且比例相当。

? 考考你

1. 精神分析的创始人是谁？
2. 弗洛伊德把人的意识划分为哪三个层次？
3. 什么是**升华**？举例说明。
4. 什么是**集体潜意识**？
5. 什么是**阿尼玛**和**阿尼姆斯**？
6. 什么是**补偿**？举例说明。
7. 根据埃里克森的理论，婴儿期的危机是什么？

三　行为主义论心理学——环境和人的行为，谁控制了谁？

> 给我一打健康而体型健全的婴儿，给我一个专门的环境培养他们，我保证从他们之中任意选出一个，都能将他培训成我所选择的任何一种专家——医生、律师、艺术家、大商人，当然还有乞丐和小偷，而不论他们的才能、爱好、能力、禀性如何，也不管他们的祖先是什么种族。
>
> ——《行为主义》华生（Watson，J. B.）

在日常生活的情境中，人们都在试图运用基本的学习原理来改变行为，这样的事随时都在发生：

• 一个孩子和爸爸定好了“契约”，早晨起来时自己穿衣叠被，他就能得到 1 颗小星星；帮妈妈做 15 分钟的家务活，可以得到 2 颗小星星；写作业时不看电视，也能得到 2 颗小星星。当星星累积到 100 颗时，爸爸就会为他买一套他最喜欢的漫画书。这是一种**代币制**的方法。

• 马戏团里会钻圈的小狗，它们可不是天生就那么聪明的。在平时的训练过程中，只要它们偶尔做出了符合要求的动作，训练员就会奖给它们肉骨头。小狗尝到了甜头，以后符合要求的行为就会越来越多。这种方法就是一种**强化**。

• 大家可能都有这样的体会：并不是所有的技能都需要实际的演练才能学会。有时我们看过别人是怎么做的也就学会了。想想看,是不是有人教你打过羽毛球、篮球,通常情况下,不会有人跟你说,你第一步做什么,第二步做什么,你只要看别人怎么打的就明白应该怎么做了。这就是**观察学习**的原理。

只要细心地观察,你会发现这样的例子很多。这些通过改变行为而进行学习的现象,一直都是心理学家所感兴趣的课题。而在这一领域做出卓越成绩的心理学家,要么本身就是行为主义心理学家,要么和行为主义密切相关。他们从行为主义的视角出发,研究态度形成、攻击性行为的学习、心理治疗、性别角色、习得性无助等许多问题。可以说,行为主义一经产生,很快就风行美国,成为美国现代心理学主要流派之一,对心理学的发展影响巨大,因而被称为心理学的**第一势力**(first force)。下面我们简单介绍一下行为主义心理学的一些主要理论,当然还有那些巨匠们。

1. 心理学的神话:孩子是橡皮泥——华生与行为主义

行为主义心理学家华生有一个很夸张的论断,相信很多人都有所耳闻:他认为如果能对环境进行足够的控制,心理学家可以把一个孩子塑造成他们所期望的任何一种人。塑造孩子就好比捏橡皮泥,只要条件恰当,就可以随心所欲。这种神话般的说法,华生后来也承认是“有失事实”。但这种思维方式在美国很受推崇,因为美国人信奉的是,无论一个人的出生背景和社会阶层如何,他都拥有与所有人平等的发展机会。这当然又是一个神话了。

1-1 华生走过的路——生平简介

约翰·华生(John B. Watson,1878—1958)是行为主义心理学

约翰·华生

的创始人,他的行为主义又被称作“S-R 心理学”,即刺激—反应心理学。在华生看来,心理学应该成为“一门纯粹客观的自然科学”,而且必须成为一门纯生物学或纯生理学的自然科学。

1878 年华生出生于南卡罗来纳州的格林维尔。还是在孩提时代,他就显示出了日后成名立业所需具备的两个特点:喜欢攻击,又富有建设性。他曾坦言,在上小学时他最喜欢的活动就是和同学打架,“直到一个人流血为止”。另一方面,12 岁时他就已经是一个不错的木匠了。在他成名之后,他甚至为自己盖了一幢有十几个房间的别墅。

华生是个很有个性的人。据他自己说,上小学时“很懒,有些反叛,考试从未及格过”,“大学生活对我几乎没有吸引力……我不擅长社交,没有几个知心朋友”。但就是这样一个似乎缺乏热情的人,在日后改写了心理学的方向。

在获得了硕士学位后华生进入芝加哥大学哲学系攻读博士学位,曾就学于杜威(Dewey, J.)。后来,他转到了心理学系,在1903年取得了芝加哥大学第一个心理学博士学位。在读书的时候他便与众不同,喜欢用老鼠而不是用人来做被试。

毕业后华生先是在芝加哥大学教书,后来又到约翰·霍普金斯大学心理学系任职。在此期间,他开始探索用行为主义的方法来取代当时的心理学,他的观点很快受到了学术界的欢迎。1913年,他发表了影响巨大的《行为主义者眼中的心理学》。此后不久,行为主义开始风行心理学界。

1920年华生中断了他的学术生涯,这是心理学界的一大憾事。当时他和女助手雷纳正在主持一项有关性行为的实验研究,结果引发了家庭丑闻。离婚、再婚的风波让他不得不离开学术界而转投商界。他过人的才华在广告业得到了施展,开创了又一个成功的职业生涯。虽然他在刚进入不惑之年就完全离开了心理学,但他所创立的行为主义流派却影响深远。

1-2 心理学该研究什么?——拒绝意识,只研究行为

在19世纪末20世纪初,心理学家主要凭借对感情和感觉的内省去了解人的意识活动。华生则反对这种做法。在他看来,心理学必须成为“一门纯粹客观的自然科学”,如果把意识作为心理学的研究对象,心理学就永远不能跻身科学之列。华生认为,心理、意识和灵魂一样,只是一种假设,是主观的东西,本身不可捉摸,又不能

加以观察、测量和证实,拿它们作为心理学的研究对象,是一种自欺欺人的做法。心理学之所以“百家争鸣”,就是因为研究意识而纠缠不清。

那么,心理学该研究什么呢?华生的答案是**外显的行为**,即那些可以被观察到的、可预见的、最终可以被科学工作者控制的行为。情绪、思维、无意识等等,这些东西要统统扔掉。行为主义者感兴趣的,只是那些可观察的行为。在华生看来,思维只是言语行为的一种变体,是一种“无声言语”,在这种无声言语中,会伴随有轻微的声带振动。

为了方便对行为进行客观的实验研究,华生把行为和引起行为的环境影响分为两个要素:**刺激**(S)和**反应**(R)。刺激是指引起行为的外部和内部的变化,而反应则是指行为的基本成分,即肌肉收缩和腺体分泌。比如闻到饭香(S),你就会分泌唾液(R)。这样,不管引发行为的原因多么复杂,最终都可以归结为物理化学上的变化。后来他又引进了**情境**和**动作**的概念,分别指生活中较为复杂的刺激和行为。

对于神经系统的作用,华生又是如何看呢?他认为,神经系统,包括中枢在内,只不过在感觉器官和行为器官之间起联络和传导的作用罢了,与其他器官如心脏、肌肉、骨骼等的作用没什么大的区别。他还反对以往心理学家对大脑左右功能的强调,说人家把大脑看成了一个神秘的黑箱子,“凡是他们不能用精神解释的东西就都推到脑子里去”。但后来神经心理学家的研究证明,华生的这些主张完全是浅薄之见。

1-3 恐惧可以习得吗？——小阿尔波特的故事

这里先要介绍一下俄国著名生理学家巴甫洛夫(Ivan Pavlov)用狗所做的著名实验,我们称之为**经典条件反射**实验。巴甫洛夫起先是研究狗的消化系统的。在观察狗看到食物就分泌唾液时,他惊奇地发现有时没有食物狗也能分泌唾液。在后来的实验中,每次喂狗前先响铃。当这种联系反复出现一定次数后,只响铃不喂食,狗也会分泌唾液。因为它们已经知道响铃预示食物会马上出现,于是做出了相应的生理反应,这时所谓条件反射就建立了,这是学习的结果。当然,如果多次只呈现铃声而不给食物,那么唾液分泌就会逐渐减少直到最后消失,这个过程我们称为**消退**。下面我们总结一下条件反射建立的过程:

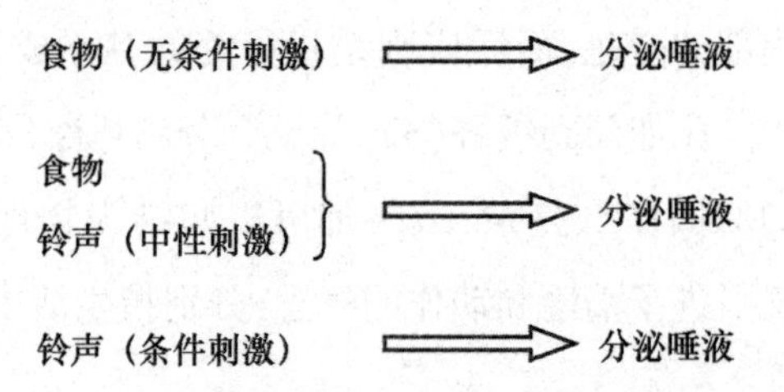

华生拓展了巴甫洛夫的工作,证明经典条件反射原理同样适用于人。他和雷纳(Rosalie Rayner)在一个几个月大的小男孩身上建立了对白色皮毛动物的条件性恐惧,这就是著名的小阿尔波特的故事。

可怜的小阿尔波特起初并不怕白鼠(中性刺激),后来不论什么时候只要白鼠一接近他,华生就在他身后靠近头的地方敲击一块金属发出很大的响声。每次敲击所发出的巨大声响(无条件刺激)

巴甫洛夫经典条件反射实验装置

来源:梁宁建主编.《心理学导论》,上海教育出版社 2011 年版。

都能把阿尔波特吓哭。敲击与白鼠成对出现多次后,白鼠单独出现时,阿尔波特也会吓得哭起来。原来的中性刺激变成了条件刺激。经过几个月后,阿尔波特的条件性恐惧已经泛化到了兔子、狗、皮大衣和圣诞老人面具。后来阿尔波特离开了华生对他进行实验的医院,所以没有继续研究他的条件性恐惧的消退过程。幸亏如此,不然华生要对他做“重建条件反射”的实验。这是一种准备用来消退恐惧的方法,在出现令幼儿感到害怕的东西的同时,刺激他的性敏感区,先是嘴唇,后是乳头,最后是性器官。在今天如果有谁敢这样做,一定会引发虐待儿童的官司。

1-4 什么是客观的研究方法

华生坚定不移地摒弃主观意识而主张研究客观的行为,因而在研究方法上也反对使用内省法，主张使用客观法。他认为内省法不能施之于人，而且即使对自己进行内省观察也会因为没有一致的标准而造成结果的分歧和混乱。那么华生所谓的客观法都有哪些呢？

观察法 有两种：一种是实验方法，用仪器来控制的观察，这种方法比较精确。另一种是不用仪器的观察，因为缺乏严格的控制，只能对研究对象做粗略的了解。观察所得的数据都可以进行统计处理。(图示见下页)

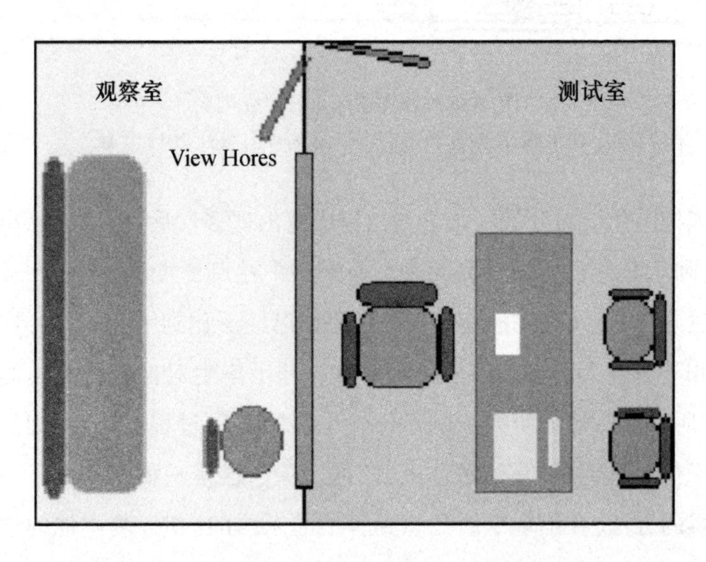

单向玻璃隔离测试室与观察室(中间为单向玻璃)

条件反射法 例如上面讲到的小阿尔波特的例子。这种方法对研究儿童情绪的发展很有价值。条件反射的建立和泛化能解释看起来不合理的恐惧情绪是怎样产生的，例如我们常说的"一朝被蛇咬,十年怕井绳”,一个被蛇咬过的小孩会害怕所有的蛇以及任何与蛇相似的东西。

自我报告法　华生认为这种方法是专门研究正常人行为的,而上述方法则可应用于动物、婴儿和病态者身上。在他看来,能觉察自己身体内部的变化并把它报告出来是正常人才有的能力,动物和病态的人都没有这种能力。

测验法　华生主张设计和运用不一定需要言语的有外部表现的行为测验,这样就可以使有语言障碍的人也可以进行测验。

1-5　“牛人”华生:我们如何评价他?

对华生的评价可谓毁誉参半。因为他完全抛弃意识,只研究行为,而且贬低大脑的作用,有人就把他的行为主义心理学称为“肌肉抽筋心理学”“无心理内容的心理学”“无大脑心理学”等,认为行为主义毫无价值。另一方面,华生向维护“心灵”的传统心理学宣布彻底决裂,他的勇敢和顽强的精神,对传统和神秘的蔑视,对科学控制人的乐观,使得行为主义在当时很多青年心目中,意味着一个新方向,一种新的希望,因为他们对旧传统已经绝望了。

小鸡啄米:是本能还是后天学来的?

郭任远是和华生同一时代的中国心理学家,他也是一个激进的行为主义者,力主消除心理学中的本能说,认为一切都是后天习得的,为此他做了很多有趣的研究。

一般人认为小鸡刚孵出来时就有啄米的本能,郭任远反对这种观点,他认为啄米的动作是小鸡在胚胎中学会的。在30年代他发表了一系列关于鸟类胚胎行为的研究报告。他把鸡蛋的壳弄成透明的,来观察孵化过程中小鸡胚胎的活动。他发现,由于鸡雏的蜷卧姿势,每次心脏的跳动都必然推动它点一次头,由此便建立了小鸡点头的习惯。当小鸡孵出来后,向下点头的习惯仍然保持着。如果小鸡点头时嘴碰到了地面,偶然啄到了米粒,得到了强化,这样就建立了吃米的条件反射活动,最终使小鸡学会了啄米。

华生学希腊语

华生曾夸口说,在他读大学四年级时,他可能是班里唯一的一个通过了希腊语考试的学生。他的秘密是在考试前一天凭着一罐可口可乐提供的能量死记硬背了整整一天。他在几年后说:"现在,让我就是积蓄一生的能量也写不出一个希腊字母,或说出一个字母的变格。"他到芝加哥大学攻读博士学位而不是去他向往的普林斯顿大学,据说就是因为后者要求必须能阅读希腊文。

2. 快乐是操作性条件反射的副产品——斯金纳与激进的行为主义

> 我爱上过两三个长得像我妈妈的姑娘,当我还是个小孩子时,我妈妈一定就长得那样。我也认为女人的胸部很美。但据我所知,达尔文和巴甫洛夫的解释要比索波克尔和弗洛伊德的解释更好。
>
> ——B. F. 斯金纳

斯金纳有一个非常著名而有争议的观点:“快乐是操作性强化的一种副产品。使我们快乐的事情是那些给了我们强化的事情。”他承认人是有感情和思维的动物,但他没有在人的心灵内部寻找行为的原因,否定假设的思维状态或内部动机的必要性,而是强调发现环境条件和行为之间的函数关系,因而他的行为主义被冠以“激进”之名。

2-1 不安分的斯金纳——生平简介

B. F. 斯金纳(Burrhus Frederic Skinner,1904—1990)被人们看做是华生的继承人,他是美国新行为主义的主要代表,是操作条件学习理论的创始人,也是行为矫正的开创者。他的理论在很多领域都有应用,如学生业绩、工业管理、自闭症和精神疾患的治疗以及问题行为的矫正等。

1904 年 3 月 20 日,斯金纳出生于美国的宾夕法尼亚州。他的童年是在一个温暖、稳定的家庭环境中度过的,父亲是个律师,母亲“聪明而美丽”。在成长过程中,斯金纳醉心于建造各种东西:雪橇、木筏、滑行帆船、跷跷板、赛车、喷焊器等,他甚至还试图制造一架滑翔机,发明永动机,结果都没成功。

1922 年斯金纳进入纽约的汉密尔顿学院主修英国文学,在校期间他曾是个“不安定分子”,参与恶作剧,攻击 BK 联谊会等。大学毕业后他本想靠当作家来一举成名,但不久就放弃了,转而对心理学产生了兴趣。1928 年他进入哈佛大学专攻心理学,是著名心理学家波林(Boring, E. G.)的学生。1931 年他获得了哲学博士学位,先后在哈佛大学、明尼苏达大学和印第安纳大学从事研究或教学工作。1948 年他又重回哈佛,直至 1970 年退休。

斯金纳在 1936 年结了婚,有两个女儿,大女儿从事教育心理学的工作,小女儿是个艺术家。第二次世界大战期间,他曾在美国科学研究和发展总署服军役,采用他的操作条件作用法训练鸽子,用来控制飞弹和鱼雷。

2-2 此行为?彼行为?——反应行为和操作行为

斯金纳将行为分为两类:反应行为和操作行为。**反应行为**是指某种特定的刺激(S)所引起的行为(R),比如美食当前你会禁不住流口水,看到一只蟑螂你会失声尖叫。前面我们提到的巴甫洛夫,他的经典条件反射实验(斯金纳称之为**反应性条件反射**)就是研究反应行为的。

如前所述,经典条件反射就是建立新的 S—R 联结的过程。在日常生活中有很多这样的例子,只不过我们没有意识到罢了。比如,一个人喜欢古典音乐,是因为他爸爸一到星期六就在家里听古典音乐,而星期六正好是这个人最喜欢的一天;在医院看病的时候,一位很焦虑的人和另一个人坐在相邻的椅子上等待,焦虑者会发现和他一起等的人缺乏吸引力。这可能是由于等待的焦虑与共同等待的人联系在一起,使焦虑者产生了对那个人的消极反应。

操作行为是指个体作用于外部环境以产生某种结果的行为,它是个体自发的行为,不是外在刺激引发出来的,如读书、写字、演奏乐器、用筷子吃饭和开车等。反应行为受到先行刺激的控制,而操作行为受到的是行为结果的控制。斯金纳用白鼠和鸽子作为对象,对操作行为进行了研究,即**操作性条件反射**的**斯金纳箱**方法。

斯金纳箱是如图所示的一种装置,箱内有一个可以压动的杠杆或可以啄动的按钮,还有一个盘子,可以接住自动传送的食物。这

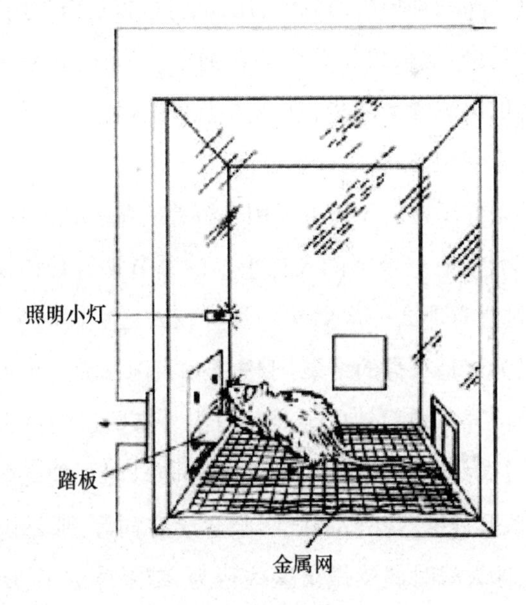

斯金纳箱图示

个装置可以自动记录压杆或啄动按钮的间隔时间。当一只白鼠第一次被放进箱里，只要它四处活动就奖给它食物；此后，只有它接近杠杆时才会获得奖励；接下来，只有接触杠杆才奖给它食物；最后，它只有压动杠杆才能吃到食物。

这里要提到一个重要的概念即**强化**。有些行为的后果可以增加这种行为再次出现的可能性，比如白鼠压杠杆后得到了食物，这让它尝到了甜头，就会更加频繁地去压杠杆，这种过程就是强化，而食物就是强化物。强化有正负两种：**正强化**是在行为之后给予奖励，目的是增加行为，比如小宝宝咿呀学语，得到了妈妈的亲吻和赞扬，他就会更加起劲地学说话；**负强化**也是为了增加行为，所不同的是在行为之后撤销某种厌恶刺激，比如老鼠可以在迅速拉动绳子时避免电击的折磨，他很快就会学会拉绳子。另外，如果有些后果会使某种行为的出现频率减少，这些后果叫**惩罚**，给孩子断奶时在妈妈的乳头上涂辣椒粉，就是这个道理。

操作性条件反射的原理可以用来解释一些有趣的现象，例如一些“迷信行为”。有些地区的人在干旱的季节举行某种仪式拜神求雨，是因为过去有那么一次偶然的拜神仪式之后碰巧下了场大雨，让人们误以为这是求神的结果，于是这场大雨作为一种偶然的强化物使旱季求神拜雨的活动成了一种习俗。有些运动员也常常表现出这种迷信行为，比如有的足球运动员射点球时可能先要进行一番例行公事，系系鞋带、亲吻足球、闭眼念念有词等，那是因为他在以前的某次点球大战时偶然做出这些行为，结果球进了，所以这套行为就成了他每次射点球时的必行仪式。

2-3 我们为什么会“乐此不疲”？——强化的时刻表

前面我们讲了强化在形成行为时的重要作用，对于行为的保持强化也功不可没。斯金纳根据强化与时间的关系，将之分为**连续强化**与**间歇强化**两大类，其中间歇强化又可以分为**间隔强化**和**比例强化**。乍听来可能过于抽象，下面我们结合不同的例子来解释一下。

间歇强化			
间隔强化		比例强化	
固定间隔强化	变化间隔强化	固定比例强化	变化比例强化

连续强化是指有些行为在每次出现时都受到强化。比如开灯就会有灯亮的结果，打开电视机就会有画面出现，如果灯和电视机没坏的话。连续强化还可以保持更为复杂的活动，在写字、骑车、打球等活动中会不断地产生结果，这些结果强化了我们的行为，我们就会“乐此不疲”了。如果在一段长时期的连续强化之后这种关系突然打住，结果就会令人沮丧、烦恼，产生怀疑等。举一个简单的例子：一位男子每天下班到家时妻子都会拥抱他一下，他都习以为常了，但突然有一天妻子不这么做了。这位男子肯定会感到奇怪：“你怎么了？出了什么事？不舒服吗？”

间歇强化是说要做出一个以上规定的行为才给予强化。同连续强化相比，因为间歇强化而形成的行为往往很难消失。我们的许多行为都是受间歇强化形成的，尤其是一些顽固的行为。生活中这样的例子随处可见：初出茅庐的作家投稿多次才被采用一篇，但他们仍坚持不懈地写作;想当厨师的学徒,多次下厨操练时成败参半,但仍乐此不疲。

• 固定间隔强化　顾名思义,每次强化间的间隔时间是恒定的。比如每天下午 6 点整在阳台上观望丈夫回来的妻子,之所以有这样的行为,是因为她的丈夫每天都在这个点回到家,这就是一种固定强化。

• 变化间隔强化　还是上面的例子:丈夫回家的时间是不固定的,有时是下午 5 点半,有时是 6 点,有时是 6 点半,那么妻子可能隔一会儿就会去阳台上看看。这就是变化间隔强化使人产生的"焦急"行为。

• 固定比例强化　一个人必须做出一定数目的行为才会得到强化,工厂里的计件工作就是一个典型的例子:工人只有完成了一定的工作量才能获得相应份额的报酬。学生必须修满一定的学分才能拿到学位也是这个道理。

• 变化比例强化　对期望行为的多少没有确定的要求,行为次数只围绕一个平均值变化。赌博、赛马等所提供的就是变化比例强化,而这种强化最容易使人上瘾,因为结果总是难以预料,反而让人欲罢不能,总抱着成功的希望。曾经就有一个心理系的学生研究了斯金纳的这些观点,然后告诉了他赌博时坐庄的庄主,结果让赌徒们输红了眼睛。

2-4　问题行为是怎样产生的?——原因与矫正

斯金纳认为,神经症、精神病、强迫症等行为问题都能在环境中找到病因,比如不适当的负强化和粗暴的处罚等。

不适当的负强化 我们常常看到这样的例子:老师常常当着全班同学的面批评一个调皮捣蛋的问题儿童K,当K表现较好时老师就会停止批评。老师的本意是希望K"学好",但K却对老师的这种做法很不满,认为老师不尊重他,有了破罐破摔的想法,导致最后逃学出走。

粗暴的处罚 比如幽闭恐惧症,这是一种习得的反应,很可能是患者曾经在幽闭的环境中受到严厉惩罚的结果,当时的情景让患者产生了极端的恐惧情绪,出现了心跳急速、出汗、肌肉紧张等行为上的剧烈变化。以后每当他遭遇到类似的幽闭情景时,就会激起同样的恐惧体验。

此外,斯金纳认为不充分的正强化或是对不良行为的强化,也是问题行为产生的原因。

不充分的正强化 例如,父母忙于工作,没有注意到孩子的良好行为,没有给予他及时的强化,那么这种好的行为就不易保持很久。现在很多年幼的孩子在父母的安排下学习弹琴、绘画等,因为孩子小,取得明显的进步需要相当的时间,这期间如果父母忽视了孩子任何细微的进步,没有给予充分的正强化,孩子得不到鼓励和赞扬,就会丧失兴趣,甚至感到厌烦,产生抵触。

对不良行为的强化 很多小孩子任性胡为的表现就是要引起大人的注意。小孩子总是希望得到大人的关注,如果他的听话行为没有得到父母的注意,他就会转而变得调皮捣蛋,胡闹撒泼,以此引起注意。大人如果"上了当",对这种行为给予强烈的关注,无形中就强化了孩子的不良行为,以后孩子一旦需要大人的注意，就会变得难缠。还有些孩子惯以哭闹、打滚来让父母满足他的无理要求，也是因为以前父母因此而满足了他的要求，强化了他的这种行为。

使用斯金纳的观点来治疗问题行为的技术我们称之为**行为矫正**。行为治疗师在治疗过程中不会去找个人内部的原因，而是去寻找形成和保持问题行为的环境因素，通过改变这些因素来达到矫正行为的目的。比如一个有攻击行为的孩子，我们忽视他的攻击行为，让其自生自灭，同时对他所做出的任何良好行为给予赞赏和关注，他的行为表现就会有所改善。接着，想办法让这个孩子日益增多的良好行为得到来自老师、家长、同伴等各方面的关注，对他的非暴力的、合作的行为给予赞赏，就可以逐步使他的攻击行为倾向得以纠正。

心理学家常使用的一种改变行为的技术是**代币制**。代币可以是假钱、筹码等，来作为强化物，例如幼儿园里常用的红五星。有了一定数目的代币，就可以换取奖品、特权等其他强化物，往往是当事人所想要的东西。为了获得代币，这个人必须完成一些特殊的行为任务：不爱学数学的孩子数学考到 85 分以上，爱打架的少年不再惹是生非，等等。这种技术对于年幼的儿童尤其有效。

2-5　激进的斯金纳：我们如何评价他？

斯金纳作为心理学的大家，对我们的贡献是巨大的，他的理论在研究和实践领域内都有广泛的应用，尤其是促进了心理治疗的发展。在今天，行为矫正仍然是治疗儿童问题行为最有效的方法。

斯金纳是一个彻底的行为主义者，也是一个激进的决定论者。

对他的非议也大多来源于此。和弗洛伊德一样，他认为人的任何行为都是有原因的，但他把这些原因都归结为环境因素，忽视人内在的心理过程。有人讲斯金纳把从白鼠、鸽子身上得到的实验结果毫不犹豫地推广到人身上，未免有将任何动物等同之嫌。

此外，斯金纳的某些论断引起了很大的争议。在他的《超越自由与尊严》这本书中，他认为，我们选择什么并不依据内心的决定，而只是对环境要求的一种反应。做出了高尚行为的人就赢得了尊严，但行为是由外部环境决定的，这种尊严只能是一个幻想。如果你冲进熊熊大火中去救人，并非因为你是一个英雄或傻瓜，只是因为你曾有过被这样强化的经历，所以在类似的情境中才会有相似的行为。这样的观点，你是否愿意认同呢？

《沃尔登第二》

前面我们讲到，斯金纳起初想成为一名作家。当他在心理学上成绩斐然时，他也并未放弃对文学的兴趣。1948 年他写了小说《沃尔登第二》。在这部小说里，他根据自己在实验室里得到的强化原理，虚构了一个乌托邦式的社会。1967 年，一些有志于将《沃尔登第二》中的理想付诸实践的人在弗吉尼亚的双橡树建立了一个真实的社会。经过各种各样的修改，这个理想社会得以保存了下来，但是经过这些修改，它早已经走了形，不可能成为斯金纳观点的真实检验了。

用斯金纳的观点看酗酒和戒酒

根据强化原理,那些最终产生厌恶性结果的行为得以保持,常常是由于受到即时强化的作用。我们来看看酗酒。喝酒所带来的即时的畅快是一种正强化,并且也会出现负强化,比如使人麻痹、逃避现实的烦恼,即所谓"借酒浇愁"。这样,即时的强化就影响着人的喝酒行为。如果喝酒带来了痛苦的结果,如生病、人际关系受损、经济损失等,酗酒者可能就会做出所谓自我控制的行为——戒酒。这种自我控制的行为是否能得以保持,要依赖于戒酒结果的强化作用和厌恶结果的发展状况。如果戒酒后情况没有改善(缺乏强化)或者实在没有其他办法来摆脱烦恼,戒了酒的人可能又会沉湎于喝酒。当然,这里只讨论环境因素。

3. 心理学家的形象:实验服、铅笔、迷宫中奔跑的老鼠?——洛特和班杜拉的理论

华生和斯金纳等大师为心理学研究提供了一种科学而具有实证性的方法,这使得美国大学中的心理学家们逐渐开始了对实验方法的偏爱。学习的基本原理有广泛的适用范围,斯金纳、桑代克等人在低等动物如老鼠、鸽子等身上验证了这一点。也正因为如此,很多人眼里的心理学家就成了这个样子:整天穿着实验服,手里拿着记录用的铅笔,观察在迷宫中奔跑的老鼠。

到了五六十年代,人们对行为主义的热情开始冷却了,很多行

为主义者本身也开始怀疑行为主义的绝对性：人的所有学习都是条件反射的结果吗？为什么思维和态度这样的“内部”过程不能像外显行为一样被控制？这些心理学家对行为主义加以扩展，加进了更多的人格和社会特征，如洛特和班杜拉的“社会学习理论”。这些理论包括了一些不可观察的东西，如思维、价值观、期望和知觉等。他们认为，学习可以通过观察甚至是通过听说别人怎样行为而发生。

3-1　你会选择怎样的行为？——行为潜能

朱利安·洛特（Julian Rotter）是**社会学习理论**的代表人物之一，他对激进行为主义狭隘的观点提出了质疑。洛特认为，不能把人等同于动物，用于解释低等动物行为的原理不足以解释复杂的人

朱利安·洛特

类行为。要想预测人在特定情境中的行为,就必须考虑知觉、期望、价值观这样的认知或社会变量。行为潜能就是洛特提出的一个重要概念。

我们先来看一个例子:美国前总统罗斯福有一著名的轶事,每当有人侮辱了罗斯福夫人神圣的名字时,他就会愤怒地拔枪与之决斗。那么遇到类似的情景时,你会做出怎样的反应呢?在几秒钟之内,你可能会做出选择:对于对方的挑衅你不屑一顾:“粗鲁之人,不与他一般见识”;你也可能平静地说一声“你应该向我道歉”;你也许会气愤难平,挥起拳头揍他;当然你也可能忍气吞声地走开。要想预测在这种情况下你的反应究竟如何,可以来分析一下每一种选择的行为潜能。

洛特对行为潜能的定义是:在某一特定情景中做出某种反应的可能性。比如上面的情况,对于一种侮辱,每一种可能的反应都有不同的行为潜能。如果你因此而怒不可遏,那么这个反应的行为潜能就比其他可能反应的行为潜能大。

那么是什么决定着行为潜能的大小呢?洛特认为这取决于两个变量:**期望**与**强化值**。也就是说,在我们决定是否要采取某一个行为时,我们会先盘算一下这一行为导致的某一特定强化的可能性有多大(期望),还要考虑这种强化对我们有多大的价值(强化值)。如果这个反应过程被强化的可能性很小,或者可能会带来的强化不是我们想要的,那么这一行为的潜能就很小。但是,期望某一个行为会带来一些有价值的强化,我们就会做出这一行为。

行为潜能 = 期望 + 强化值

下面我们再具体说说什么是期望和强化值。当你决定参加一次聚会时，你会考虑你是否能在聚会上玩得开心。这样的估计就是洛特所谓的期望。很明显，人的期望是居于上一次在相似的情境中的感觉如何而得出的。如果你在聚会上总遇到些让你觉得无聊厌烦的人，你从来就没开心过，那么你对去参加聚会能玩得尽兴的期望就很小。另外，人们更喜欢去做那些被强化了的行为。这也可以通过期望的改变来解释。人如果经常从某一特定行为中得到强化（如参加聚会玩得很开心），希望这一行为在以后再次被强化的期望就会越强烈。反之，如果行为没有得到强化（参加了聚会结果败兴而归），你的期望就会降低，做出同样行为的可能性也会随之减小了。

再来说说强化值。洛特所谓的强化值，是指比起其他强化来，你更喜欢某种强化的程度。强化值的大小会根据情境和时间的不同而改变，比如朋友的一个问候电话，在你失意寂寞时，它的强化值肯定要高一些；而在平常，这样的电话可能没什么特别。另外，对于各种强化，不同的人会有不同的赋值。一张王菲演唱会的入场券，年轻人可能会赋予它极高的强化值，但在老人眼里它可能没有任何强化的价值。

3-2　人为什么会和自己不喜欢的人相处？——行为的相互决定论

阿尔波特·班杜拉（Albert Bandura）是**社会—认知理论**的代表人物之一。激进行为主义认为人类是由外部刺激来塑造的被动的接受者，班杜拉抛弃了这一观点。在他看来，人当然会对外部环境中的刺激做出反应，人也会以内外界的奖惩而学会各种行为。但严格意义上的行为主义把人学习变化的过程等同于老鼠学会压杠杆来获取食物的过程,这就忽视了人内部力量的作用。这些被忽视的东西一般与思维和信息加工有关,班杜拉把它们纳入到自己的行为主义理论中来,所以称之为社会—认知理论。

在日常生活中常会有这样的情况:有一个人你很不喜欢,但他偏偏要你和他一道吃中饭。你能想象这顿午饭会是多么的索然无味。根据洛特的观点,期望会影响你的行为。所以,你的内部期望可能会使你拒绝邀请。但是你知道,这个人股票信息很灵通,如果陪他吃饭,他肯定会向你透露一些内部消息,让你的股票赚上一把。这可怎么办?这时,外部诱因的强大力量又决定了你的行为,你会说:“好啊!”接下去,你的股票果然赚了,那顿饭也还不错,你甚至会发现那个人也挺可爱的。再往后,你就愿意和他多交往了。

在这个例子中,是外因改变了你的期望,这一期望又影响了以后的行为。如此循环。这就是班杜拉的相互作用论。他认为,行为由**内因**和**外因**共同决定。外因如奖励、惩罚和各种环境变量,信念、期望和思维等则是内因,二者相互作用,又影响着行为,而行为也会影响外因和内因。这个过程可以用下面的图来表示:

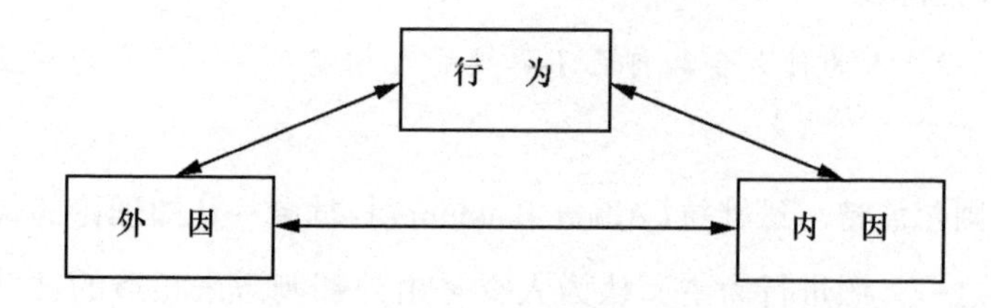

你可能注意到了,图中的箭头均为双向,表明三个变量间都会相互影响。这与激进的行为主义不一样,后者只用 S-R 的单向联结

来解释行为。在班杜拉的模型中,环境会影响行为,行为也会影响环境。环境有潜在和实际之分。**潜在环境**对每个人都是一样的,**实际环境**则是我们自己的行为创造出来的。例如,一次聚会上,大家对两个人的态度本来一视同仁,但其中一个举止粗俗,周围的人就会对他惩罚多而奖励少;另一个很友善,就可能创造出奖励多而惩罚少的环境。这就是班杜拉所谓的"我们自己为自己创造了机会"。

3-3 孩子为什么成了小暴君?——观察学习

班杜拉对心理学最主要的贡献,就是创立了观察学习或替代学习的概念。他认为,我们可以通过经典条件反射和操作条件反射来学习,也能通过看、读或听说别人怎样行为来学习,也就是通常我们所讲的对榜样的模仿。

行为主义认为我们要学会一种行为,必须实际地参与这一行为。班杜拉的观点是通过观察习得的行为不一定要表现出来。例如,你没有过打人的经历,但你看到过《大话西游》里周星驰怎样对菩提老祖拳打脚踢,你知道打人时拳该怎样挥出,脚该怎样踹,这样的行为你肯定是学会了,但你可能从不表现出来。

为什么呢?班杜拉认为,观察学习的行为是否表现,取决于我们对这一行为后果的预期,也就是说,要看这一行为带来的是奖励还是惩罚。打人一般不会有好结果,要么受人指责,良心不安,要么反被人打,所以你不会那样做。这时你可能要问,既然从没有表现过某种行为,对结果的预期是怎么来的?同样,这也是来自对别人行为的观察。如果这一行为使你的榜样受到了奖励,你就会预期自己的这种行为能带来好结果。反之亦然。

班杜拉有一个经典实验,研究孩子对攻击性行为的观察和模仿。研究者让幼儿园的孩子观看录像,录像中一个成年人 K(榜样)攻击一个成人大小的充气塑料人,他的攻击行为有四种:

> K 把充气人放倒在地,然后坐在它身上打它的鼻子,边打边叫:"哈!打中啦!咚!咚!"
>
> K 把充气人又拉起来,用一个木槌连续击打它的头。一边打一边念念有词:"哈!趴下!"
>
> 用木槌打完后,K 又把充气人踢来踢去,高兴地叫着:"飞喽!"
>
> 最后,K 用一个橡皮球猛砸充气人,每砸一下都大叫一声:"咚!"

观察学习实验

孩子们被分为三个组,每个小组看到的结局都不同。第一组孩子看到另一个成年人用饮料或糖果等奖励了K,并对他大加表扬;第二组孩子看到K被人用卷起来的杂志打了一下,并且被警告说下不为例;第三组孩子则看到,K的攻击行为没有任何结果,既没表扬他,也没有责备他。接下来,让孩子们自由活动10分钟。在自由活动的房间里有许多玩具,其中就有一个充气娃娃和许多K在攻击充气人时用到的东西,木槌和皮球等。实验者则通过单向玻璃来观察孩子是不是通过前面的观察学会了攻击行为。

结果发现,三组孩子都表现出了一定的攻击行为。不过,正如班杜拉所预料的,孩子们自由活动时是否会表现出攻击行为取决于他们对结果的预期。尽管所有的孩子都学会了攻击,但那些看到榜样K被表扬的孩子比那些看到K被责备的孩子更明显地表现出了攻击行为。

想想看,在实际生活中这样的榜样何其多,孩子会通过观察他们而习得各种行为:攻击、友善、粗鲁、优雅等等。孩子每时每刻都从不同的人身上学会了各种示范行为,父母、同伴、老师、明星偶像、卡通、电视,甚至是街头陌生人的言行举止,每个孩子都会在这些示范行为的基础上逐渐形成自己的行为反应和期望模式。

拳王争霸赛的公开暴力

曾有一项研究调查了凶杀率和拳王争霸赛中公开暴力的关系。连续看了10场重量级拳王争霸赛之后,所有人都承认自己在不同程度上模仿了攻击行为。赛前诸如“我要砸掉你的脑袋”这样的言语攻击，以及赛后气氛的渲染，提供了大量的攻击性暗示。研究者在1973年至1978年的18次重量级拳王争霸赛之后，比较预期的凶杀率和实际凶杀率。结果发现，从比赛后的第三天开始，凶杀案的数量以平均12.46%的比率上升。凶杀率最高的增长发生在宣传力度最大、收视范围最广的比赛之后，即著名的阿里和弗雷泽之战，这场比赛结束后增加了不下26起凶杀案。

当泰森愤怒地咬下了霍力菲尔德的耳朵，赛场里的、电视机前的所有观众，无不为之哗然。这一攻击性行为激起了不少青年人心中蠢蠢欲动的暴力冲动。据说，那次比赛后，很多人在和他人的争吵或打斗中都学泰森的样，狂怒地咬伤了对方的耳朵。

孩子是最脆弱的，最容易受到外界刺激的负面影响。除了拳击这种公开暴力外，其他如电视暴力、媒体对暴力问题的过度渲染等，都会给孩子的成长带来“污染”，增加了他们出现暴力行为的可能性。我们应该呼吁媒体尽可能地减少节目中的暴力镜头，父母也要把好关，要监督孩子看什么样的节目。

习得性无助

一位老人住进了老年公寓，他再也用不着照顾自己的生活了，一切都会有服务员为他打理好。他似乎无权支配自己的生活了，他不用自己做饭、整理房间，甚至是洗澡。很快，他变得郁郁寡欢,话变少了,没以前开朗了,身体渐渐垮掉。这就是习得性无助的例子。

习得性无助的研究开始于实验室的动物研究。在实验 1 中,狗被套上了锁链,不断受到电击,但又无法逃走。经历几次这样的电击后,狗被放到了学习逃离的情境中:箱子被隔成两个部分。信号一响,越过隔板跳到箱子的另一头,就可以躲避电击。结果发现,先前没有经历过实验 1 电击的狗,在电击一开始就乱跑,很快就能学会怎样躲避电击(跳过隔板)。而那些有过实验 1 经历的狗,在电击开始的几秒钟内也会乱跑一气,然后它们就停下来不跑了,趴在地上,静静地呜咽。这是因为,在无法躲避的电击中,它们无数次地尝试躲避,都没有成功。它们明白它们是无助的,所以在能够逃离的情境中也会屈从于无助感。按行为主义的观点,它们把先前习得的无助感迁移到了新的情境中。

人和动物一样,也容易受到习得性无助的影响。人们在最初无法控制的情境中获得了一种无助感,在以后的情境中也不能从中摆脱。而且,假如被告知他们不能克服一个严重的障碍,或通过观察他人的无助,人们也能习得无助感。

? 考考你

1. 什么是**强化**?举例说明。
2. 什么是**经典条件反射**?
3. 用生活中的例子说说什么是**观察学习**。
4. 什么叫**行为潜能**?
5. 什么是**代币制**?举例说明。

四 人本主义论心理学——不是社会的错：自己的选择自己负责任

一位摇滚歌手M沉溺于毒品和酒精，未到30岁便死于突发心脏病。有些人把他的自残行为和猝死归咎于社会，认为M自小被父母疏远，被警察纠缠，音乐制作人也不断给他压力，这些把他一步步推向死亡。有些人则认为，没有人逼M去吸毒和酗酒，也没有人强迫他继续从事音乐事业。如果这些都是那么痛苦，他就应该退出。

这里，后面一种观点更接近人本主义心理学的思想。人本主义心理学家认为，我们确实要关心社会问题，但面对困难时我们应承担自己的责任。

在人本主义之前，心理学领域中占主导的人性理论有两种。一种是弗洛伊德的观点，他认为人主要受性本能和攻击本能控制。另一种观点来源于行为主义，这种观点走了另一个极端，把人看做较大、较复杂的老鼠。就像老鼠对实验室的刺激做出反应一样，人也对环境中的刺激做出反应，其中没有任何主观的控制。我们以目前的方式做出行为反应，只是因为现在或以前所处的环境，而不是因为个体的选择。这两种理论都忽略了人性中的一些重要方面，例如自由意志和人的价值等。

人本主义的理论与上面两种观点不同，它假设人应该对自己的行为负主要责任。我们有时会对环境中的刺激自动地做出反应，有时会受制于无意识冲动，但我们有自由意志，有能力决定自己的命运和行动方向。M 可能已经意识到了自己所面对的极大压力,但如何面对这种困境是他自己的选择。如果 M 去找人本主义治疗师治疗,也许他就能够承担责任,选择相应的生活方式。

人本主义被称为心理学的**第三势力**(third force)。60 年代强调个人主义和个人言论自由的时代背景为人本主义心理学的成长提供了沃土。1967 年人本主义心理学的重要人物亚伯拉罕·马斯洛当选为美国心理学会主席,这标志着人本主义理论已经被广为接受。

1. 什么是人本主义心理学?

人本主义心理学是如何产生的呢?在人本主义心理学之前,欧洲有一批心理学家与存在主义哲学家的观点非常一致,他们被冠以"存在主义心理学家"的称号。他们以著名的存在主义哲学家尼采、萨特等的学说为基础,发展他们的心理学理论。这些存在主义心理学家包括宾斯万格(Binswanger, L.)、弗兰克尔(Frankl, V. E.)和罗洛·梅(May, R.)等人。存在主义心理治疗的焦点是解决存在的焦虑,解决个人因为生活没有意义而产生的惊慌、恐惧感,通过强调自由选择,以及建立一种可以减轻空虚、焦虑和烦恼的生活方式,培养对人生更加成熟的态度。

存在主义哲学也影响了一些美国心理学家的观点。卡尔·罗杰斯早期做心理治疗师的失败经历使他意识到,治疗师不能替患者决定他们的问题是什么、如何去解决。他后来回忆说:"我突然明白,除非我有必要显露我的智慧和学识,我最好是依靠患者决定治疗过程的方向。"

亚伯拉罕·马斯洛的转变发生在二战期间他观看阅兵时,“一次蹩脚的、可怜的阅兵,……穿着旧军装的童子军和肥胖的士兵们、打着旗子、吹着跑调的长笛”。这种阅兵本应该激励美国人的爱国热情,投入战斗。但是,它却使马斯洛认识到,心理学对理解人类行为的作用是多么渺小。他决心“证明人类有比战争、偏见和憎恨更好的东西”。我们需要一种科学的心理学去“思考那些一直由非科学家解决的问题——宗教、诗歌、价值观、哲学和艺术”。

建立一个新的心理学流派去理解人类的行为,便成为罗杰斯和马斯洛毕生的追求。

目前还没有一个普遍认可的人本主义理论的定义。这种现象在60年代和70年代初期尤为突出,在当时,似乎每一个人都认为自己是“人本主义”的,并努力使自己的理论普及。结果人本主义成了一种热门理论,似乎它能包治百病。近年来,由于人本主义心理学不再那么流行,对人本主义理论的宣扬也少了,但还是有不少心理学者认为自己属于这一流派。虽然目前还没有明确的标准来判别一种心理治疗的方法是否属于人本主义的范畴,但是一般认为,人本主义心理学的核心内容有四个方面:(1) 强调人的责任;(2) 强调“此时此地”;(3) 从现象学角度看个体;(4) 强调人的成长。

1-1 人的责任

人们自己最终要对所发生的事情负责,这就是人本主义人格理论的基础,它能说明我们为什么经常说“我不得不”这句话,例如“我不得不去上班”“我不得不去洗澡”“我不得不听老板的调遣”等等。其实,我们不一定非要做这些事。我们甚至可以不做任何事情。在特定的时刻,行为只是每个人自己的选择。

弗洛伊德和行为主义把人说成是无法自我控制的,人本主义心理学家则与之相反,他们把人看做自己生活的主动构建者,可以自由地改变自己,如果不能改变,只是因为自身的局限。人本主义心理治疗的主要目标,就是使来访者认识到他们有能力做他们想做的任何事情,但是,正如弗洛姆所说,有许多自由是可怕的。

1-2　此时此地

生活中总有很多怀旧或沉溺于过去的人,他们常常追忆往昔的美好时光,或是反复体验以往尴尬的遭遇或痛苦的失恋。也有一些人总是在计划将来的日子,在心中预演将要发生的故事。从一个人本主义心理学家的角度看,每天的怀旧或是白日梦使你失去了 n 分钟的时间,你本应该享用这 n 分钟去呼吸新鲜空气,去欣赏日落美景,或者与人交谈而长些见识。

根据人本主义的观点,只有按生活的本来面貌去生活,我们才能成为真正完善的人。对过去和将来的某些思考虽然有益,但是多数人花费过多的时间反省过去,计划未来,这其实是浪费时间,因为只有生活在此时此地,人才能充分享受生活。

有一句广告语“今天是你剩余生命里的第一天”,这句话和人本主义心理学家的观点不谋而合。我们不应该成为过去的牺牲品。当然过去经验会影响“我们是谁”和“怎么做”,但是这些经验并没有明确指出我们能够变成什么样。虽然一些精神分析医师强调成人的人格在儿童时期就已经形成,但人本主义的治疗师反对这种观点。人不能因为他们“过去很害羞”就永远害羞,也不能因为不知道还能做什么,就不得不维持愁人的人际关系。过去对现在造成的影响并非一成不变,人如果被困在过去的阴影中,他就不可能生活在今天。

1-3　个体的现象学

没有人比你更了解自己。如果治疗师听了来访者的倾诉后,判断他们的问题是什么,然后强迫他们接受意见,同意要改变什么、如何去改变,这种做法是很荒谬的。与之相反,人本主义的治疗师努力去理解来访者的问题所在,然后给患者提供指导,使他们能够自己帮助自己。

最初,一些人对这种方法感到困惑,心理失调的人怎么能了解他们自己的问题?如果答案很简单,治疗是患者自己的事情,人们为什么还要去看心理医生呢?原因就是人们此时不明白自己哪里出了问题,治疗师也还不了解有关信息。但在治疗过程中,患者会逐渐了解自己并想出适当的办法来解决问题。你可能也会有相似的经历,遇到困难时朋友会给你提建议,但由别人越俎代庖做决定可能不尽如你意;如果你权衡别人的建议,自己最终拿主意,往往是最见效的。

1-4　人的成长

根据人本主义心理学的观点,让所有需要立刻得到满足并不是生活的全部。假如明天你继承了几百万美元的财产,和一个爱你的人一起平平安安地过日子,而且让你健康长寿。你会幸福吗?你会有多长时间的幸福?当人们的眼前需要得到满足后,他们不会感到满意,而要积极地寻求发展。如果独自一个人,没有生活困难的阻挡,我们就会朝着最终的满足状态前进。罗杰斯认为,这样的人就是“自我完善”的人。

这一成长过程是人的发展的自然特征。就是说,除非有困难阻碍我们,我们会不断朝着这种满意状态前进。如果问题和困难阻碍了我们的成长,可以寻求心理治疗师的帮助。当然,治疗师并不能把来访者推回到发展轨道上,只有来访者自己才能这样做。治疗师应该允许来访者自己克服困难,继续成长。

2. “来访者”而不是病人——罗杰斯的人本主义心理学

好的人生是一种过程,而不是一种静止的状态,它是一个方向,而不是一个终点。

——卡尔·罗杰斯

卡尔·罗杰斯

罗杰斯的思想主要发展于“来访者中心”疗法(以人为中心的疗法)。在谈到这种由他本人创立的心理治疗方法时,有一点必须说明,使用术语“来访者”是因为它强调接受治疗者主动的、自愿的、负责的参与;同时,它暗示了治疗者和寻求帮助者之间的平等,避免暗示这个人有病,或他正在被实验之嫌。

2-1 优秀的倾听者——生平简介

卡尔·罗杰斯(Carl R. Rogers,1902—1987)是美国著名的心理治疗家,是人本主义心理学的创建者之一,也是**非指导式咨询**(**来访者中心疗法**)的创始人。大家可能听说过著名的“酗酒者互助协会”,它来自于“互助小组”的治疗方法,而罗杰斯在创立这种治疗方法中起了重要作用。罗杰斯对人性一直持乐观态度,相信人可以挖掘潜能和获得幸福,这为我们了解人性提供了新的视角。

1902 年 1 月罗杰斯出生于芝加哥郊区的橡树园。他的父母都信教,母亲的观念很传统,父亲是一位自由职业者、土木工程师。幼年的罗杰斯容易害羞但很聪明,他特别喜欢科学,13 岁时就被誉为当地的生物和农业专家。念中学时,他常常在父母的农场上干农活。15 岁时他因患十二指肠溃疡而休学了一段时间,据说是因为不能在家中公开表达自己感情的缘故。

1919 年罗杰斯进入威斯康星大学学习农业,但很快就放弃了,因为他觉得学习农业缺乏挑战性。在选修了一门“乏味”的心理学课程后,他决定改学宗教。1924 年他取得了一个历史学学位后,就前往纽约的“联合神学院”,准备当个牧师。

在纽约的学习非常有意思,但有两件事改变了他的方向。首先,学神学使他对自己的宗教信仰产生了怀疑,“基督徒的宗教信仰可以使不同人的不同心理需要得到满足”,他发现“重要的不是宗教信仰,而是人”;其次,这时他对心理学有了新的认识,他经常和神学院的几个同学去哥伦比亚大学旁听心理学课。神学院的职业使罗杰斯有机会去帮助别人,但他的热情在不断削减。最后,他不顾父母的反对,毅然离开了教堂,去哥伦比亚大学继续学习心理学,从事临床及教育心理学的研究。

自 1928 年起,罗杰斯就在纽约罗切斯特的儿童指导诊所工作,主要是为犯罪和贫困儿童提供咨询和指导。后来他曾在几所大学任教。在此期间,罗杰斯一直和流行于心理治疗界的精神分析理论及当时风头正健的行为主义理论作斗争,推行自己的“来访者中心疗法”,并小有胜利。1956 年他获得了美国心理学会第一次颁发的特殊科学贡献奖。

对人的真正关心是贯穿罗杰斯职业生涯的主线。他的一位同事回忆说:“罗杰斯看上去貌不惊人,他不是一个激情洋溢的谈话者,但他总是以真正的兴趣倾听你的谈话。”在生命的最后 15 年里,罗杰斯一直致力于研究如何解决社会冲突和世界和平的问题。80 岁时,他还在苏联和南非等地主持研讨会和交流小组的工作。

2-2　“我是谁?”——自我概念和自我实现

当你看着镜子里的自己时,心中可能会泛起这样的问题:“我到底是个什么样的人?”或者“我能做什么?”这就是**自我概念**要回答的问题,即你对自己的了解和看法。自我概念在罗杰斯的理论中很重要。

罗杰斯认为,一个人看待他自己的方式是预测即将发生行为的最重要的因素,因为伴随着现实的自我概念,还有以后对外界现实和对自身所处境况的真实感知。刚出生的婴儿,还不知道自己是唯一的独立的实体。随着他们的生长和发育,父母和其他重要人物开始影响他们,每个孩子不断意识到有一种“他”的东西,他开始说“我想要……”,“我想……”,“这是我的……”或者“把那个东西给我”。这时,婴儿的部分生理体验变成了“自我概念”,能区分主格的“我”、宾格的“我”和“我自己”及其他相关的概念了,这就是自我体验。孩子一天天长大,对自己的了解和看法也会随之增加。

实际上,起初罗杰斯是反对使用自我概念的,他认为这个概念太模糊,而且不科学。但后来他发现在心理治疗中,来访者在没有任何指导语的情况下,自由表达自己的困惑时,经常以自我作为话题的中心。这使他开始相信自我是个人经验的一个重要成分。他曾经有过一位女性来访者,治疗开始时,她说:“我所做的事实在不像我,好像不是我自己做的。”“我对事情没有感情,我担心我自己。”后来随着治疗的继续,她的自我概念有了很大的变化。她说:“我对自己越来越有兴趣了。”“我和别人不同,我有自己的兴趣爱好。”“我承认我并不总是正确的。”这个案例使罗杰斯改变了对自我概念的看法。

与自我相关的另一个概念是**自我实现**。自我实现是一个人在遗传的限度范围内尽力地发展自己的潜能。人就好比长在大海边的一棵大树,他笔直、顽强、活泼,并且不断地向上生长,这就是自我实现的过程。罗杰斯认为,基本上人都是朝着自我实现的方向行为的,使自己变得更具有社会责任感。一个人也可能做出不符合人性的行为,表现出残酷和攻击性,做出对社会和他人有危害的事情。但罗杰斯认为,在这些人的内心深处,也有积极的实现倾向,但需要有人帮助他们发现和激发他们内心深处的向善力量。

2-3 了解痛苦,但更了解快乐——功能完备的人

在罗杰斯眼中,**功能完备的人**这一概念是一种理想。这样一个人可以体验到来自他人的无条件的积极尊重。从实际的角度来看,功能完备的人就是能够积极地向着不断成长和自我实现方向行为的人。那么,这类人都有哪些特点呢?我们来看看罗杰斯是怎么说的:

- 功能完备的人应该坦诚地面对自己的经历。他们会努力体验生活的所有内容,乐于去发现什么样的生活是最有价值的,然后珍藏这种美好的经历。

- 功能完备的人关注此时此地正在发生的事情,他们生活在现实的空间里,而不是沉湎于凭吊过去或幻想未来。

- 功能完备的人相信自己的感觉,如果他们觉得一件事情应该去做,他们就去做,不会因为规则的约束或顾忌别人的想法而裹足不前。

功能完备的人与大多数人相比,不太在乎社会的要求,他们不是看着别人眼色做事的人。相反,他们看重自己的兴趣、价值观和需要。他们能深刻地体会到自己的情感,不管它是积极的还是消极的。可以说他们很敏感,生活经历更丰富,用罗杰斯的话说,他们“了解痛苦,但更了解快乐”。他们比别人更能理解愤怒和恐惧,知

道这是深刻感受爱和快乐的代价。功能完备的人生活在他们自己的生活中,而不仅仅是生活的过客。也许他们的痛苦会比别人来得鲜明,但他们的快乐也会比别人深刻。

2-4 别人的评价≠你的自我感觉,怎么办?——焦虑和防御机制

在很多时候,成为功能完备的人只是一种理想。人经常会不快乐,不能最大限度地享受生活的乐趣。当我们感到焦虑并以不同的防御机制做出反应时,快乐就离我们而去了。为什么人会产生焦虑呢?

罗杰斯认为,当我们接触到与我们的自我知觉不一致的信息时,就会产生焦虑。试想,你本来以为你是个受朋友欢迎的人、一个受老师青睐的好学生、一个好情人,但你很可能会听到别人对你的评价与你的自我感觉根本就不一致。比如,你以为自己对朋友很讲义气,但有一天你听到别人说你很自私,你会怎么办?

如果你是一个功能完备的人,你会乐意承认:并不是所有的人都喜欢你。你会考虑别人对你的这种评价,并把它纳入到你的自我概念中去。你会跟自己说,我是个不错的人,但不是每个人都会欣赏我的,这很正常。不过,大多数人做不到这样"大度",这种有差异的评价会使你感到焦虑:原本以为每个人都欢迎你,但事实证明实际情况并非如你所愿。有时候这种焦虑一晃而过,但如果这个信息对你的自我概念的根本部分构成了威胁,焦虑就很难克服。这时,为了对抗焦虑的产生,你会使用各种**防御机制**来阻止这个信息进入你的意识层。

我们最常用的防御机制是**扭曲**和**否定**。你可能会认为说你“坏话”的人心情不好,或者根本就是个小人。这样信息就被扭曲了,就不会与你的自我概念相矛盾了,焦虑水平就会降低。有时候,你可能会一厢情愿地否定:我可能听错了,他们不是在说我,没准讲的是一个和我名字很像的人。

在短时期内,防御机制会奏效。但时间长了,每次都使用它,就会使人离现实越来越远。例如,有一个人把现实和幻想混淆在一起,总认为自己是钻石王老五,但实际生活中几乎没人这样认为。当这种差距越来越大时,防御机制就会不管用了,结果就会造成极度的焦虑。

2-5　心理治疗师不是万灵丹——来访者中心疗法

在心理治疗的发展史上,来访者中心疗法是一个重要的里程碑,它是罗杰斯对传统心理治疗方法的一次挑战,并影响了现代心理治疗的基本观念。在后期,罗杰斯使用了更新的名词“**以人为中心**”的疗法。

罗杰斯的观点是,治疗师不是万灵丹,不可能像来访者一样完全了解他们自己的问题,对改变状况负责的应该是来访者而不是治疗师。对于带着问题的求助者,治疗师所做的工作不是改变他,而是提供一种氛围,使求助者能自己帮助自己。罗杰斯相信每一个人都能以一种积极的方式发展。当这一过程受到阻碍时,治疗师要帮助来访者回到积极发展的轨道上去。在治疗结束后,来访者应该能更加坦诚地面对自己的个人经历,更能悦纳自己。要想达到这样的治疗效果,必须做到以下三点:

- 治疗师必须与来访者建立和谐的关系。治疗师要真诚地对待来访者,不能否认他们在治疗中体验到的感情,并且愿意公开地表达持续的感情。这种真诚关系的建立是很必要的,可以消除来访者的戒备心理,使他们可以公开地说出自己的感受,从而逐渐了解并解决自己的问题。

- 要有**无条件的积极关注**。在日常生活中,为了获得某人的关注,你可能常会去取悦这个人,为此而淡漠自己的内心体验,隐藏那些可能不被接受的观念。一旦你停止这样做,对方就会收回他的关注。显然这种关注是有条件的。在心理治疗中,治疗师要给予来访者无条件的积极关注,必须接受并且尊重来访者当前的状态,让他们能够自如地表达和接受自己的所有感受和思想,而不仅是那些社会允许的东西,并且不必担心会遭到治疗师的拒绝。只有这样,他们才能真正克服困难,面对那些被扭曲和否定的经验。

- 通过反馈使来访者更好地了解自己。当来访者把情感转化为语言时,治疗师要让他们听听自己说了些什么。通过把含混的情感转化为清晰的语言,他们就能逐渐理清自己的情感。治疗师可以不断复述来访者的话,但并非是简单的回声式的反应,而是对来访者谈话所涉及的内心真实体验做有重点的突出或重复,从而帮助他们分析自己的思想和情感。例如:

来访者:我父母从来都不认真听我的想法,好像我没有对的时候。

治疗师:你觉得自己长大了,可是父母不重视你的意见,你感到委屈。

来访者:他们不相信我,认为我什么也做不好。

治疗师:你觉得自尊心受到了伤害。你其实很希望父母相信你,因为你觉得自己有能力做好一些事情。

……

2-6 向善的罗杰斯:我们如何评价他?

罗杰斯的心理学理论,尤其是“以人为中心”的心理疗法,已经被大多数心理学家愉快地接受并采纳了。在现代学校中“以学生为中心”的教学方法也是得自罗杰斯的启示,并受到了学生的欢迎。

罗杰斯的心理学也不可避免地受到了指责。罗杰斯认为人性本善,如果真是如此,为什么有的人会做出那么多乱七八糟的坏事?罗杰斯的理论过分强调了人性中好的一面。如果人在恶劣的环境中和有条件的关注下长大,就很容易变坏。而且,一个在爱心的包围和自由的氛围中长大的孩子,也可能会变成一个自私、无法适应环境的人,这是怎么回事呢?用非条件积极关注的理论似乎说不通。反之,一个在严格伦理道德约束下成长的孩子,却长成了一个适应性强的人,这又如何解释呢?这些都是罗杰斯的理论所不能解释的东西。

互助小组

互助小组又称**交朋友小组**,是利用群体力量来改变人的行为的心理治疗方式。在美国有很多人参加互助小组。参加的人不完全是心理疾病患者,也有正常的人,他们希望通过互助小组的活动使生活更快乐。但是,情绪过度紧张、自我评价或人际关系有严重问题的人不能参加,否则会加剧他们的情绪紊乱,造成抑郁、退缩等。每个互助小组可由十几个人组成,组内有**辅导员**。刚开始时,成员之间可能会有攻击或敌意,后来通过辅导员的工作,可逐渐建立温馨、友好、真诚的气氛,使每个人体验到其他成员对他的尊重和关怀,由此增强他们的自尊,展现和了解真实的自我,使不良行为得到改变。

来访者中心疗法的过程

来访者中心疗法的过程可以概括为12个步骤:1) 来访者前来求助;2) 治疗者向来访者说明咨询或治疗的情况;3) 鼓励来访者情感的自由表现;4) 治疗者要能够接受、认识、澄清对方的消极情感;5) 来访者成长的萌动;6) 治疗者对来访者的积极情感要加以接受和认同;7) 来访者开始接受真实的自我;8) 帮助来访者澄清可能的决定及应采取的行动;9) 疗效产生;10) 进一步扩大疗效;11) 来访者的全面成长;12) 治疗结束。

看到这里大家可能发现,一个有效的心理治疗过程往往需要相当长的时间,而不是一般人想象中的一蹴而就。很多人都寄希望于心理治疗能在极短的时间内立竿见影,这是一种不现实的想法。

3. 关注心理健康的人——马斯洛与人本主义心理学

> 如果一个人只潜心研究精神错乱者、神经症患者、心理变态者、罪犯、越轨者和精神脆弱者，那么他对人类的信心势必越来越小，他会变得越来越“现实”，尺度越放越低，对人的指望也越来越小，……因此只对畸形的、发育不全的、不成熟的以及不健康的人进行研究，就只能产生畸形的心理学。
>
> ——马斯洛

大多数心理学家，特别是心理治疗师，都致力于了解人们出现不正常心理的原因，以及如何使这些人恢复正常的心理状态。马斯洛认为这样是“只见树木，不见森林”，对人格的理解有缺陷，我们还应该去关注心理健康的人，研究心理学如何帮助人们建立乐观、

亚伯拉罕·马斯洛

幸福、健康的人格。“弗洛伊德提供心理学的悲观部分,我们必须用健康的另一半来补充。”

3-1 曾是一个行为主义者——生平简介

亚伯拉罕·马斯洛(Abraham Maslow,1908—1970)是美国社会心理学家、人格理论家和比较心理学家,也是人本主义心理学的主要创建者之一,与罗杰斯同为心理学第三势力的领导人。1967 年曾当选为美国心理学会主席。

1908 年马斯洛出生于纽约市的布鲁克林区。一般人认为马斯洛热情而平易近人,但他有一个冰冷、孤独的童年。他的父母是没有受过教育的俄罗斯移民,他是“一个生活在非犹太人地区的犹太人,孤独而不幸,在图书馆里、在图书中长大,没有亲密的朋友”。

起初,马斯洛遵从父母的意愿学习法律,但是没有一点兴趣,一年后就退学了。1926 年他去了康奈尔大学,三年后又转到威斯康星大学学习心理学。1934 年,他在著名心理学家哈洛的指导下取得了博士学位。这期间他一直是一个忠实的行为主义者。在他的第一个女儿出生时,他产生了一种神秘的体验,和他后来所讲的**高峰体验**差不多。看着女儿,他意识到行为主义不能帮助他理解人类。他后来说:“我看着这个小小的、神秘的东西,感到自己是如此愚蠢。我很震惊,有一种失去控制的感觉。任何有了孩子的人都不可能成为行为主义者。”

1937 年他到布鲁克林学院任教,在那里待了 14 年。在此期间,他认识了他生命中最崇拜的两个人,他希望深入了解这两个“非凡的人”,这使他开始了对**自我实现的人**的思考。正如我们前面讲到的,马斯洛一生都致力于提倡对乐观的、心理健康的、完整的人的关注。

3-2 有了面包,才能有爱情——需要层次理论

当你饥饿难耐时,你会有心情去谈情说爱吗?论风雅之事要等填饱了肚子再说。

马斯洛理论中最著名的就是他的需要层次理论。起初,他提出人有五种基本需要:生理需要、安全需要、归属和爱的需要、尊重需要和自我实现的需要。后来他又在尊重需要和自我实现需要之间加上了认知需要和审美需要。

他认为,人的这些需要以一种渐进的层次表达出来。就是说,必须先满足某些需要,才能满足另一些需要。尽管有例外,但我们总是先满足低层次的需要,然后才会去关注高层次的需要。例如,你现在很饿,你的注意力就会放在寻找食物、填饱肚子上。如果这

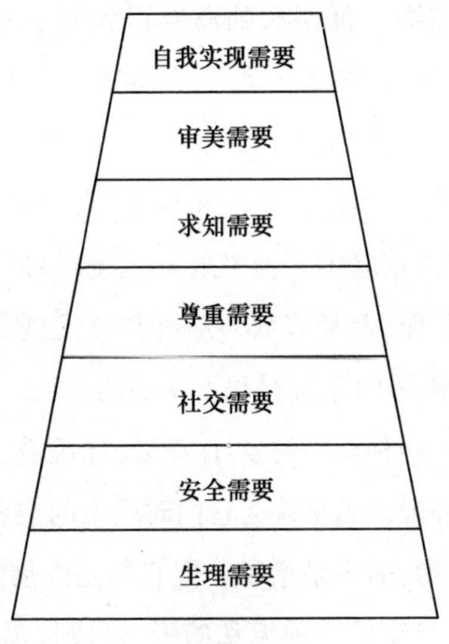

需要层次理论

个需要没有得到满足,你就不会有心情去交朋友或是花前月下了。

生理需要 是最基本的需要,包括饥饿、渴、睡眠和性,这些都是我们首先要满足的需要。在很多贫困地方,如苦难中的非洲大陆,生理需要的满足仍是大多数人奔波操劳的中心。

安全需要 生理需要得到满足的时候,我们就被安全需要所推动。这包括需要安全、稳定、被保护、远离恐惧和混乱,以及对秩序的需要。当未来不可预测,或者社会秩序受到威胁的时候,这些需要就特别突出。那些觉得安全受到威胁的人,会大量地存钱,或者放弃高收入高风险的工作,去从事安全稳定的工作。在个人发展中停留在安全需要中的人可能会因为缺乏安全感而导致婚姻不幸福或者感情困扰。

归属和爱的需要 低层次的需要得到满足并不能保证幸福。当吃、喝、安全的需要很好地满足了,大多数人有工作、有妻小、生活无忧,对友谊和爱的需要很快就出现了。马斯洛指出:"现在人们强烈地感受到缺少朋友、情人、妻子和孩子,人们渴望与人的亲密关系,尤其是在群体或家庭中。"虽然有些人仍然倾力在安全需要中,把很多精力投入工作,但是多数人最终都会发现,如果牺牲与朋友和家人相处的时间去工作,那是很不幸福的。

马斯洛提出了两种类型的爱:D 型爱,如饥饿,是以缺失为基础的。我们需要这种爱去满足缺乏它们时产生的空虚,这是一种自私的爱,关注的是获得,而不是给予。但它却是发展第二阶段的 B 型爱的必经之路;B 型爱是一种无私的爱,以成长需要为基础。B 型爱永远不可能因为有了所爱的东西而满足。B 型爱是丰富的、愉快的、和其他人一起成长的。“它是一种为了另一个人的爱。”

自尊需要　尽管许多诗人和作曲家都不同意,但生活中仍然有许多比爱更重要的东西。满足了归属和爱的需要,我们就会产生对自尊的关注。马斯洛把此类需要分为两种基本的类型:自尊的需要和受到他人尊重的需要。他认为这种需要是必须要得到的,我们不能自欺欺人地认为是受人尊重的,或者是处于权威的地位。虽然我们有金钱、配偶和朋友,但如果无法满足自尊和被别人尊重的需要,我们就会产生自卑、无助、沮丧的情绪。

自我实现的需要　几乎每一种文化中都有这样的故事,一个人幸运地得到一盏神灯,或者得到了神仙的帮助,能得到任何想要的东西。但是,得到这些财产、爱和权力并不能保证这些人一定能够幸福。因为,当低级需要得到满足之后,一种新的需要和不满足就会出现。在生活中,那些满足了所有需要的人就会关注怎样才能发挥出自己的全部潜能。马斯洛指出:“音乐家必须去创作音乐,画家必须作画,诗人必须写诗。如果他最终想达到自我和谐的状态,他就必须要成为他能够成为的那个人,必须真实地面对自己。”

当所有的低层次需要都得到满足之后,我们就开始想,除了这些,我们还想要什么,生活的目标是什么,想做些什么。对每一个人而言,这些问题的答案都不一样。马斯洛认为,只有极少数人可以达到自我实现的状态,在这种状态下他们的潜能得以完全的发挥。每个人都有努力追求这种状态的需要,大多数人都在朝着这个方向努力,只不过采取的方式是现在无法设想的。

3-3　自我实现的人=心理健康的人

长期以来,心理学家都在关注和研究那些心理不健康的人,马斯洛则选择对心理健康的人进行研究。他的做法是，首先挑选出符合心理健康标准的人。根据需要层次理论，这些人就是那些完全满足了自我实现需要的人。

马斯洛调查“自我实现的人”是从对他所崇敬的两位导师开始的：韦特海默和本尼克特。他发现这两个人身上有很多共同的特征，这使他很兴奋，决心开始寻找具有同样特征的人。他找了那些能够充分发挥自己才能、工作极其出色的人，包括历史人物、熟人和学生。马斯洛对他们中间的一些人亲自进行了访谈，对于历史人物，如贝多芬、歌德、爱因斯坦、罗斯福等，他采用文献法收集资料。马斯洛知道他的工作和严格的方法学要求是有差距的，他并没有采用统计法或者其他量的分析，而是用“传记分析法”，通过自己的努力去深层次地理解这些人。从分析中，马斯洛概括出了这些自我实现的人的特征：

1）对现实有良好的认识；

2）悦纳自己，对他人、对大自然表现出最大的认可；

3）单纯而自然；

4）就事论事，不会自我中心；

5）有独处的需要，能享受孤独；

6）不受环境和他人意见的束缚；

7）欣赏生活中的一切；

8）有过神秘的高峰体验；

9）关心社会；

10）有良好的人际关系；

11）富有哲理的幽默感；

12）富有创造性。

当然，自我实现的人也不是十全十美的，他们身上也有一些消极特征。马斯洛发现，他们可能好挥霍，轻率，甚至刚愎自用，有一点虚荣和偏袒亲人的毛病。有时候他们会表现出令人吃惊的铁石心肠：当他们对朋友感到绝望时，会毫不留情地与之断交；他们中很多人能迅速摆脱亲友死亡的悲哀，等等。

3-4　到自己心目中的天堂去旅行——高峰体验

马斯洛发现心理健康的人都拥有的一个特征是他所谓的**高峰体验**。高峰体验是一种超越一切的体验，其中没有任何焦虑，有回归自然或天人合一的愉快情绪，马斯洛将其比喻为“到自己心目中的天堂去旅行”。

马斯洛认为，很多人都会有高峰体验，只不过在自我实现的人身上更为常见。高峰体验可以在不同场合下发生。人们在发现一个天大的秘密时，与深爱的人重逢时，欣赏天籁之音时，迷恋自然美景时，都会出现高峰体验，体验到某种“充满敬畏的时刻、充满幸福的时刻、甚至充满极乐的、入迷的或狂欢的时刻”。估计范进中举时就曾有过这种神秘的体验。

马斯洛用很多大学生做被试，他们报告说在高峰体验时有两种生理反应：一种是激动和高度紧张，如发狂，兴奋地跑上跑下，手舞足蹈，不能入睡，甚至没有食欲；一种是感到放松，心如止水，甚至进入深度睡眠状态。

3-5　马斯洛理论的苍白之处

马斯洛的理论在今天依然流行，但批评也是不可避免的。最主要的质疑认为,他的理论中有很多概念是很难定义的。到底什么是"自我实现"?我们怎么才能知道自己感受到的是高峰体验,而不是一种特殊的愉快体验?马斯洛的解释不能令人满意。大部分心理学学者都是严谨的研究者,不能接受这些模糊的概念,而这也正是马斯洛理论的一个局限所在。

测测看:自我实现

对下面的陈述,按以下标准选择最符合你的分数:1 = 不同意;2 = 比较不同意;3 = 比较同意;4 = 同意。

1. 我不为自己的情绪特征感到丢脸。
2. 我觉得我必须做别人期望我做的事情。
3. 我相信人的本质是善良的、可信赖的。
4. 我觉得我可以对我所爱的人发脾气。
5. 别人应赞赏我做的事情。
6. 我不能接受自己的弱点。
7. 我能够赞许、喜欢他人。
8. 我害怕失败。
9. 我不愿意分析那些复杂问题并把它们简化。
10. 做一个自己想做的人比随大流好。
11. 在生活中,我没有明确的要为之献身的目标。
12. 我恣意表达我的情绪,不管后果怎样。
13. 我没有帮助别人的责任。

14. 我总是害怕自己不够完美。

15. 我被别人爱是因为我对别人付出了爱。

记分时,以下题目要反向记分:2、5、6、8、9、11、13、14(4、3、2、1)。然后把15道题的分数相加。可以将你的分数和下面的大学生常模进行比较。分数越高,说明在你人生的某一阶段,越有可能达到自我实现。

	平均分	标准差
男生	45.02	4.95
女生	46.07	4.79

测测看:自我隐蔽

人本主义心理学的一个相关研究是对自我表露的探讨,与自我表露相对的是自我隐蔽。我们都有一些典型的从未告诉过他人的关于自己的秘密或信息。但比较而言,一些人更有可能与朋友和亲戚讨论个人消息。下面这个小测验可以帮助你知道自己在忧伤或消极时将觉察到的个人信息隐蔽或表露的程度。采用5点记分的方法,1表示非常不同意,5表示非常同意。

1. 我有一个从未与人分享的重要秘密。

2. 如果与我的朋友分享所有的秘密,他们会不喜欢我。

3. 我的很多事情只有我自己知道。

4. 我的一些秘密确实折磨着我。

5. 当发生糟糕的事情时，我倾向于不告诉别人。

6. 我经常害怕会泄露我本不想泄露的事情。

7. 说出一个秘密经常会产生事与愿违的结果，我真希望没说过。

8. 我有一个很私人的秘密，任何人问起，我都会撒谎。

9. 我的秘密如此尴尬，不能与人分享。

10. 我自己的消极想法从不告诉他人。

将所有题目的得分加起来。成年人样本的平均分是25.92，标准差是7.30。分数越高，自我隐蔽趋势越明显。

? 考考你

1. 人本主义的代表人物有哪些？
2. 怎样理解“**此时此地**”？
3. 按照罗杰斯的观点，什么是**扭曲**和**否定**？
4. “以人为中心的疗法”是谁创立的？
5. 什么是自我实现？
6. 马斯洛把人的需要划分为哪几个层次？
7. 什么是**高峰体验**？你有过吗？

第二篇

研究个体的人

——对人心灵深处的探索

理解行为的问题就是理解整个神经系统活动的问题,反之亦然。

——赫布

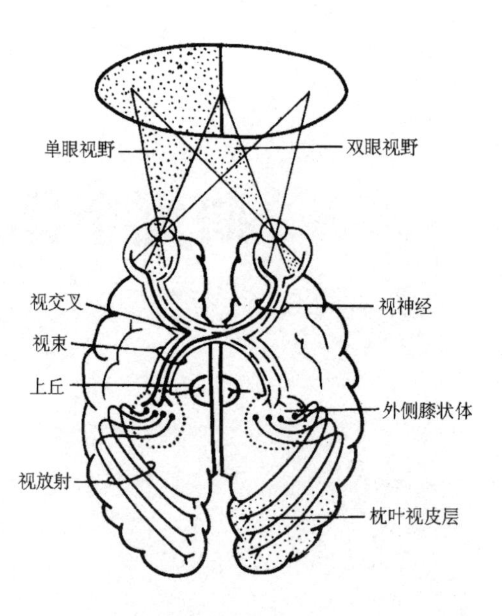

视觉传导通路

感觉、知觉、记忆、思维，是心理活动的基本过程，在这一部分，我们将通过心理学家对个体心理过程的研究与解释，告诉你，作为一个整体的心理过程是怎样的？又是如何发生的？有什么规律或现象？我们还加进了一些你可以亲自感受或尝试的有趣的心理活动，让你在亲自体验心理现象的过程中，进一步增进对心理学的了解与兴趣。本篇包括以下四部分：

1. 人是如何触摸世界的？——感觉及其研究
2. 感觉到的并非是知觉到的——知觉及其研究
3. 我们熟悉但不了解的世界——记忆与遗忘
4. 人类最高级的心理活动——思维及其研究

一　人是如何触摸世界的？——感觉及其研究

有关感觉的研究是心理学研究中最古老的部分，它的许多事实和理论，长期以来引起了艺术家、生理学家、物理学家和心理学家的浓厚兴趣。我们到底是如何来感知我们所生存的世界的？

感觉的存在给人们带来了愉快，带来了好处，但同时也给人们带来了痛苦，带来了烦恼。感觉使我们发现世界上美好的事物，使我们留心并去探究世界万物。比如，眼睛能告诉我们生动的画面和鲜明的色彩；香水和均匀的调料能使我们产生愉快的嗅觉和味觉；温柔的抚摸使我们得到安慰；而轻轻的爱抚有时会把我们从梦中唤醒。但是当刺激过于强烈的时候，我们必须把眼睛闭上或把耳朵堵住，否则强烈的光照和强烈的声音会使我们的眼睛受到损伤，耳朵生痛；过于浓烈的气味常使我们惊慌；而痛觉则好像使我们周围的世界紧缩。我们日常生活就是处在愉快的感觉和痛苦的经验之间的。

1. 假如没有了感觉——感觉及其对人的意义

外界的声波、光波、压力和化学物质作用于我们的身体，我们的感官从中得到有关信息，使我们得以确认所接触的事物的形状、颜色及其组成部分。问题是，在我们清醒的时候，大量的广泛的刺激像潮水一般涌向我们的感官，但奇怪的是，我们的感官并没有因此而被淹没，相反，我们在这样的感觉世界中健康地发育成长，而且还变得特别善于根据自己的需要选取适当的信息。

1-1 感觉及感觉剥夺

感觉是客观世界物质运动在人脑形成的主观印象。感觉的产生依赖于外周感受器、传导通路及大脑皮层中枢的协作。首先是我们全身各种感受器分别将不同能量形式的自然刺激转换为可被神经系统理解的语言,即编码成神经冲动,然后神经冲动沿神经传导通路把信息上传到大脑皮层中枢。在传导通路上传导的都是动作电位,感受器之所以能区分不同的感觉,关键取决于正工作着的传导通路跟什么感受器相连。因此,如果是触觉感受器与视神经通路相连,那么产生的是视觉,因为视神经把信号传导给了大脑的视觉中枢区,就被译成了视觉。例如,对着你的眼睛猛打一拳,你的眼睛感受到的不是触觉,而是眼冒金星;给你的手臂照射可见光,你的手臂感受到的不是光亮,而是灼热。

我们的感官不断接受着变动着的光、形、色、声、嗅、味、触等刺激的袭击,这些刺激不仅没有把我们淹没,而且有许多心理学家以“感觉剥夺”实验论证了它们对于维持我们正常的身心机能是十分必要的。

第一个感觉剥夺实验的研究工作是由加拿大麦吉尔(McGill)大学的心理学家赫布(D. O. Hebb)和贝克斯顿(W. H. Bexton)在1954年进行的。他们征募了一些大学生做被试,这些大学生每忍受一天的感觉剥夺,就可以获得20美元的报酬。当时大学生打工的收入一般是每小时50美分,因此一天可以得到20美元对当时的大学生来说可算是一笔不小的收入了,而且在实验中,大学生的工

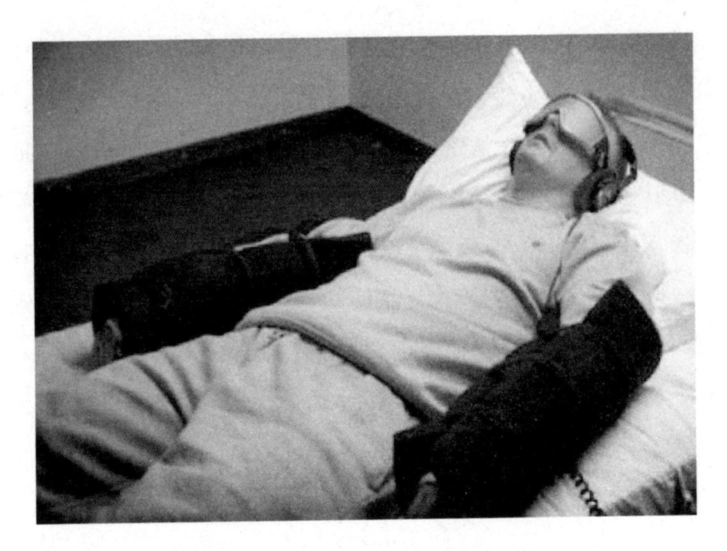

感觉剥夺。2008 年，英国 BBC 电视台复制的感觉剥夺实验，
并用电视纪录片的形式拍下了整个测试过程。

作好像是一次愉快的享受，因为实验者要他们做的只是每天 24 小时躺在有光的小房间里一张极其舒服的床上，只要被试愿意，尽可以躺在那儿白拿钱。

在实验的过程中，大学生除了吃饭和上厕所外，严格地控制任何感觉输入，为此，实验者给每一位被试戴上了半透明的塑料眼罩，可以透进散射光，但图形视觉被阻止了；被试的手和胳膊被套上了用纸板做的袖套和手套，以限制他们的触觉；同时，小房间中一直充斥着单调的空气调节器的嗡嗡声，以此来限制被试的听觉。

实验开始不久，被试们就逐渐觉得难以忍受，不得不要求立刻离开感觉被剥夺的实验室，放弃 20 美元的报酬。实验后，学生们报告说，他们对任何事情都无法做清晰的思索，哪怕是在很短的时间内;他们感觉自己的思维活动好像是“跳来跳去”的,进行连贯性的集中注意和思维十分困难,甚至在剥夺实验过后的一段时期内,这种状况仍持续存在,无法进入正常的学习状态。还有部分被试报告说,在感觉剥夺中,体验到了幻觉,而且他们的幻觉大多都是很简单的,比如有闪烁的光,有忽隐忽现的光,有昏暗但灼热的光。只有少数被试报告说是体验到较为复杂的幻觉,比如曾有一个被试报告说他“看到”电视屏幕出现在眼前,他努力尝试着去阅读上面放映出的不清楚的信息,但却怎么也“看”不清。

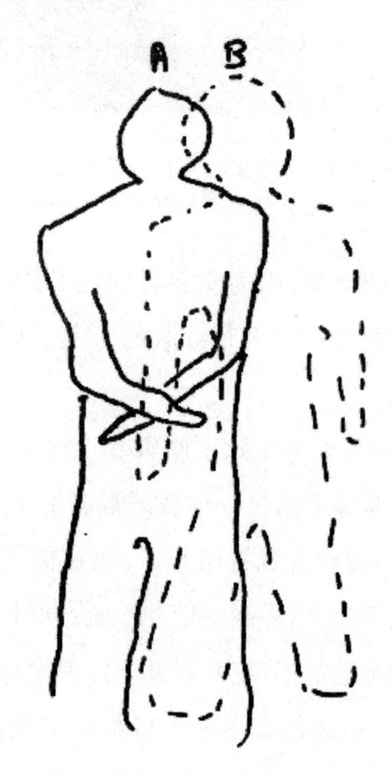

感觉剥夺实验中,一位学生的画,画作显示了在小房间中的某一刻他的感受“就像有两个我”,并且一瞬间不知道哪个是真正的自己。

自此后,许多学者发展了多种形式的感觉剥夺实验研究方法,所有的实验都显示了在感觉剥夺情况下,人会出现情绪的紧张忧郁、记忆力的减退、判断力的下降,甚至各种幻觉、妄想,最后难以忍受,不得不要求实验立即停止,把自己恢复到有丰富感觉刺激的生活中去。可见,丰富的感觉刺激对维持我们的生理、心理功能的正常状态是必须的。

1-2 感觉分类

亚里士多德曾把感觉分为视、听、嗅、味、触五大感觉,他有意排斥痛觉,他认为“疼痛只不过像快乐一样是一种心灵的激情”而不是一种感觉模式。现在对于感觉的分类有多种,一般在临床上分为特殊感觉、躯体感觉和内脏感觉。

(1) 特殊感觉

包括视觉、听觉、嗅觉、味觉和前庭感觉(又叫平衡觉)。在这些特殊的感觉中,视觉最为重要,我们有关世界的信息几乎都是通过视觉获得的,而且当视觉和其他感觉发生矛盾时,我们深信“眼见为实”。曾经有学者用实验很好地论证了我们对视觉的依赖。研究人员给每一位参加实验的被试事先戴上一副特殊的三棱眼镜,使被试通过这副特殊的眼镜看到一根直的木棍是弯曲的,同时请被试用手触摸这根木棍,触觉告诉被试木棍是直的,这时研究人员请被试回答:“木棍是什么形状的?”结果有 90% 的被试都坚信自己的视觉,认为木棍是弯曲的。

还有一个著名的“视觉峭壁”实验也很好地说明了人类,包括那些年幼的孩子们,也是相信“眼见为实”的。研究人员把实验室的地板铺上黑白相间的棋盘式木板,在地板中间少铺了一尺左右,但在上面盖上了透明的玻璃，然后把刚会爬的年幼的孩子放在这块仅仅看似“峭壁”的边沿上，并鼓励孩子爬过“峭壁”。孩子用自己的小手谨慎地去触摸“峭壁”，触觉告诉孩子，这不是一个真正的“峭壁”，玻璃摸上去非常的坚实、牢靠。但最后，孩子们还是更相信自己的视觉，拒绝爬过“峭壁”。

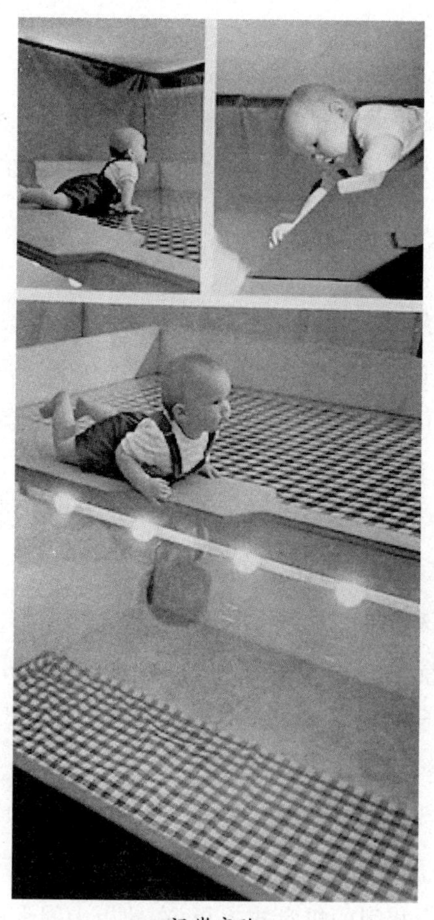

视崖实验

(2) 躯体感觉

分为皮肤感觉和深部感觉。其中皮肤感觉包括触觉、压觉、温度觉、震动觉和痛觉。皮肤感觉我们都很熟悉了,时刻在体会着,而深部感觉常常没有明显的体会,那么什么是深部感觉呢？所谓的深部感觉是位于肌肉和关节等身体的深部结构中的各类感受器所产生的主观感觉,下面你可以根据我的指示体会一下深部感觉。请你闭上双眼,然后请把你的手插入你的裤子口袋里。你十分准确地插入了吧？你虽然没有看,但却又迅速又准确无误,这就得益于你身体的深部感觉,我们身体内部随时随地都有着关于我们身体各个部位之间相对位置的感觉,这些感觉来自我们的肌肉和关节中的感受器,又叫做本体感受器。

(3) 内脏感觉

是指我们身体各脏器受到刺激时而产生的主观感觉,包括内脏痛觉、牵拉感觉、胀、饥饿、恶心和牵涉痛。

如果用手去触摸我们的内脏,我们的内脏会有被触摸的感觉吗？没有！这一现象是18世纪的哈维(Harvey)医生发现的。在一次战斗中,有一位叫艾德(Eard)的士兵不幸受伤,其胸腔上的一大块肌肉被拉掉了,心脏也就被裸露在外。在哈维医生的精心治疗下,艾德奇迹般地痊愈了。在治疗的过程中,哈维发现每当触摸到艾德的心脏时,艾德都好像浑然不知一样,于是他有意地在触摸后问艾德有什么感觉,艾德竟然真的回答没有感觉。哈维十分激动,于是就把艾德带到了皇帝面前,说:“我以皇帝的名义宣誓,心脏是没有感觉的。”

盲人的“面部视觉”

数世纪来,人们都知道盲人能觉察出障碍物的存在而无须碰到它。一个盲人走近墙壁时,能在撞到墙壁之前就停下来,这时我们常听到盲人报告说,他感觉到面前有一堵墙,他还可能告诉你,这种感觉是建立在一种触觉的基础上的,即他的脸受到了某种震动的作用。为此,人们把盲人的这种对障碍物的感觉就称之为“面部视觉”。问题是,盲人真的是靠“面部”来避开障碍物的吗?

1944年美国康乃尔大学的达伦巴史(K. M. Dallenbach)及其同事对盲人的“面部视觉”开展了一系列的实验验证工作。实验人员用毛呢面罩和帽子盖住盲人被试的头部,露出盲人被试的耳朵,往前走的盲人被试仍能在碰到墙壁前停住。然后,研究人员除去盲人的面罩和帽子,而只把盲人的耳朵用毛呢包起来,在这种实验条件下,盲人被试一个一个地撞上了墙壁。

由此可见,“面部视觉”的解释是错误的,盲人是靠听觉线索避开障碍物的。

2. 视觉、听觉和痛觉及其研究

我们感觉外部世界的过程是人类行为中最吸引人而又难以解释的一个方面。我们常常会把生活中某种与某一感觉系统功能相似的仪器用于类比我们的这一感觉器官的工作机制,以为我们的感觉器官也像那些仪器一样,忠实地复制外部世界,但是,事实并非如此。比如,我们的眼睛与照相机有一些共同的特性,但它并不像照相机那样工作;我们的耳朵与麦克风有相似的地方,但它也不像麦克风那样运作。那么,我们的感官是如何工作的呢?在这一研究领域,科学家们有了哪些有价值的研究成果?

2-1　视觉及其研究

我们对环境信息做出反应,大多数情况下是由视觉把信息传递给我们的大脑而引起的。在人类生命的早期,视觉就开始被用来探索世界的种种特征和变化了。1975 年怀特(White)就报告说,8 个月到 3 岁的婴幼儿在清醒的时候,用 20% 的时间在注视他们面前的物体。的确,在人类对环境的探索中,视觉执行着重要的早期任务,而且这一任务持续于人的整个一生。因此,在人类的感觉系统中,视觉无疑是占主导地位的。

(1) 视觉看到了什么——视觉刺激

视觉看到的是可见光,而可见光是一种电磁波。我们的双眼能接受的电磁光波仅仅是整个电磁光谱的一小部分,不到七十分之一,波长范围大约为 380—760 纳米。用 380—760 纳米的光依次照射我们的眼睛,我们的双眼将依次产生紫、蓝、绿、黄、橙、红各色的感觉;将不同波长的可见光混合照射我们的眼睛,我们的双眼就可以产生各种不同颜色的经验;而将所有可见光的波长混合起来,则会产生白色视觉。

(2) 感知多彩的世界

大约在 1600 年,牛顿意外地发现,当一条狭窄而强烈的阳光穿过三棱镜时,竟分成了一条多色的彩虹。关于我们对颜色的感觉,早就引起了许多学者的研究兴趣,人们首先想到的问题就是:为什么在如此窄的一段可见光谱上,我们的视觉可以感觉到如此丰富多彩的世界?研究结果表明,我们对颜色的主观感受是由色彩、饱和度和亮度三个方面共同决定的,所有的颜色都是由这三种心理印象组成的。

色彩:我们对物体色彩的感觉取决于物体表面反射光的波长。虽然我们一般只能说出几十种色彩,但实际上我们的视觉可以区分大约200多种色彩。

色饱和度:指色彩的纯洁性。各种单色光是最饱和的色彩,物体的色饱和度与物体表面反射光谱的选择性程度有关,越窄波段的光反射率越高,也就越饱和。对于我们的视觉,每种色彩的饱和度可分为20个可分辨等级。

亮度:物体对光的反射率越高,我们就越感到明亮;吸收光越多,则越暗。我们的视觉可以分辨500个不同等级的亮度。

200个色彩×20个饱和度×500个亮度=200万个颜色视觉。

仅靠我们的眼睛,就可用200万种的形式来感受外部世界,那真是叫五颜六色、多姿多彩了。

(3) 感知色彩——色觉理论

三原色学说:1807年,英国医学物理学家杨格(T. Young)根据红、绿、蓝三原色可以产生各种色调的颜色混合规律,提出在我们的视网膜上有三种神经纤维,三种神经纤维都有其特有的兴奋水平,每种纤维的兴奋都引起我们对一种原色的感觉,即分别产生红、绿、

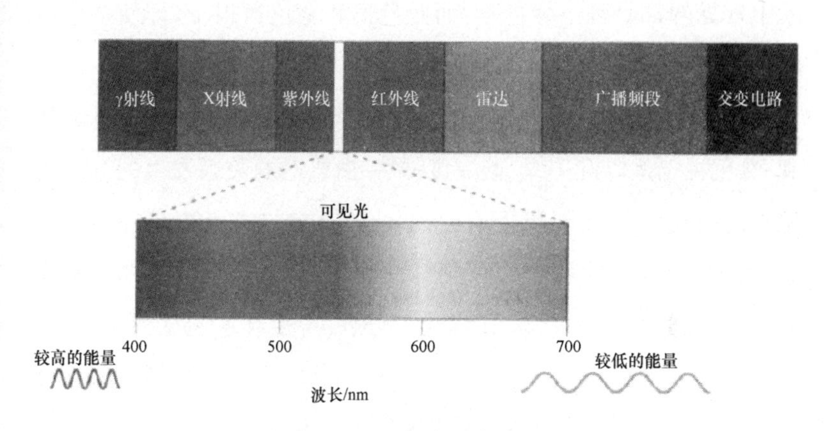

视觉刺激中可见光与电磁频谱

来源:(美)贝尔、柯勒斯、帕罗蒂斯:《神经科学——探索脑》,王建军主译,高等教育出版社 2004 年版。

蓝色觉,而光谱的不同成分混合会引起三种纤维不同程度的同时兴奋,混合色就是三种不同纤维按特定比例同时兴奋的结果。例如,青色的感觉,就是由绿与蓝两种色光刺激混合而形成的。如果三种纤维同等程度地受到刺激,同等程度地同时兴奋,就产生白色感觉。

1807 年杨格提出的这一理论还只是一个假设,但在 1857 年时,这一理论被德国学者赫尔姆霍兹(Helmholtz)验证并加以补充和完善,成为著名的杨赫二氏色觉论(Young-Helmholtz theory of color vision),简称三原色学说。在色觉研究上,三原色学说做出了巨大的贡献,彩色电视机就是根据三原色的混合原理设计成功的。

三原色学说能很好地解释各种色觉构成的原因,但不能解释色盲。三原色理论认为色盲是由于缺乏一种或两种或三种神经纤维所导致,照此推理应有红、绿、蓝色盲和全色盲四种色盲,但实际生活中常见的都是红—绿色盲,而蓝色盲和全色盲很少,即使全色盲的人,发现仍有白色感觉,显然这是该理论所无法解释的。

对比色学说:1876 年,德国生理学家赫林(Ewald Hering)观察到,颜色视觉是以红—绿、蓝—黄、黑—白成对的关系发生的,因此,他提出在我们的视网膜上有三对不同功能的感光视素:白—黑、红—绿、蓝—黄,每对视素对其所对应的一对色光刺激起性质相反的反应,比如红—绿视素,在红光下分解,产生红色视觉,在绿光下则合成,产生绿色视觉。由于每一种颜色都有一定的明度,即含有白光成分,因此,每一种颜色不仅能影响其本身视素的活动,而且也影响着白—黑视素的活动。

这一理论可以很好地解释色盲现象。根据该理论,色盲的存在是由于视网膜上缺少一对或两对感光视素引起的,如果缺少的是红—绿视素,就会导致红—绿色盲;如果缺少的是黄—蓝视素,就会导致黄—蓝色盲。但该学说不能解释为什么三原色可以产生光谱上的一切颜色视觉。

(4) 有趣的视觉现象

光适应和暗适应:我们可能都曾经经历过这样的经验,当我们从阳光明媚的大街上突然进入黑暗的房间,或晚上睡觉前突然把电灯关掉,起初我们一下子什么也看不见了,过了片刻,我们才渐渐地看到房间里相对较明显的事物,最后终于也能隐约可见房间里的细微末节了。这种身处黑暗中,双眼对暗照明逐渐适应的过程,就叫做暗适应。

反过来,当我们从黑暗的房间里突然走到阳光灿烂的外面,或半夜醒来时突然灯光通明，这时我们的双眼一下子承受不了，不得不把眼睛眯起来，甚至闭上几秒钟，造成暂时失明状态，慢慢地我们才能再睁开双眼，恢复正常视觉。这种从暗处突然进入亮处，双眼逐渐对亮光的适应过程，就叫做光适应。

暗适应是一个较缓慢的过程，大约需要 30 分钟，有时甚至需要近一个小时；而光适应则是一个很快速的过程，通常不到一分钟就可完成。

视觉后像：当你在晚间看书时，你不妨做一个实验，即用你的双眼注视远处的灯光，同时用书作为你眼前的屏幕，上下迅速移动你的双眼，这时你会发现，你所见的远处的灯光并不因为你眼前书本的隔离而有间断的感觉。你也可以在夜晚熄灯前做这样的实验，将房间的灯快速开关一次，在熄灯的短暂时间里，你的视觉仍然留存着灯亮时的形象。这种视觉刺激虽然消失了，但感觉仍然暂时留存的现象，就称为视觉后像。

研究发现，视觉后像有正负之分。所谓的正后像是指当原有视觉刺激消失后所遗留的与原视觉刺激在色彩及亮度上均相似的视觉后像。比如我们在看烟火时，由烟火引起的光觉与色觉，在烟火熄灭后，仍然会暂时留存在我们的视觉经验中。这就是视觉正后像。所谓的负后像是指当原有视觉刺激消失后在我们的视觉经验上暂时留存的亮度与原有刺激相反，而色彩与原有刺激为互补色的视觉后像。比如，先注视一个红色方形纸半分钟，转而再注视白色墙壁或白色纸张，这时我们就会在白色墙壁或纸张上看到一个绿色的方形。这就是视觉负后像。

视觉后像 玛丽莲·梦露

注视图形中央30秒，然后闭上眼睛，再张开看天花板。看到什么了？看不清的话，眨几下眼睛。

视觉对比：当两种不同颜色或不同明度的物体并列或相继出现时，我们的视觉感觉会与物体以单一颜色或单一亮度独立出现时不同，即无色彩时的视觉对比会引起明度感觉的变化；有彩色的视觉对比则会引起颜色感觉上的变化，使颜色感觉向背景颜色的互补色变化。比如，在绿色背景上放一灰色方块，双眼注视这一方块时会觉得方块带上了红色调。请你注视下面的图形，你有什么感觉？

你会明显地感觉到，图中两个圆中间的灰度区域看上去彼此有很大的不同，左边的更黑一些，右边的更淡一些。可是，它们的灰度实际上是一样的。你可以用很简单的方法来验证一下。请把一张纸卷

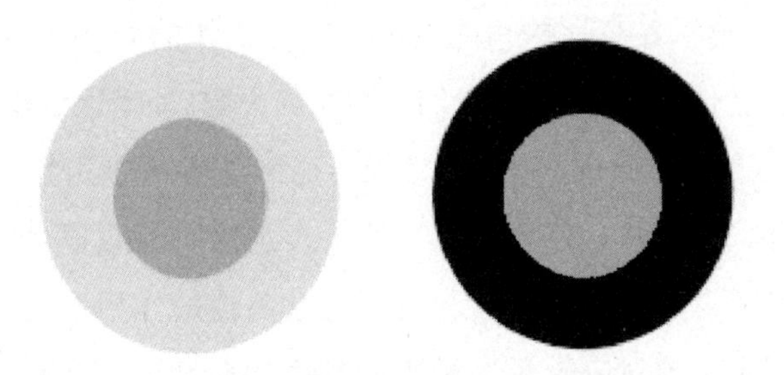

成一个细长筒,把长筒先对着左边的图中央,确保你的眼睛只能看到中间的灰色区域,然后再对着右边的图中央,一定要确保你的眼睛只能看到中间的灰色区域,你就可以发现两副图中央的灰度是一样的。

2-2 听觉及其研究

(1) 听到了什么——听觉刺激

听觉刺激是一种振动,具体讲就是一种稠密和稀疏交替的纵波,是由能量传递方向一致的分子运动所组成的声波。

声波在不同的媒体中,如空气中、水中等,其传递速度也不同。当声波的振动频率为 20—20000 Hz 时,便可引起我们的听觉,因而这一段声波范围就叫做可听声谱。低于 20 Hz 和高于 20000 Hz 的声波,我们人就听而不闻了。

(2) 怎么听——听觉学说

1561 年,一位意大利解剖学家报告说,他在研究颅骨时发现,颞骨是一个包含腔洞和隧道的系统。这一结构最引人注目的部分是一个充满液体的小管,长约 3 cm,卷成蜗牛状,因此被称为耳蜗。直到 19 世纪中叶,耳蜗的机能意义仍是一个谜。就在这时,另一位意大利解剖学家 Corti 报告说,我们的听神经进入耳蜗,并以与耳蜗顶部表面带有毛状突起的细胞密切接触的形式终止在耳蜗。这一发现,导致学术界对耳蜗功能的大量研究工作的开展。结果发现,耳蜗底部受伤的话,会导致我们对高音的失聪;耳蜗顶部受伤的话,则会导致我们对低音的失聪。为此,德国学者赫尔姆霍兹(Helmholtz)提出了听觉的“位置学说”,他认为,我们耳蜗的基底膜由绷紧的细丝组成,像竖琴的琴弦,起着调谐共鸣器的作用,而且,耳蜗基底膜的限定部位对应着每一种不同频率的振动。因为有实验为依据,这一学说历时很久,一直到 1953 年贝凯西(Von Bekesy)提出“行波学说”。

贝凯西(Von Bekesy)通过穿通耳蜗壁的一个小孔,用显微镜直接观察研究耳蜗基底膜的实际运动,发现声音刺激使耳蜗基底膜出现行波方式的振动,行波从耳蜗底部开始,向耳蜗顶部推进,振幅逐

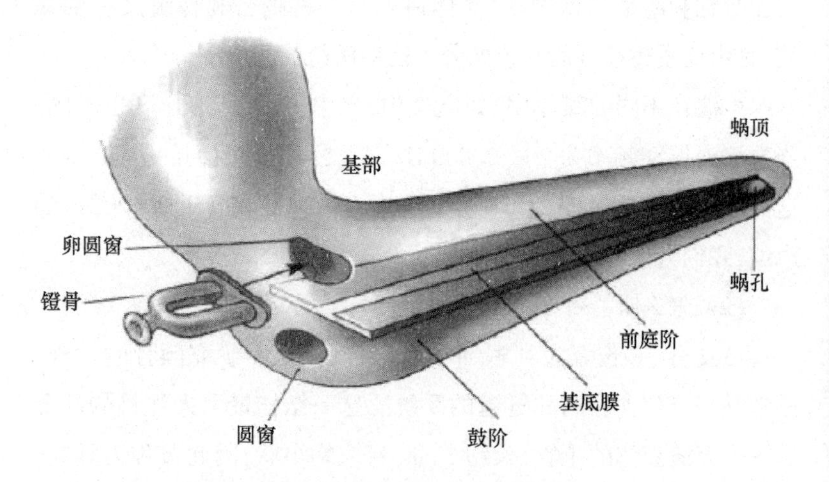

展平的耳蜗基底膜

来源:(美)贝尔、柯勒斯、帕罗蒂斯:《神经科学——探索脑》,王建军主译,高等教育出版社 2004 年版。

渐加大,到某一位置,振幅达到最大,随即开始消失。不同频率的声波在耳蜗基底膜上引起的行波的推进距离不一样,达到最大振幅的位置也不一样,频率越高,推进距离越短;频率越低,推进距离越长。耳蜗对不同频率声音的分析就取决于行波最大振幅的所在位置。这就是著名的听觉"行波学说",贝凯西(Von Bekesy)为此获得了1961年的生理学诺贝尔奖。

(3) 感知远近与方位——听觉的空间定位

声源位置一般能被相当准确地确定,这是我们大家都有的体验。的确,听觉对我们进行空间定位是很重要的,尤其是当视觉受到限制的情况下,我们要想了解周围的世界,就非得靠听觉不可。当然,触觉也能帮我们进行空间定位,但触觉只能用于我们伸手所及的很有限的范围之内,因此,在无法靠视觉进行空间定位时,无疑

面部视觉

我们更会选择“以听代视”。

单耳线索：单靠一只耳朵进行空间定位时，虽不能十分有效地判断声源的方位，但却可以有效地判断声源的远近。单耳判断声音的远近是根据声音的强弱：强则近，弱则远。尤其是在判断熟悉的声音时，更为准确。

双耳线索：对声源方位的判断需要双耳的协同作用才能进行，而且用双耳判断声音的强弱也更为准确。双耳线索有时间差、强度差。

时间差：由于我们的双耳位于头部左右不同的位置上，因而当声音从左右不同的方向传过来，到达我们双耳时就会有一个先后的时间差，这一短暂的时间差就成为我们对声源左或右定位的重要线索；而当声波同时到达我们双耳时，我们就会对声源进行前或后定位。

强度差：声音到达我们双耳时不仅有先后的时间差，而且还会有强弱的不同，这也是我们对声源进行空间定位的重要线索。比如，当声音来自左方时，由于头部的阻挡，左耳接收到的声波要比右耳接收到的声波强一些，由此我们也可对声源进行有效的定位。

3. 痛觉及其研究

痛觉常常对人的心理活动有重大的作用，比如，慢性的长时间持续的疼痛，会对人的性格产生深刻的影响，甚至会使患者把死亡看成是唯一的解脱。因而，痛觉就成为心理学特别感兴趣的研究课题。那么,痛到底是什么?我们为什么会有痛的感觉呢?

3-1　痛觉及其特性

疼痛是一种复杂的生理心理活动,它包括痛感觉和痛反应。痛感觉是伤害性刺激作用于机体时,我们所产生的主观体验;痛反应是指在疼痛过程中,我们的机体所伴有的躯体反应、内脏反应和情绪反应。痛觉作为一种特殊的感觉,具有以下几点特性:

常带有情绪色彩:情绪是一种十分复杂的感觉体验,常常伴有强烈的情绪反应,而且情绪反应总是单向的,即总是伴有不愉快感,具体表现为忧虑、恐惧、害怕,表情多有痛苦状。

痛刺激的非特异性:任何刺激过度,都会引起痛觉。比如,把手放在温水中十分舒服,但随着水温的不断升高,你的手就会由舒服变为烫得生痛了。

重复性差:同样的伤害性刺激往往难以引起人们稳定的痛觉感受。比如,有些人可以平静忍受的痛,对另一些人则成为难以忍受的剧痛;而且同一个人在不同的时间里接受同一个痛刺激,也常常体验到不同的痛感受,产生不同的痛反应。

痛觉体验虽然不为人们所喜欢,但它却是人体进行自我保护的一个重要手段。痛,可以说是我们身体的一种警示信号,它告诉我们身体某部位受到了伤害,这样我们就会及时对受伤处进行处理和诊治。

3-2　不一样的痛——痛觉分类

根据痛的性质,可以把痛分为三类,分别为:

刺痛或锐痛:这种痛,定位明确,感觉清晰,产生迅速,去除刺激后，刺痛的感觉随之立即消失，因此又称快痛或第一痛，一般不伴有明显的情绪反应。

灼痛：这种痛，定位不明确，痛觉形成缓慢，常在受到刺激后0.5—1秒钟才出现，因而又叫慢痛或第二痛，持续时间较长，常常让人难以忍受，而且常会伴有心血管和呼吸系统变化，并能在短时间内影响情绪。

用针刺、辐射热等方法引起皮肤痛时，往往会先后出现上述两种痛，称为双重痛觉现象。比如，也许你曾经有过这样的体验，一天你不小心脚底下突然扎了一根钉子，你“哎呀”一声，迅速而准确地拔出了钉子，你这声“哎呀”所感受到的就是刺痛。钉子拿掉后，你仍然感到痛，但这时感觉到的是一大块在痛，痛感觉的定位不明确了，此时的痛就是灼痛。

钝痛：是指内脏或机体深部组织受到伤害性刺激时产生的痛。钝痛的性质很难描述，一般来说定位很差，很难确定痛源位置，而且痛得缓慢、持续，有时还会伴有烧灼感，常常伴有明显的躯体和内脏反应，并可引起强烈的情绪反应。

3-3 感到痛——痛感受器和致痛因子

研究已经证明，痛觉的感受器是游离神经末梢。引起痛觉的刺激可能是物理性的，如刀割、针扎、震动等；也可能是化学性的，如酸碱侵蚀等。这些引起机体疼痛的刺激一般都会使机体组织的细胞破裂或发炎，此时组织细胞内就会释放出某些化学物质，这些化学物质刺激了游离神经末梢，于是就产生了痛觉。那么，组织细胞释放的又是什么化学物质呢？

虽然没有直接的证据表明痛和组织受损伤的程度是相关的，但大多数能引起痛的刺激都导致组织受到伤害，却也是不容争辩的事实，因此在很早以前就有学者推测，痛可能直接起因于受损伤的细胞释放出的某些可致痛的化学物质。这一想法，在1964年时被两位很有献身科学精神的学者Keele和Amstrong创立的皮泡实验法所证实。这两位学者用毛毛虫在自己的皮肤上划一下，使皮肤受伤起泡，再把起泡的真皮剪掉，然后拿各种药品往上滴，看哪种药品致痛或不致痛。结果证明具有致痛作用的物质主要有K^+、H^+、血清素等。

催眠与疼痛

1829年，一位法国外科医生Cloquet在法国医学科学院报告了一例对一位患有右侧乳腺癌的妇女所做的不同寻常的手术。在手术前，只给病人进行了催眠，而没有注射任何麻醉药物，结果在切开病人乳腺至腋窝并去掉肿瘤和腋窝腺体的整个手术期间，病人没有一点疼痛的感觉。此报告一时引起了极大的反响，人们甚至指责Cloquet是骗子。然而在随后的几年中，就有很多人报告说也用催眠术进行了无痛手术。这些报告唤起了人们对催眠术可以缓解疼痛的心理学机制的研究兴趣。在大多数学者看来，催眠术缓解的只是病人对手术的焦虑、恐惧和担忧，而疼痛作为感觉是否也得以缓解，至今还是一个有争议的问题。也许，在催眠术下疼痛可能达到某些较低的水平，只是没有达到意识水平而已。关于这一点,Hilgardd 的实验也许可以说明。

Cloquet 用循环冰水作疼痛刺激。他请被试把一只手放进冰水里,另一只手则放在一个指示疼痛感受的按键上,并请被试用 1—10 级报告感受到的疼痛强度。在催眠状态下,Cloquet 惊奇地发现,被试说不痛,而且全然不理会放在冰水中的那只手,但放在按键上的手却按下按键报告疼痛的感觉,表现得和没有受到催眠时一样。这一发现说明,在我们的意识中存在不同水平的认识机能,疼痛可以达到意识的某一水平,但也可以达不到被意识到的水平。

? 考考你

1. “感觉剥夺实验”说明了什么?
2. 在临床上感觉剥夺实验分为几类?各有什么特点?
3. 什么是三原色学说?
4. 什么是光适应、暗适应?
5. 听觉的空间定位是如何进行的?
6. 痛觉有哪些特性?

二 感觉到的并非是知觉到的——知觉及其研究

我们对客观事物的认识是从感觉开始的,我们首先通过感觉来反映作用于我们感觉器官的客观事物的个别属性和我们所处的某种活动状态的信息,在实际生活中,任何客观事物的属性并不是脱离具体事物而独立存在的,因此,我们在对事物的个别属性进行反映时,是把其个别属性作为事物的一个方面而与整个事物同时被反映的。这种对客观事物进行信息整合而形成客观事物的整体映像就是知觉。

可见,感觉是知觉的基础,知觉以感觉为前提,并与感觉一起进行而产生。但知觉不是把感觉简单地相加,知觉的产生还要借助于经验和知识的帮助,也就是说,知觉是经验参与其间的纯粹的心理活动。

1. 知觉及其特征

1-1 感觉和知觉的联系

感觉和知觉都是大脑对直接作用于我们感官的客观事物的反映。只有当客观事物直接作用于我们的感觉器官并引起我们感官的活动时,我们才会产生感觉和知觉,一旦客观事物在我们的感官所及的范围内消失,我们的感觉和知觉也随之停止。

感觉是对物体个别属性的反映,知觉是对物体整体的反映,但是如果没有对物体个别属性反映的感觉,就不可能有反映事物整体的知觉。因此,感觉是知觉的基础,知觉是感觉的深入和发展;感觉越丰富、越精确,知觉也就越完善、越正确。

1-2 感觉与知觉的区别

感觉是对客观事物个别属性的反映,而知觉是对客观事物整体属性的反映。

感觉是一种生理、心理活动,而知觉纯粹是一种心理活动。感觉的产生来自于感觉器官的生理活动及其客观刺激物的物理特性;而知觉的产生是在感觉的基础上,对刺激物的各种属性加以综合和解释,表现出人的主观因素的参与。

感觉受感觉器官的生理特性及外界刺激物的物理特性的影响;而知觉受一个人的兴趣、爱好、价值观和知识经验的影响。

2. 知觉立体世界——空间知觉

我们的视网膜是平坦的,无法从空间上表现深度,但我们的知觉还是有效地利用了一些信息和线索,使这个世界在我们看来的确是三维的。那么知觉利用了什么信息和线索使我们感知到立体的世界呢?

2-1 单眼线索

用一只眼单独地进行空间知觉。可用的信息和线索有:

遮挡:当某物体部分地遮挡住另一物体时,我们会感知遮挡物更近一些,被遮挡物更远一些。见下页图示。

线条透视:在平面上,面积的大小、线条的长短以及线条之间的距离远近等,都能使我们有效地进行空间知觉。由大到小、由长到短、由远到近,我们会觉得物体离我们越来越远。见下页图示。

结构梯度:当有很多同样或类似的物体,集成一大片的平面景观时,我们就会运用“近者大,远者小;近者清楚,远者模糊;近者在视野下缘,远者在视野上缘”的经验,有效地进行空间知觉。见上页图示。

运动视差:当我们从窗口望出去,将头左右摆动,可以看到靠近窗口的树木似乎在飞速运动,而远离窗口的树木则运动缓慢,甚至没有运动。这就是运动视差,是我们坐在车上时常常体验到一种经验:沿着路两旁树立的电线杆或篱笆,移动得很快,而远处的树木或农舍则在短时间内似乎保持原地不动。这种近处与远处之间相对运动速度的差异,是我们进行空间知觉的重要线索。

2-2 双眼线索

双眼在我们头部的位置,相距大约65mm,因此使得外界物体不能完全对应地落在我们双眼上,从而使物体在双眼视网膜上的成像略有差异,正是这一差异,使我们可以有效地进行空间知觉。也正因为如此,我们可以把两张平面图形感知成立体图形,方法如下:找两张景物相同,但位置略有不同的平面图画,然后每只眼分别只看其中的一张,一会儿,两张图画就会在你的视觉系统中复合起来,这时你就经验到一副三维的立体图形了。

3. 知觉的基本特性

3-1 知觉的选择性

在同一时刻进入我们感官的刺激是十分丰富的,但我们不会对所有的刺激都同时给予加工,我们总是根据自己当前的需要,有选择地对其中某些刺激进行反应,而忽视其他刺激。这种人们对外来刺激有选择地进行组织加工的过程,就叫知觉的选择性。被我们选择进行进一步加工的刺激,称为知觉对象;而同时作用于我们感官的其他刺激就被叫做知觉背景。知觉对象与知觉背景的区别在于:知觉对象有鲜明的、完整的形象,突出于背景之前;是有意义的,容易被记忆。

知觉对象与知觉背景是相对而言的,此时的知觉对象也可以成为彼时的知觉背景;被这个人选择为知觉对象的刺激也可能在那个人眼中就成了知觉背景,这要看知觉者个人的需要、兴趣、爱好、知识经验以及刺激物对个人的重要性等主观因素。比如下面这个经

这是哪种类型的妇女?
这取决于你想看哪一种。

典的双关图就是一个知觉对象与知觉背景可以相互转换的明显例证。你可以按自己的意愿随便看这幅图,你既可以把它看成是一个稍稍有点左侧身的老婆婆,也可以把它看成是一位脸稍稍右转开的少妇,这关键取决于你想看哪一种。

3-2　知觉的整体性

是指人们根据自己的知识经验把直接作用于感官的不完备的刺激整合成完备而统一的整体。格式塔心理学派对知觉的整体性进行了研究,并提出知觉的整体性有以下几个组织原则:

邻近律:指人们往往倾向于把在空间和时间上接近的物体知觉成一个整体。比如下图,我们会把它知觉成由三个距离很近的黑点构成的一些线条,在竖直方向稍微向右倾斜。我们一般不会以另一种结构来知觉它,或者就算以别的结构去知觉它,也是很费力的一件事。

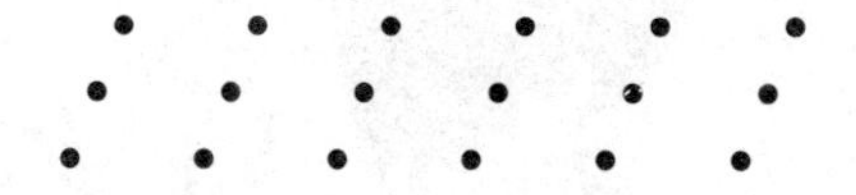

相似律:指人们往往会把在形状、颜色、大小、亮度等物理特性上相似的物体,知觉成一个整体。比如下图,我们会把形状相同的圆圈和黑点分别两两知觉为一组,而不太会把一个圆圈和一个黑点知觉成一个整体。

● ● ○ ○ ● ● ○ ○ ● ● ○ ○ ● ● ○ ○

连续律:指人们往往会把具有连续性或共同运动方向等特点的客体作为一个整体加以知觉。比如下图,我们可以强迫自己把它知觉成两个弯曲的、有尖顶的曲线组成的图形，即 AB 和 CD，但是，我们倾向于把它知觉成更为自然和连续的两条相交的曲线 AC 和 BD。可见，连续作用对我们的整体知觉有着惊人的力量。

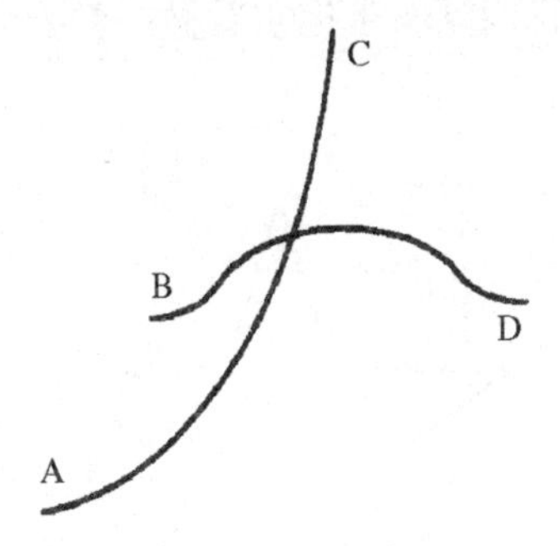

连续律：两条曲线或是两个有尖顶的图形？

求简律：指我们在知觉过程中会倾向于知觉最简单的形状。正如自然法则使一个肥皂泡采取最简单的可能形状一样，我们的知觉也倾向于在复杂的模式中让我们知觉到最简单的组合。比如下图，我们可以把它解释成一个椭圆和一个被切去了右边的直角图形，在接触一个左边被切除了一个弧形的长方形。可事实上，这不是我们知觉到的东西，我们知觉到的东西要比这简单得多，即一整个椭圆和一整个长方形互相重叠而已。

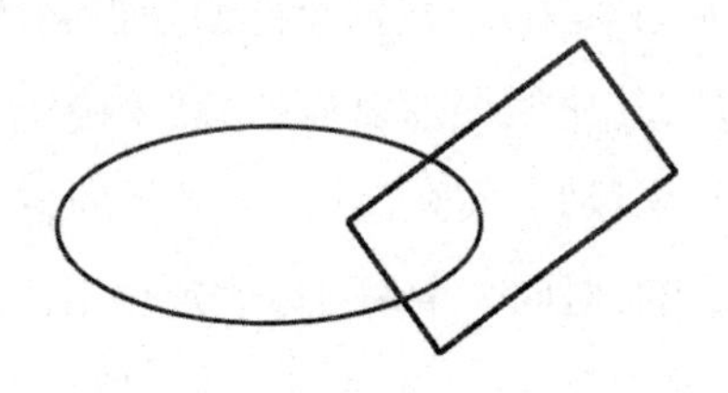

闭合律:实际上是求简律的一个特别和重要的例子。指我们在知觉一个熟悉或者连贯性的模式时,如果其中某个部分没有了,我们的知觉会自动把它补上去,并以最简单和最好的形式知觉它。比如下图,我们倾向于把它看做一颗五角星,而不是五个V形的组合。

20世纪20年代,有的格式塔心理学家注意到,一个侍者很容易记住尚没有付款的客户账单的细节,可一旦付过款以后,他马上就忘掉了。格式塔心理学家认为,这是由记忆和动机闭合所导致的。只要交易没有完成,它就没有闭合,因而就会引起张力,保持记忆,可一旦闭合完成,张力即消除,记忆也随之消失了。

3-3　知觉的理解性

指人们在知觉过程中,会根据自己的知识和经验,对感知到的事物进行加工处理,并用语词加以概括,赋予确定意义。知觉的理解性受知觉者的知识经验、实践经历、接受到的言语指导以及个人的兴趣爱好等的影响,对同一事物可以表现出不同的知觉结果。比如下图,把它知觉成陶瓷花瓶,还是知觉成人物剪纸,与个人的知识经验以及对知觉对象与背景的选择等有关,习惯于把黑色作为知觉

双面花瓶

对象或爱好剪纸的个体，往往会首先把它知觉成剪纸；而习惯把白色作为知觉对象或喜欢陶瓷艺术的个体，则更容易首先把它知觉成陶瓷花瓶。

3-4　知觉的恒常性

在不同的角度、不同的距离、不同的明度下观察我们所熟知的物体时，虽然观察物的大小、形状、亮度、颜色等物理特征会因环境的变化而不同，但我们对物体的知觉却常常倾向于保持稳定不变。在一定范围内，知觉的这种不随知觉条件变化而变化，而是保持对客观事物相对稳定的组织加工过程，就是知觉的恒常性。主要有：

亮度恒常性：把一张黑纸和一张白纸并列时，我们看到的是黑纸呈黑色,白纸呈白色,这是因为黑色和白色的亮度不同,就形成了不同的视觉刺激所致,是一种以视觉器官为基础的视觉经验。但是,如果你把黑白两张纸放在阴阳处,使每张纸都一半摊在阳光下,一半摊在阴影中,这时两张纸的亮度都发生了变化,但我们看到的仍然是一张黑纸,一张白纸,而不会把黑纸或白纸看成是由两种不同的颜色组成的纸张。这就是亮度恒常性,是指照射物体的光线强度发生了改变,但我们对物体的亮度知觉仍保持不变的知觉现象。

决定亮度恒常性的重要因素是从物体反射出的光的强度和从背景反射出的光的强度的比例,只要这个比例保持不变,就可保证对物体的亮度知觉保持恒定不变。比如,上面两张白纸,不管是在阳光下,还是在阴影中,它们都互为背景和对象,对光的反射比例始终保持不变,因而我们对其亮度的知觉也就保持了恒常性。

大小恒常性:同一个物体在我们视网膜上的映像大小,会随着物体距离我们的远近而发生改变:距离我们越远,在我们视网膜上的映像也就越小;距离我们越近,在我们视网膜上的映像也就越大。这是以视觉感受器为基础的视觉现象。但是,我们在判断该物体的大小时,却不纯粹以视网膜上的映像大小为依据,而是把它知觉成大小恒定不变的。这就是知觉的大小恒常性。比如,我们看着面前的小孩子,同时看着远处的一个大人,大人在我们视网膜上的映像要比小孩的小得多,但是在知觉中,我们仍然判断大人高大,小孩矮小。

知觉的大小恒常性也要依赖于知觉对象与知觉背景之间的相互关系。比如左下图,我们把远处的人看成和近处的人一样大小,是由于有深度透视的墙壁相对照,如果没有深度透视的墙壁做对照,我们的知觉也就很难保持大小恒常了,见右下图。

形状恒常性:知觉对象的角度有很大改变的时候,我们仍然把它知觉为其本身所具有的形状,这就是知觉的形状恒常性。比如,一扇门,在我们面前打开,落在我们视网膜上的映像会随之发生一系列的变化,但我们始终把这扇门知觉成长方形的。再比如,拿一块一元的硬币,把它放在一臂远的地方,然后逐渐地把硬币竖起来,这时在你的视网膜上,硬币的映像将由椭圆逐渐变为正圆,但你始终把它知觉为正圆形。

使我们的知觉保持形状恒常的重要线索是有关深度知觉的信息,比如倾斜、结构等,如果这些深度知觉的线索消失了,我们对物体形状的知觉也就不能保持恒定不变了。

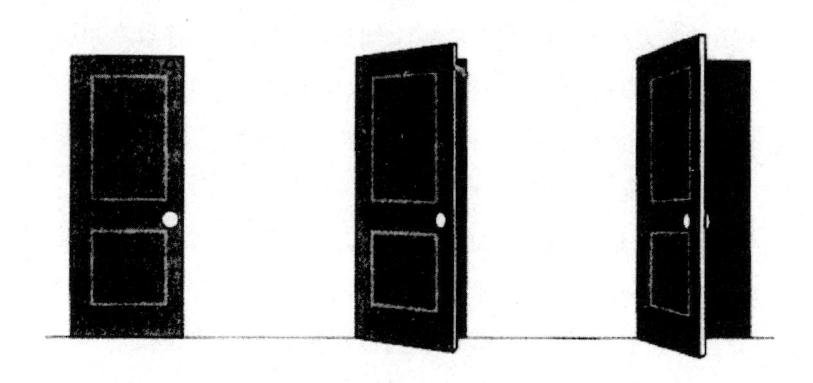

形状恒常性示意图

来源:梁宁建主编:《心理学导论》,上海教育出版社 2011 年版。

颜色恒常性:大多数物体带有颜色,物体的颜色之所以能被我们所见,是因为物体本身对光的反射,而物体对光的反射与物体所处的环境有很大的关系:物体在光亮的环境中,对光的反射多,物体原有的颜色也就越明确;物体在光暗的环境中,对光的反射少,物体原有的颜色也就越不明确,甚至都显不出物体原有的颜色。比如,透过茶色眼镜看周围的景物时,景物都失去了原有的颜色。这是以视觉感受器为基础的视觉现象,但以心理作用为基础的知觉经验,并不一定也如此。比如,一只红苹果,在不同波长的光照射下,所反射出的光的光谱组成也一定是不同的,因而它的颜色必定是变化的,然而,我们仍然把它知觉成红的。这种不因物体环境改变,而仍然保持对物体颜色知觉恒定的心理倾向,就是知觉的颜色恒常性。

知觉的恒常性对人类的生存和发展有着十分重要的意义。客观事物总有一定的稳定性,因此人类对客观事物的知觉也就需要有相应的稳定性,这样才能真实地反映客观事物的自然属性和真实面貌。知识经验对知觉的恒常性也有着重要的作用。我们在知觉某事物时,总会利用以往的知识经验去感知,反映事物固有的本来面目,从而保证了我们根据客观事物的实际意义来适应环境。如果人类的知觉不具有恒常性的话,那么人类适应环境的活动就会变得十分复杂和繁琐。所以,知觉恒常性不仅使我们获得了对客观事物本身面貌的精确知觉,而且也是我们适应周围环境的一种重要能力。

方向知觉与性格

从生理活动看,方向知觉是内耳中的前庭器官、半规管的功能与视网膜上的视觉映像相整合而产生的,但从心理活动看,人们运用视觉线索和前庭感觉信息时存在着个体差异,尤其是当两类信息不一致时,有的人更多地依赖于内耳前庭感觉的信息,而有的人则更多地依赖于外部环境的视觉线索。个体习惯于依赖自己的前庭感觉还是外在信息进行方向知觉,可以通过框棒测验测定。测验是在缺乏其他参照线索的情景下,被试面对一个倾斜的方框,方框内有一根倾斜的直棒(见下图A),要求被试仅仅凭知觉把方框内的直棒调节垂直。结果发现,被试有两类反应:一类反应是不受周围方框的影响,把直棒调节成与地面相垂直(见下图B);另一类反应是以方框为依据,把直棒调节成与方框边沿相垂直(见下图C)。两种特点的方向知觉分别被称为场独立性和场依存性。进一步的研究发现,具有这两种不同方向知觉特点的人,其性格特征也不尽相同。场独立性的人,在性格上往往表现为:喜欢独来独往,对社会交往不感兴趣,生活上不太注意别人的意见,不轻易动感情,喜欢从事与人少有交往的职业。场依存性的人,在性格上则常常表现为:喜欢寻求社会支助,喜欢社会交往,重视他人的意见,容易接受团体的建议,好动感情,喜欢从事与人打交道的工作。

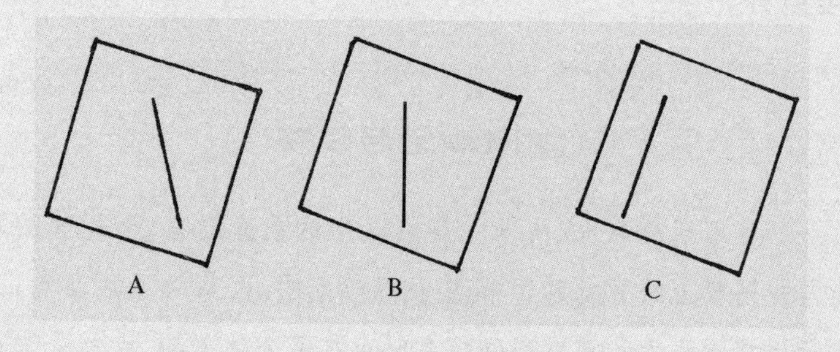

4. "两小儿辩日"——错觉及其产生原因

《列子·汤问篇》中记载着一个《两小儿辩日》的故事:一天,有两个孩子热烈地争论着一个问题:"为什么同样一个太阳,早晨看起来显得大而中午看起来显得小?"一个孩子说:"这是因为早晨的太阳离我们近,中午的太阳离我们远,根据近大远小的道理,所以早晨的太阳看起来要大些,中午的太阳看起来要小些。"另一个孩子反驳说:"照你这样说,早晨的太阳离我们近,那么我们就应该感到早晨更热些;中午的太阳离我们远,我们就应该感到中午更凉些,但是事实却正好相反,我们往往感到的是早晨凉中午热。”两个孩子谁也说服不了谁,于是就去请教孔子,但这位博学的大师竟也不明白这是怎么回事,最后只好不了了之。

同一个太阳却被我们知觉为不一样大小,看来,我们也会被我们自己的感觉所欺骗。这种完全不符合客观事物本身特征的失真或扭曲的知觉反应,就叫做错觉。

4-1　错觉现象

在心理学研究中发现的错觉现象,多为视错觉。视错觉是指人们凭借眼睛对客观事物产生的失真或扭曲的知觉反应。错觉现象,表明了在人的知觉中主观与客观的不一致,这种不一致不能归咎于个体观察的疏忽,而是社会中的每一个个体在一定的环境条件下,都有可能发生的正常反应。

(1) 眼见不唯实?——常见的视错觉

线条横竖错觉(horizontal-vertical):见图中 A、B 两条等长线段,由于 A 线段垂直于 B 线段的中点,结果我们知觉垂直的 A 线段似乎更长一些。

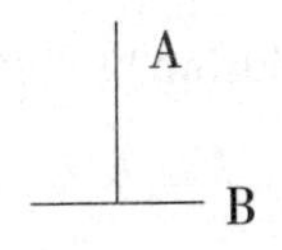

缪勒—莱尔错觉(Muller-Lyer illusion):见图中两条等长的线段,仅仅因为线段两头画有不同方向的箭头,就使得箭头朝向两头的看起来比箭头相对的要短一些。

奥伯逊错觉(Aubuson illusion):见图中的方形和圆形,由于放

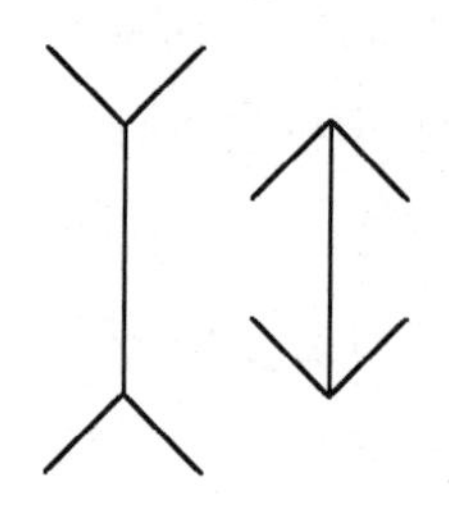

射线的影响,看起来似乎不是正圆也不是正方,而事实上既是正圆也是正方。

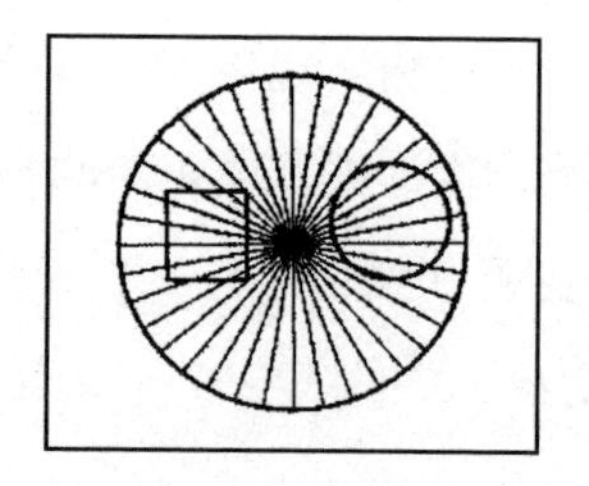

戴勃福错觉(Delboeuf illusion):见图中左右两个面积相等的圆,左边的圆由于加了一个稍大一点的同心圆,就使得它看起来更大些。

赫尔岑错觉(Herring illusion):见图中的两条平行线,由于被多方向的直线所截,结果看起来就失去了原来平行线的特征。

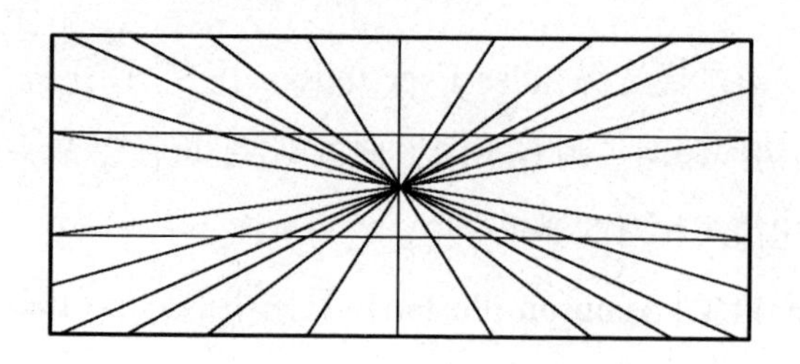

佐尔纳错觉(Zollner illusion):见上图所示,当数条平行线各自被不同方向的斜线所截时,就会出现两种视错觉,一是平行线不再平行,二是不同方向截线的黑色深度似有不同。

楼梯错觉(staircase illusion):请注视图中的楼梯数秒钟,你就会产生两种透视感,即有时看到的是正放的楼梯,有时看到的又是倒放的楼梯。

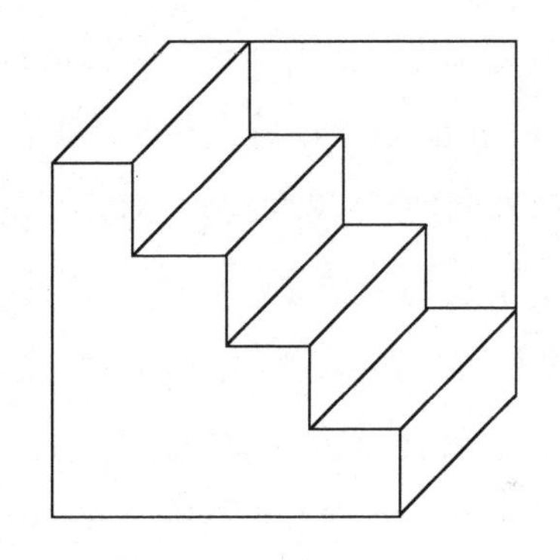

编索错觉(twisted cord illusion):见下图,好像是盘起来的编索,呈螺旋状,而事实上是由一个个同心圆组成,你可以任选一点,然后循其线路进行检验。

（2）生活中常见的错觉现象

月亮错觉：你可能注意到这样的知觉现象，就是当月亮接近地平线时，看上去要比皓月当空时大一倍半，而月亮是同一个，应该是一样大的，那么，为什么我们对月亮的大小知觉却失衡了呢？这是因为，当月亮在地平线上时，会被远处的房屋、树木所遮挡，或成为月亮的知觉背景，月亮因此而被知觉得大些；而皓月当空时，没有知觉背景进行比照，月亮就好像小了许多。知觉恒常性的这一失败显然是由于知觉背景所引起的，此时你只要从卷起的纸筒中看地平线上的月亮，不要同时看到房屋、树木的话，你就会发现月亮和当顶时一样大了，纸筒在这里起到了排除月亮周围参照物的作用。《两小儿辩日》中，两个孩子对太阳的观察也是同样的道理，如果排除太阳周围参照物的影响，你就会发现早晨和中午的太阳也是一样大小的。比如，有人用照相机把早晨和中午的太阳各拍了一张照，结果发现它们是一样大的。你可以通过下面的图片感受一下这种错觉。图片中的圆柱体，哪一个更大些？由于圆柱体周围参照物的作用，我们很难把它们看做是一样大的圆柱体，但事实上它们的确是一样大的，你用尺子验证一下就知道了。

移动错觉：在生活中我们经常体验到移动错觉，比如，你坐在火车里，火车并没有开动，但是由于相邻的火车在移动，结果你就觉得自己所坐的火车开动了。同样，如果你在飞速行驶的火车尾部窗口俯视铁轨，你就会觉得铁轨在从火车底下飞速地向后延伸；而此时，如果火车突然停止的话，你就又觉得火车好像向车底迅速缩进。

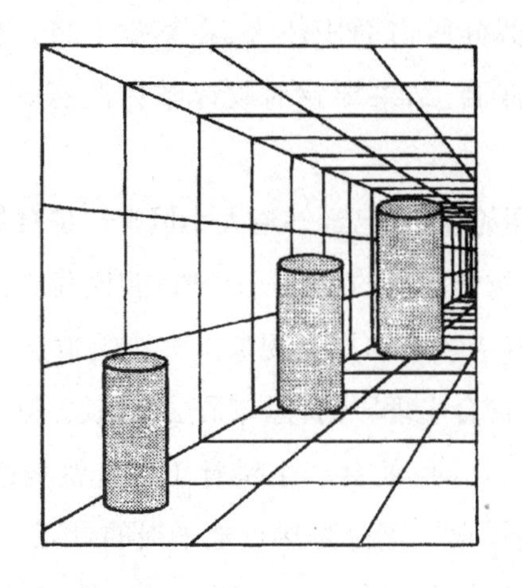

4-2　错觉产生的原因

尽管上述错觉现象十分明显，但是对错觉现象产生的真正原因，至今都没有找到确切的答案。多年来，知觉心理学家们也一直在进行努力的探索，试图从知觉的生理阶段和心理阶段中寻求解答，为此形成了两种理论。

周围抑制论：该理论认为，错觉的产生并非是因为个人对外在物体特征的失实解释，而是由于物体各部分反光度不同，使视网膜上视觉细胞彼此受到抑制所导致。由于视网膜上的影像及颜色感觉，都是由于外界物体反光而构成的视觉刺激所形成，因此，物体各部分的亮度如果不同，该物体各部分所反射出来的光波，自然也就各不相同，那么视网膜接受的刺激就有差别：有些部分亮度较大，光波全部反射出来，视网膜接受此刺激时就形成白色感觉；有些部分亮度小，只有部分光波反射出来，视网膜接受该刺激后，就形成灰色感觉。在这种情形下，视网膜接受物体整体反射光波刺激时，如果亮度大的部分所占面积较大,在感觉上将占优势,就使亮度小的部分受到抑制,结果导致对物体整体的感觉失真,从而形成错觉。

恒常性误用论:我们已经知道大小恒常性是对物体大小的知觉经验,是指不因物体距离的远近所构成的视网膜影像的大小而对物体大小的判断有所影响的知觉现象。大小恒常性是知觉的心理原则之一,虽然不符合生理原则,但却是正常现象,但是如果这一原则在不知觉中被误用时,就会产生错觉了。这就是该理论的基本观点。比如"月亮错觉",无论是接近地平线的月亮,还是皓月当空的月亮,任何时间的月亮在我们视网膜上的影像都是一样大小,只是我们在看地平线的月亮时,我们和月亮之间隔了许多房屋、树木等物体,从而使我们在不知不觉中就判断地平线的月亮更大一些了。

知觉心理学家发明的"不可能的事物"

请看下面的图,你有什么惊讶的发现吗?

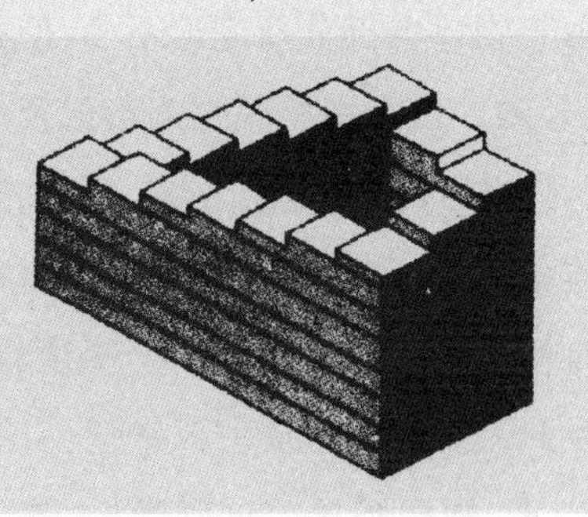

? 考考你

1. 感觉和知觉有哪些区别和联系？
2. 空间知觉的线索有哪些？
3. 知觉有哪些基本特性？
4. 知觉有哪些恒常性？
5. 生活中有哪些错觉现象？
6. 对错觉现象的解释有哪些？你是如何认为的？

三　我们熟悉但不了解的世界——记忆与遗忘

假如有一天你突然失去了记忆,你可能会认不出哪些是你的亲人,你可能会忘了谁是你的朋友,你可能不知道自己的卧室是哪一间,你可能出了门就忘了哪一栋房子是自己的家,你甚至可能连自己的名字都叫不上来。你不能上学,因为你不知道自己是哪一年级,你的同学,你的老师,你都不认得了。即使这些困难都克服了,学习对你来说也是一件不可能的事,因为你学过就忘,同样的内容对你来说永远是新的。没有了记忆,我们每一天都会像刚出生的婴儿那样,什么都不懂,什么都不知道。

记忆对我们是如此的重要,我们又对它了解多少呢?有人说过,我们只开发了大脑10%的资源,这通常指的是我们只利用了记忆10%的容量,尽管有点夸张,大部分人没有充分有效利用大脑却是一个事实,这可能与我们对自身不了解有关。有人会问,我们怎么可能连自己都不了解呢。不信?请开始我们的记忆之旅吧!

1. 走近记忆

1-1　记忆有无规律——记忆规律研究

记忆有无规律?很多心理学家都很关注这个问题。并通过实验发现了记忆的规律。下面我们先详细介绍有关记忆的两个重要发现。

谈到记忆总是要提到的一个人就是德国心理学家艾宾浩斯(Ebbinghaus),他在一百年前做的记忆研究到现在还有很大的影响。下面这个记忆曲线图就是他制定的：

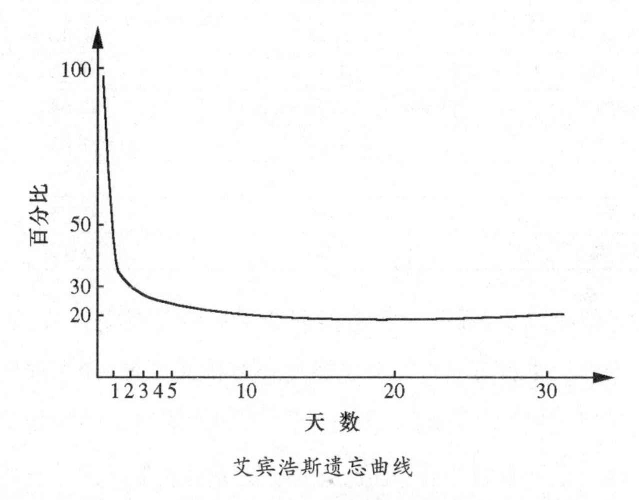

艾宾浩斯遗忘曲线

从这个图中你能得出什么结论呢？艾宾浩斯自己总结了如下三条规律：1. 大多数遗忘出现在学习后一小时之内；2. 遗忘的速度不是恒定的，而是先快后慢，最后逐渐稳定下来；3. 重新学习要比第一次学习容易。我们还是先看看他到底是怎么做的，然后再分析一下这一发现可不可靠。

19 世纪末期，人们对记忆的了解仅仅是经验，真正用科学的方法来研究记忆的，艾宾浩斯是第一人，也可以说是艾宾浩斯开辟了记忆的科学研究。他当时面对的问题在于怎么确保要记住的材料是研究对象以前从来没有接触过的。如果材料是他们以前见过的，那么最后让他们回忆出来的结果可能也反映了他们都知道些什么，而不单纯是真实的记忆情况。而且材料不能是他们熟悉的内容，因为熟悉的内容很容易与其他东西联系起来，回忆就不单纯是回忆了，联想也起了一定的作用。

时间间隔	保持百分比	遗忘百分比
20 分钟	0.58	0.42
1 小时	0.44	0.56
8 小时	0.36	0.64
24 小时	0.34	0.66
2 天	0.28	0.72
6 天	0.25	0.75
31 天	0.21	0.79

为了解决这个问题,艾宾浩斯创造了一些无意义音节,如 zup、rif、bik 等等。艾宾浩斯将几个无意义音节排成一列,让参加实验的人反复学习这样一系列的无意义音节,直到能够按音节的排列顺序回忆出这一系列音节为止,记下完全记住所用的学习次数。然后有计划地让他们在某段时间后回忆学习过的一系列音节(每次回忆都使用不同的音节系列),看看自己还记住多少。但艾宾浩斯不是简单地统计还能回忆几个音节,而是采用一种更巧妙而又准确的方法来计算还记得多少,他让参加实验者重新学习不能完全回忆的无意义音节系列直到能够再次完全回忆为止,记下重新学习的次数。将第一次学习的次数减去重新学习的次数再除以第一次学习的次数,最终结果就是还保留下来的百分比。用公式表示如下:

$$R = \frac{N-n}{N} \times 100\%$$

其中 R——记住的百分比

N——第一次学习的次数

n——重新学习的次数

艾宾浩斯用这种方法对记忆做了系统的研究,得到不同时间间隔记忆所保持的百分比,我们列出了这个实验的一部分数据,从这个数据表我们能看出一些具体时间段后的记忆情况。从表中我们可以进一步了解到:遗忘的速度是非常快的,学习结束后不到一小时,50%的内容已经想不起来,一天过后,遗忘的速度逐渐慢下来,而到了第二天,能想起来的基本上就不大会忘记了。

艾宾浩斯于1885年发表了《记忆》一书,详尽介绍了他的这一发现,这在当时产生了极大的影响,这种影响即使是今天也仍然存在。很多学习材料按照不同的时间间隔安排复习,比如刚学习过的材料第一次复习放在一两个小时后,第二次复习放在一天后,第三次复习放在三天后,依此类推,复习的时间间隔越来越长,这种编排依照的就是艾宾浩斯发现的记忆规律。其实记忆能力都存在差异,千篇一律的编排显然不能针对个人特点达到最佳的效果。如果你知道了艾宾浩斯的遗忘曲线,你就能为自己设计一个更为灵活的学习时间计划表。

艾宾浩斯之后,许多人用不同的学习材料做过类似的实验,具体的数据肯定有差异,不过基本的趋势还是相差无几。但随着时间推移,科学家们越来越关注一些更细节的东西,他们发现除了学习外语刚开始可能忘得像艾宾浩斯所说的那样快之外,学习其他有意义材料过后的回忆成绩都比艾宾浩斯所说的要好。而像骑自行车这类动作技能的学习,一旦学会后根本就不大会忘记。这一点大家都会有深刻体会。显然,艾宾浩斯的研究离现实还有点距离。

研究者曾经还做过这样一个实验:先让参加实验者按一定顺序学习一系列的单词,然后让他们自由回忆,也就是说,不必按照他们学习的顺序回忆出来,想到哪个单词就说出哪个单词。结果发现,最先学习的和最后学习的单词的回忆成绩较好，而中间部分的单词回忆成绩较差。根据实验的结果，绘出的曲线如下：

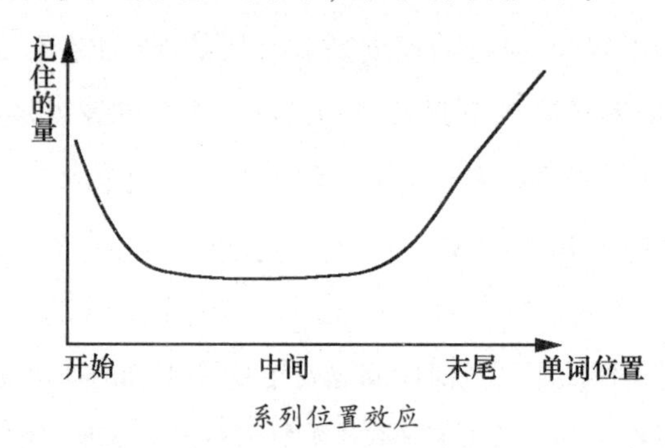

系列位置效应

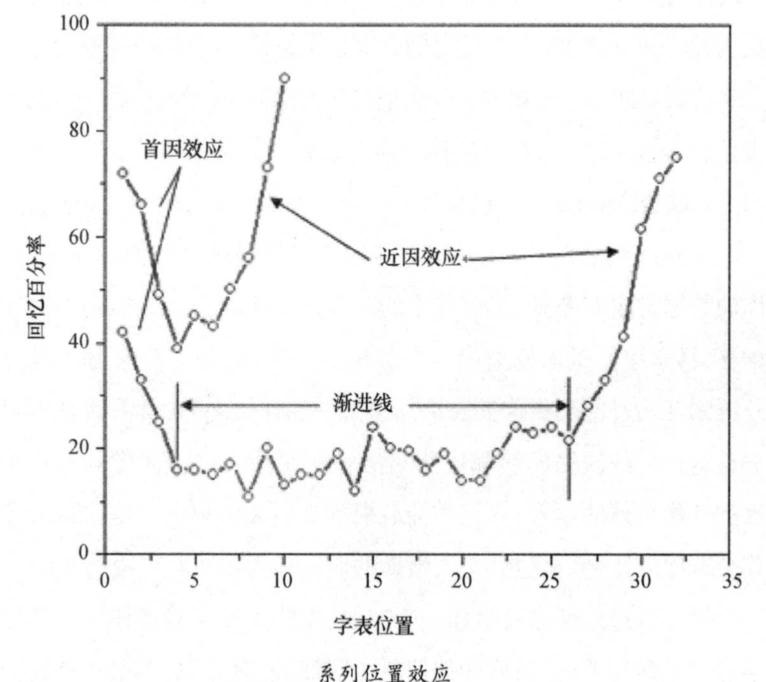

系列位置效应

来源：梁宁建主编：《心理学导论》，上海教育出版社 2011 年版。

心理学家把这种现象称为**系列位置效应**。开始部分较好的记忆成绩称为**首因效应**,结尾部分较优的记忆成绩称为**近因效应**。

从图中我们可以看到,结尾部分的回忆成绩比开始部分的成绩要好,这一点很好理解,因为这是我们刚刚记忆的部分,还没有经过时间的考验,可开始部分记得最早,却也还没有遗忘,这又是为何呢?显然,结尾部分的记忆机制与开始部分的记忆机制不同。为了考察这一点,研究者改进了上面的实验,让被试在看完单词系列后马上做 30 秒的心算,然后再自由回忆,结果发现近因效应已经消失。见如下曲线图:

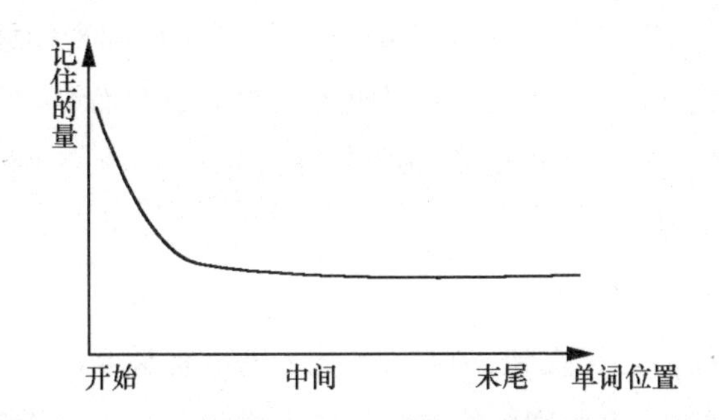

为什么做一个心算作业后结尾部分的内容就记不住呢?其实如果我们将记单词与心算作业看做是同一个任务,那么心算作业就是结尾部分,而原来单词的结尾部分就变成了中间部分了。不过读者可能还是有疑问,为什么单词的结尾部分在 30 秒内就被遗忘,而开始部分却还一直记得?为什么有些部分能记住这么长的时间,而有些则很快就忘了呢?这种现象说明记忆内部是有差别的。研究者还发现延长每个单词的学习时间后,虽然基本的趋势还是一样,但是成绩较好的开始部分增多了,中间部分的回忆成绩也比原来的要好。由此可见,记忆不单纯是像照相机或者复印机那样工作,这一点我们将在介绍记忆结构的时候展开。不过从这个实验我们也不难看出记忆能力是有限的,我们需要时间来记住更多的内容。

记忆的这一规律对我们有什么启示呢?至少有两点是读者可以从中获益的:第一,学习的时候,应该不断变换学习的开始位置。比如在背单词时,不要每次都是从起始读到末尾,有时也应该从中间部分开始背起,这样才不至于只记得开始部分和结尾部分;第二,学习的过程中留下一点时间间隔可以加强记忆的效果,特别是完成了某一部分学习内容后更应该留5—10分钟的时间来休息,这样可以巩固已经学习过的内容,同时也不至于太疲劳而影响下面的学习。休息的时间也不能太长,最好不要超过15分钟,否则会精神涣散而无心学习。

1-2 记忆的结构

前面我们已经提到,刚看过的内容有些能够长时间地保存在我们的头脑中,有些则很快在我们脑海中消逝。心理学家将能够长时间保持的记忆称为长时记忆,而将不到一分钟就忘了的记忆叫做短时记忆。心理学家还发现有一种记忆的时间更短,不到半秒钟就忘记,并把这种记忆叫做瞬时记忆。下面就是它们之间的关系图,也就是我们记忆的过程。我们将分别详细介绍这三种记忆的特点,然后再根据它们之间的关系介绍记忆过程中的各种现象。

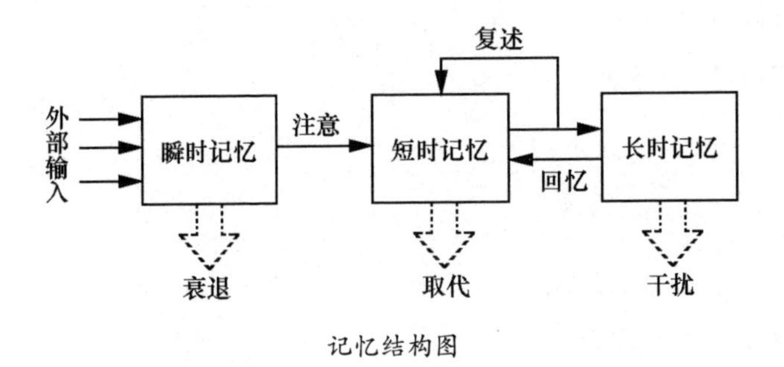

记忆结构图

(1) 短时记忆:你最多能一下子记住多少?

如果读者有兴趣的话可以找个人做下面这个简单易行的实验。一个人读下面的数字,另一个人努力记住所听到的数字,听完后按听到的顺序将数字写出来,看看最多能正确记住几个数字。记的人要等念完一串数字后才能动手将自己记住的按顺序写下来。每两串长度一样的数字都能记得准确无误才能进行下一组实验,直到这个人对某一长度数字不能完全记住为止。这样,我们就知道他(她)的短时记忆广度。

3-7-6

9-2-4

6-4-8-3

7-5-6-9

6-3-1-2-8

7-8-5-6-2

4-5-6-3-8-1

8-6-3-7-5-2

6-8-9-2-5-2-3

3-9-4-3-5-8-6

7-3-2-7-5-8-9-4

1-4-2-8-6-3-8-5

6-8-9-4-2-4-7-5-6

5-7-4-2-3-7-9-6-4

3-2-6-8-5-9-6-3-1-7

6-1-5-3-8-9-5-6-3-4

4-6-9-7-8-5-2-1-3-5-7

8-6-1-3-6-8-3-5-6-8-2

3-7-6-2-4-3-5-7-9-1-2-5

4-2-6-8-3-5-1-9-6-7-5-3

试试看,你能记住多少！大部分人都能记住7个数字左右。美国心理学家约翰·米勒经过7年反复测定,在一篇题为《奇妙的数字:7±2》的论文里提出正常成年人记忆广度的平均数是7±2,这个数值具有相对稳定性,得到了国际上的公认。

其实我们在记电话号码的时候并不是像我们上面念数字那样每念一个停一秒钟,而是经常将电话号码分成两部分来记。比如,要记住62354788这个号码,我们在心里默念的时候通常是念了前四个数字后稍微停顿一下再念下面四个数字(即6235—4788),也就是将它分为两组来记。这样记住8个数字是不成问题的,这是不是说我们的短时记忆平均不止7个呢？米勒在后来的实验中又发

现,短时记忆的容量大小不是由记忆材料的数量决定,而是由材料的意义单位决定。下面几个词你看一遍能记住多少:

北京　上海　天津　重庆　电视机　电冰箱　录音机　洗衣机　欣喜　愤怒　悲哀　快乐

总共12个词,一个一个地记肯定超出我们的短时记忆容量。但是不管怎样,你应该可以记住7个以上。这是为什么呢?其实我们的短时记忆就像一个分成7格左右的柜子,每一格只能放一件物品,如果你能把几样东西打包,你就可以放更多的物品。上面的12词很明显可以分成3类,第一类是地名,第二类是家用电器,第三类是喜怒哀乐的情绪表现。而且地名上海、北京、天津和重庆是中国的大城市,如果你知道它们是中国的四个直辖市的话,那么你相当于只要记住"直辖市"这个词,仅占用柜子的一格。

如果这些词是属于不同类别,那就可能增加记忆的负担。我们来看看下面这些词,你看了一遍能想起多少:

沙漠　数学　灯泡　深刻　网络　天空　情感　成就　日记　电梯

你会发现要记住这10个词比记前面的12个词来得吃力,这是因为它们之间没有多大的联系,你不能将它们打包存放。这就是米勒发现的短时记忆的特点:虽然容量只有7个项目左右,但是如果你善于组织存放,你可以放得更多。不过这种组织还是有一定的限制,经验表明,如果每一个记忆单元包含3—4个项目,我们一般只能记住4个左右这样的单元。

重新回味一下上面的例子,你会有新的领悟。如果你是一个外国人,不知道北京、上海、天津、重庆是中国的直辖市,那么你就不可能将它们都记住。这给我们一个启示:如果我们知道得越多,知识越丰富,记忆就越轻松。其实从上面的记忆结构图中我们可以看到短时记忆与长时记忆是双向沟通的,短时记忆能够调用长时记忆的知识来帮助记忆。也就是说如果我们的长时记忆存储丰富的话,将有助于短时记忆的打包保存。

实际上,我们上面讲到的很多例子都与长时记忆有关。短时记忆自己是不会给材料附上意义的,所谓的意义都是来自长时记忆以前的知识存储。短时记忆就相当于人脑这个大工厂的一个重要车间,这个车间里的工人从瞬时记忆中选取出材料,按照从长时记忆中拿来的图纸对这些材料进行加工,加工完以后就分类堆放在长时记忆里。

(2) 不灭的心灯——长时记忆

前面我们讲到短时记忆时已经提到长时记忆的一些作用。相比其他两种记忆类型,长时记忆最明显,最容易察觉到,当然也就成了我们关注最多的了。

我们知道短时记忆保持的时间是一分钟以内,而长时记忆是指保持时间超过一分钟,可能是一小时、一天、一个月甚至一生。有人甚至认为进入长时记忆的内容是永远不会忘记的,除非出现特殊事故,如脑损伤等。这一点显然与我们的经验有点距离,在日常生活中我们发现,不管一个人的记忆力有多好,他总有忘事的时候。其实,临床实验的证据表明:当我们在记忆某些事情时,我们的大脑皮层的某一部位或某些相关组织发生了永久性的变化。一个很著名的例子就是加拿大神经外科医生潘菲尔德(Wilder. Penfield)在1936年的发现。他给一位十几岁的癫痫病女孩打开脑壳,用微电极刺激大脑的不同皮层,当刺激到大脑某一部位时,女孩发出了恐怖的尖叫,手术激发她回想起童年时期发生的一件可怕的事情,而且仿佛又置身于当时的那种情景,女孩忍不住喊叫起来。有时你突然怎么也想不起一件事情,然而一次你到某个地方,参加了什么活动,碰见了某人,只要这些场合中有某些东西与先前"忘记了"的事件有一定联系,你可能就会想起来。这些有联系的东西就好像是记忆的线索。其实,能够回忆出来就表明我们还没有彻底忘记。那么,是不是一旦记住的东西就真的永远不会忘记呢?我们会在另外的分节中讨论这个问题。

谈了长时记忆的保存时间以后,可能读者就会关注这样一个问题:如果我们所记忆的内容都在大脑里留下痕迹,那么大脑的存储空间是不是有一天会耗尽?由此牵涉到一个问题:记忆能否长久保存跟我们的大脑容量有关。其实,很早就有人提出这样的观点,认为我们只开发了人脑的10%资源。这种观点值得推敲,因为从神经生理的角度来看,我们的脑皮层就是损伤1%都会影响到我们的正常生活。大脑皮层部分损伤的人确实能够逐渐恢复刚开始失去的功能,但这种恢复是有限的。也就是说,人脑还有90%的资源没有利用的观点是不能单纯从句子的表面来理解的,不过有一点我们得承认,我们的记忆力还没有开发殆尽。我们的大脑能装下的东西确实是出乎我们的意料的。有位数学家估计大脑的容量大于10^{11}字节,这个数相当于一个90 GB的硬盘,如果你只是输入文字的话,估计能装下几百万册图书。

我们还是回到原来的问题。既然记忆容量这么大,我们可能还没有完全利用它,但为什么我们还是会遗忘呢?这就得了解我们是怎么在大脑里存放知识的。我们可以从微观和宏观两个角度来看长时记忆的存储。

从微观角度讲,长时记忆是按照意义存储的。这一点早在20世纪初英国心理学家巴特雷特(Bartlett)就发现了。当时,他只是认为艾宾浩斯使用无意义材料做研究跟我们日常生活中记忆内容不相符合,因而不具有现实意义。他自己用故事和图画等有意义的材料来进行研究,发现人们能够回忆起来的内容与他们起先记的内容有一定的差异。比如,他做了这样一个实验,给几个英国学生讲一个北美印第安民间故事,15—30分钟后让他们写下他们能记住的故事内容,结果发现学生写下来的故事比原文短,有点像摘要。由此可见,我们记住的不是原原本本的内容,而只是按照它的意义来记。你可以试着做下面这个简单的实验。首先,请仔细看一遍下面的一串词汇:

糖果 快捷 良好 滋味 迅速 味道 饼干 苦味 优美 蜂蜜 果冻 馅饼 白糖

现在请不要回头看上面的词汇,辨别下面三个词是否是你在上面看到过的:**滋味、快速、甜蜜**。

许多人都十分肯定地说,甜蜜一词出现过。但事实上,上述词汇并没有包含这个词。为什么会出现这种结果呢?我们仔细分析一下前面的词汇就不难看出,有许多词汇在意义上与甜有关系。这证明我们的长时记忆是按照意义来保存的,意义上的混乱可能就是造成遗忘的原因之一。

再回到巴特雷特的实验,除了上面的发现之外,巴特雷特还发现回忆的结果比原文更合乎逻辑,而且在内容上也有许多变化,比如很多人将故事中印第安人常用的物品名称改换成与之相应的自己熟悉的物品名称。请注意这一点与上面的发现是有区别的。上面说的是,回忆结果在形式上出现变化,但在意义上却是相同的。而这里所指的变化则是完全的改变了。这是为什么呢?巴特雷特认为人在记住某些内容时是将要记住的材料与自己已经知道的内容重新整合起来。这就好比是玩拼图,自己知道的内容是已经拼好的部分,要记住的内容是将要拼上去的部分,记忆就是在已经拼好的部分上找一个合适的地方将要拼的部分拼上去。记忆比拼图灵活,在拼图中如果有一两块拼板拼不上去,我们就将这几块调整一下,在长时记忆里,我们可能会换几块能拼上去的。在拼图时如果有很多拼板拼不上,我们会认为是拼错了,应该全部拆开来重新组合,而对我们的长时记忆而言,如果有很多新的材料与已有的知识经验发生矛盾,除了否定原来的知识经验外,我们还可以另外组织这些新材料。从宏观角度来看,我们会忘事可能就是因为新的材料没有放到它应该放的地方,或者一个新的知识结构还没有完全建立。

上面我们已经提到知识是按照一定的结构保存在大脑里的,那么,这个结构是什么样子的呢?下图就是一些心理学家提出来的长时记忆的知识网络结构图,并且通过实验证明有一定的正确性。比如让一个人判断以下两句话,“金丝雀是一种鸟”和“金丝雀是一种动物”,一般来讲,判断前一句话会比后一句话反应快,为什么呢?从下面这个长时记忆知识结构示意图我们可以看到,金丝雀直接包含于鸟类中,而鸟类属于动物。金丝雀与鸟类的距离要比动物近,所以反应会快一点。实际上,这个实验不是很完美,反应差异很小,只有严格控制实验条件才能看出来,不是我们看着手表可以区分出来的。不过,下面这个小实验是你可以自己操作的:请你在一分钟之内说出尽可能多的鸟的名字,并把它写下来,数一下你一共说出了几个;另外,请你在一分钟内尽可能多地说出什么东西是红色的,也把它写下来,数一下你说出了几个。比较一下,哪一次你回忆得最多。你会发现说出鸟的名字要比说出红色的东西要容易得多。这是为什么呢?从下面的结构图我们可以看出来,我们的知识是按照类别而不是按照属性组织的。按照这种原则,我们会把所有的鸟都归在鸟这一分支下,而不会将所有红色的东西归为一类存放,红色只是用于描述物体的属性,所以我们会觉得回忆红色的东西比较困难。

到现在为止,我们所讨论的都是长时记忆对语言文字的记忆,其实,生活中我们还有很多与长时记忆有关的经验。如看完一场电影后,隔个三五天,故事情节依然印象深刻;参加过的生日宴会总是历历在目;一次奇异的旅行让你终生难以忘怀等等。这些与我们上面讲的语言文字的记忆有很大的不同,是知识结构图不能解释的。由此,我们可以得出这样的结论:企图用一种理论来解释所有的记忆现象是不可能的。关于长时记忆,我想我们已经讲了很多,也该

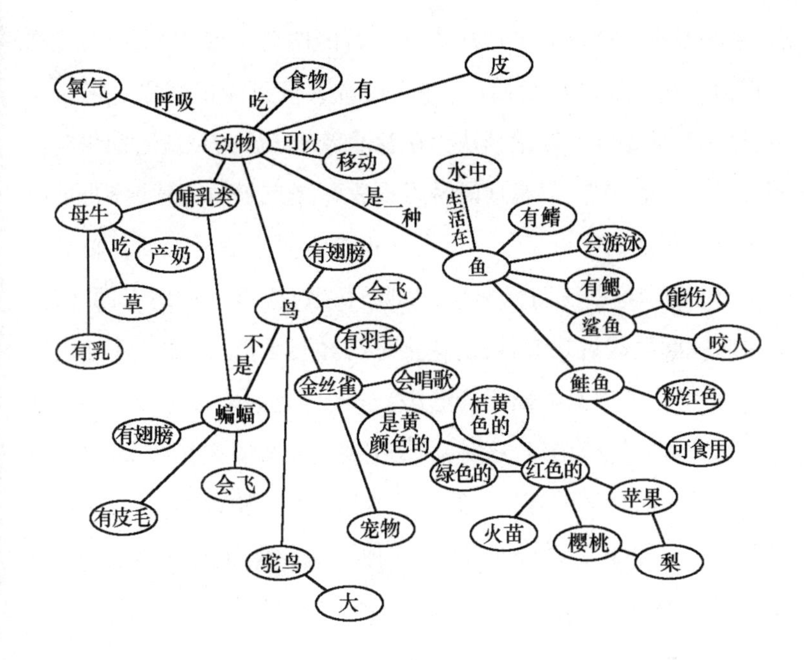

换换口味了。

(3) 美妙的一瞬——瞬时记忆

瞬时记忆,这个名词本身就告诉我们这是一种时间很短的记忆,短到什么程度呢？可以说我们几乎没有意识到它的存在。相比而言,由于瞬时记忆的保持时间十分短暂,不是很容易就能察觉到,需要精心设计实验才能发现。

1960 年,还在读研究生的乔治 · 斯柏林(George Sperling)做了这样一个著名的实验:他事先告诉被试,他们将看到三行字母,如下图,并且在这些字母消失后将听到高中低三种声音,如果是高音就回答第一行字母,如果是中音就回答中间行的字母,如果是低音就回答最后一行字母。斯柏林发现,如果声音是在字母消失的同时出现,被试基本上能够完全回忆出每一行的四个字母,如果声音是在字母消失 0.5 秒之后给出的,那么被试大概只能回忆出一两个字母,这是为什么呢？斯柏林认为在看了字母以后的一段时间里我们还记得所有的字母,只是这段时间非常短,在说出 4—5 个字母的时间里就把其他的字母忘了。但是让被试看了之后马上回忆任意四个字母,他(她)总能回忆出来,表明他(她)应该记得所有的字母。如果时间间隔超过 0.5 秒,这些字母已经几乎消失,被试不知道要回忆哪一行,所以只能随便选记几个字母。这些经过选择的字母实际上已经进入短时记忆,这时,回忆主要是从短时记忆中提取出来,反映的是短时记忆的容量。乔治・斯柏林的实验说明,在短时记忆之前还有一种非常短暂的记忆,这种记忆的保持时间不超过 0.5 秒,这就是瞬时记忆。

Y	G	H	R
K	B	M	F
P	V	T	W

乔治・斯柏林告诉我们瞬时记忆保持的时间,但却没有告诉我们瞬时记忆的容量。他所做的实验表明被试能记住 12 个字母,但这并不是极限。现在,心理学家普遍认为瞬时记忆的容量很大,以视觉为例,目之所及就是我们视觉的瞬时记忆容量。相对而言,听觉的瞬时记忆容量会比较小。瞬时记忆的保持时间也会受到不同感官性质的影响,比如,视觉的瞬时记忆时间不超过 0.5 秒,听觉的瞬时记忆时间是 2 秒左右。

那么,瞬时记忆到底有什么用处呢?你现在可能正坐在靠椅上,眼睛不自觉地扫描着每一行字。你知道我在向你讲些什么,同时你也能隐隐约约感觉到周围的动静。你听得见翻书的声音,你感觉得到靠椅的舒适,你还能估计今天的温度跟昨天差不多,……所有这些感觉在你看书时都是存在的,只是你在书上投入太多的注意而几乎没有意识到它们。但是如果有人突然推门进来,你可能会不自觉地抬起头,停下看手中的书。这说明你随时都能意识到周围的变化,瞬时记忆的作用就在于它暂时保存了所有你接受到的感官刺激以供你选择。我们需要它,因为在判断周围环境对我们的刺激哪些是重要的,哪些是次要的,并选择对我们有意义的刺激时需要时间,而且这段时间不能太长,否则,我们就可能丢失下面更重要的刺激。

1-3 不同的观点:认识越深记得越牢

上面我们介绍的只是一种流行的观点,但这并不能说明它是完全正确的,只能说明它是能够被大部分人所接受的。这里我们要介绍的"加工水平说"也是一种比较著名的记忆观点,这种观点认为如果你比较深入地思考某些东西,你就能记得长久一些。我们可以先来做下面的一个小实验:

请认真阅读下面的问题,判断右边的词汇是否满足左边的问题,并回答是"对"还是"错"。

1. 这个词能填在下面的句子中吗?

"我看见池塘里有一只______" 鸭子

2. 这个词是繁体字吗？ 时间

3. 这个词与“智能”读音一样吗？ 技能

4. 这个词能填在下面的句子中吗？

“火车肯定比______快” 飞机

5. 这个词与“实施”读音一样吗？ 逝世

6. 这个词是简体字吗？ 笔记

7. 这个词能填在下面的句子中吗？

“这个周末一起去看______吧！” 电影

8. 这个词是繁体字吗？ 书包

9. 这个词与“检索”读音一样吗？ 简单

10. 这个词能填在下面的句子中吗？

“昨天我去了______” 公园

11. 这个词的读音与“及时”一样吗？ 急事

12. 这个词是简体字吗？ 阅读

13. 这个词能填在下面的句子中吗？

“我的______有两米高” 课本

14. 这个词与“樟木”读音一样吗？ 账目

15. 这个词是繁体的吗？ 报纸

现在，不要回头看，尽量回忆出你所能记得的右边的词汇，把它们写下来。

上面的问题可以分为三类，分别是判断字形、判断读音和判断词义。做完以后计算一下你能回忆出来的词汇都是属于哪一类的。

大部分人回忆得最多的都是那些涉及判断词义的词汇,这就是对词汇加工水平不同造成的。判断字形、读音只涉及对词汇表面的形状和声音的认识,而判断词义涉及对词汇的含义,也就是对词汇所代表的意义的理解,是词汇最本质的内容。

上面的实验说明如果能抓住记忆内容的本质方面,记忆效果最好。也就是说加工的水平越高,记忆效果越好。其实,对记忆内容的说明、例子的多少也会影响我们的记忆效果。说明的详尽与否、例子的多少,也可归为加工程度的差异。在学习外语的时候,不停地写,不停地念单词,不如比较一下这个单词与别的单词有什么联系,了解一下这个单词都能用在什么情景下或者看看这个单词的例句,虽然挺花时间,却是很有效的一种方式。

总结一点,要想记得牢就应该从理解的角度出发,而不能死记硬背。其实,这与我们前面介绍的记忆模型是不矛盾的。理解了的东西为什么容易记住?理解实际上也就是利用自己已有的知识经验来解释、接受它,也就是将它纳入到原有的知识结构中。这与我们前面提到的将短时记忆的内容与长时记忆整合起来是一回事,本质是一样的,表述不同而已。

2. 遗忘——记忆过的为什么会忘记?

2-1 遗忘是记忆的痕迹慢慢消退的自然过程

在日常生活中,如果有人向你提及某件事情,而你却什么都想不起来,你可能会这样说:“那一定是老早以前的事情了吧?我早就忘了。”也就是说,我们在不知不觉中已经持有这样的观念:时间一长,就会忘事。这就是“记忆消退说”的观点,而且这种观点似乎也合情合理。从适应的角度来看,这有点像是“用进废退”,我们长时间不用的技能会退化。记忆也可能是这样,刚记住的内容在我们的大脑里留下了记忆痕迹,随着时间的延长,这个痕迹会慢慢地消退,如果长时间不再复习,就可能完全消失,为新学习的内容腾出空间。其实,前面我们谈到的艾宾浩斯的记忆规律,也叫遗忘规律,就是“记忆消退说”的一种证据。

2-2 遗忘是记忆内容的相互干扰所引起的

“记忆消退说”虽然合乎我们的常识,但却未必完全正确。学习之后所经历的时间不是唯一的决定因素。有些技能,如骑自行车,一旦掌握了,即使几年没有练习也不会忘记。还有些跟我们自身有关的经历,如童年时代都发生了什么事情,虽是经年累月,对我们而言仍然还是历历在目。不过,如果我问你昨天中午或者前天中午吃了什么,你可能想不起来,这与记忆的干扰有一点的关系。因为我们每天都要吃饭,在同样的时间,同样的地点,吃饭的次数实在太多,这些同样的经历相互干扰,我们就回忆不起来到底哪天吃了什么。

心理学家曾做过这样一个实验,这个实验足以证明干扰对我们记忆的影响:让两组人中的一组学习两份材料,然后回忆其中的一份材料,另一组人只学习一份材料并回忆这一份材料。实验分两种情况进行,见下面图示说明:

情景一

甲组：学习材料 1 ⟶学习材料 2 ⟶回忆材料 1

乙组：学习材料 1 ⟶休　　息 ⟶回忆材料 1

情景二

甲组：学习材料 1 ⟶学习材料 2 ⟶回忆材料 2

乙组：休　　息 ⟶学习材料 2 ⟶回忆材料 2

结果发现，在这两种情况下，乙组的回忆成绩都明显好于甲组。用干扰说很容易解释为什么会出现这种现象。在第一种情况下，甲组在学习材料 2 时干扰了已经学习的材料 1，而乙组学习材料 1 以后没有再学习其他内容，没有受到干扰，所以回忆成绩好于甲组。第二种情况下也是如此，不同的是，对甲组而言，先前学习过的材料影响到刚刚学习过的材料的记忆。心理学家把第一种干扰叫后摄抑制，第二种干扰叫前摄抑制。现在，我们再回头看看前一章谈到的第二个记忆规律：最先记忆的部分和最后记忆的部分印象最深刻。这种现象很容易用干扰说来解释。最先学习的部分只受到中间部分的后摄抑制，最后学习的部分只受到中间部分的前摄抑制，而中间部分则受到前面部分的前摄抑制和后面部分的后摄抑制，可以说是两面夹击，所以回忆成绩最差。下图表示干扰的方向：

前面部分 ⇄ 干扰 ⇄ 中间部分 ⇄ 干扰 ⇄ 后面部分

进一步研究还发现，前后干扰跟学习材料的相似程度有关。前后学习的材料越是相似，干扰越大，学习的效果越差。学习的材料差异越大，干扰越小，学习的效果越好。我们可以把这一点发现用于合理安排学习计划或者课程表。最佳的学习计划应该尽量避免相继学习两类相似的内容。另外,先前学习的内容如果我们已经很熟悉了,那么它对后面的干扰不会很大。不熟悉的材料和熟悉的材料间隔学习,除了减少干扰之外,也能减轻我们大脑的负担,学习效果也会相对好一点。

2-3 遗忘是由于没有可以依赖的线索造成的

生活中我们常会有这样的体验:遇见一个熟人,你想跟他(她)打个招呼,却突然说不出他(她)的名字了,好像就在嘴边,却怎么也想不起来,如果把这个人的名字和其他人的名字放在一起,你就可以很快从中分辨出来。这种现象在心理学上称之为"舌尖现象"(tip-of-the-tongue phenomenon),这种现象说明我们大脑里确实可能存在某些东西,这些东西我们一时不能回忆出来。现实生活中还有这样的例子,在你离开一个地方后,比如你以前待过的学校,你可能会逐渐淡忘了在这里发生的种种事情,不过一旦你再次回到这个环境,往事说不定会像波涛汹涌般撞击你的每一根神经,你感觉自己仿佛又回到了那消逝已久的快乐时光。这就是为什么很多老人喜欢寻访自己过去曾经生活过的地方的原因。

一种广为接受的观点认为遗忘主要是因为我们找不到回忆的线索。对记忆的内容而言,记忆过程发生的时间、地点包括你当时的心情,以及与这些内容有关联的东西都构成了以后回忆这些内容的线索。你在回忆时,如果一时想不起来,你可以通过这些线索回忆出来。前面我们提到,你回到了以前生活学习过的地方就会不自觉地想起那时发生的许多事情,你来到的这个地方就构成了你回忆的线索,所有与它有关的内容在此时此地都变得呼之即来。

读者可以仔细回想一下,生活中就有很多这样的例子。你想不起来某件事情,先放在一边,不去想它,过一段时间你居然想了起来,你是怎么想起来的呢?很多情况下都是因为你先想到了别的事情,然后再由这一事情联想到这件事情。其实,心理学就在生活中,我们心理过程的每一次失误都为我们了解自身打开了一扇窗户。

2-4　遗忘的神经生理背景

记忆是基于我们的大脑,所以遗忘自然与我们的大脑的神经生理变化有关,这是谁都不能否认的。但是要具体地谈遗忘跟哪个大脑部位有关,这主要是神经生理学家的工作。不过,到目前为止,神经生理学家也只是发现什么物质能够增强记忆以及哪些部位与我们的记忆有密切的联系,这些发现都是从整个记忆过程的角度来看,它能够对一些病理的记忆缺陷做出解释,还不能对我们的个别的记忆现象做出解释。当然,介绍这些发现也需要读者有相关的知识才能理解,在这里我们就不予详述了。

关于遗忘的原因我们就谈到这里,有一点需要强调一下,以上的所有观点不一定是相矛盾的,它们反映的是不同心理学家的不同视角,它们对我们理解发生在自己身上的神秘现象都有一定的帮助。列举这么多不同的观点也是希望可以提供给大家从各种角度看到的心理世界。

3. 记忆的一些有趣现象

3-1　年纪越大记忆力就越差?

大部分幼儿在一岁时都能叫妈妈,两岁时基本上能说出完整的句子。对于儿童的学习能力、记忆能力，大概没有人会怀疑，但有一点你可能不相信：所有人长大后都不记得三岁以前发生的任何事情，心理学上把这种现象称为“幼年失忆症”。即使有人说他（她）还记得三岁前的事情，那也是三岁以后别人告诉他（她）的。我们的记忆也常常发生扭曲，特别是在幼年的时候，有时还会将做梦或者从别人那里听到的故事当做是真的发生过。

心理学家很早就注意到这样一个奇怪而又矛盾的现象。按理说，幼儿的学习能力是最强的，因为他们对什么都会感到好奇，记忆力也特别好。为什么我们记不住三岁以前发生的事情呢？

精神分析学派认为这是因为三岁前正是出现恋母情结或者恋父情结的时候，这段经历对儿童来说是充满心理矛盾的，儿童当时的一些想法是不合伦理的，因而长大以后这段经历会受到压抑。精神分析学家还拿出证据，证明他们让患者在催眠状态下回忆起三岁以前的事情。但是，这种证据是很值得怀疑的，催眠状态下本来就很容易受催眠师的暗示。当然，我们也不能就此一概否定催眠或者精神分析。关于这个现象，当代心理学界普遍认同的解释是，人在三岁以前负责长时记忆的大脑还没有发育完善。

等到了十岁左右，儿童能够毫不费力地将一段他不理解的课文背下来，成人却很难做到。但在我们看来，儿童的这种记忆只能算是死记硬背，心理学上称之为机械记忆。这是很自然的事情，儿童本来懂的东西就不多，要求他们什么都理解了再记是不现实的。

儿童的记忆力是不应该受到怀疑的，但是他们所记忆的内容是不是就不会被忘记呢？事实上，许多小时候我们背过，到现在还记得的内容都是我们当时已经理解或者后来理解了的内容,其他我们不理解的东西大多还是忘了。儿童与成年人的不同就在于他们能够在不理解的时候先记住,然后慢慢理解。

我们说儿童的记忆力很好,这只是单纯从记忆的能力出发,儿童最后真正能够理解并长久保存的内容并不是很多,而且,儿童期的记忆任务也相对较少。有人做过计算,发现在同样长的时间里,高中生要记住的学习材料是初中生的两倍、小学生的四倍。从人的一生来看,记忆量最多的时期也就是青少年到成年期。这一时期,记忆力还没有滑坡的迹象,而且要学习的东西很多,再加上思维能力已经发展得比较完善,即使他们的记忆力不及儿童,他们的思维能力、知识面、经验等等都能弥补记忆力的不足。我们前面提到利用已有的知识可以帮助记住新的内容,这一点到了青春期以后就特别明显,很多成年人都能有意识地、自觉地加以运用,而儿童往往只停留在要记住什么就背什么的层面。所以,思维能力的完全发展对于本来记忆力就不错的成年人更是如虎添翼了。另外,这个阶段的外界干扰也相对成年期中期或者后期少,能够潜心学习研究。因而,这一阶段的学习积累构成了我们今后能否进一步发展,向哪个方向发展的决定因素。可以说,这一阶段是极其重要的,每个人都应该好好把握,好好利用,不要白白浪费自己的最佳学习时间。

对老年期的记忆,人们常常抱着悲观的看法。事实上,在看待老年人的时候,我们常常会犯以偏概全的错误。比如说,有些病是老年人特有的,如老年痴呆症,发病率并不是很高,65 岁以上的老年人 100 个之中平均也只有六七个人得病,但我们常常会认为人上了年纪都会患老年痴呆症。在老年人的记忆力上,我们也难免会犯这样的错误。实际上,老年人记忆的衰退只是表现在吸收新的信息上,一些知识或者技能他们一旦学会了,也能像年轻人一样不会轻易遗忘。而老年人本来就见识广博、知识经验丰富,这些对于他们的记忆也是有帮助的。

另一个对老年人记忆力丧失提出反驳的证据是,虽然老年人经常忘记最近发生的事情,可是他们对于很久以前的事情仍然还是印象深刻。总的来说,老年人的记忆力有点衰退,这是不可否认的。不过,我们却不能就此贬低他们的能力,他们的生活中还有许多可以弥补记忆力的东西,他们的思维能力、创造能力等方面都没有很明显的衰退。很多人上了年纪仍然做出了巨大成就,如丘吉尔 60 岁时成为蜚声世界的人物,65 岁首次被任命为英国首相;歌德在他 80 岁时完成了巨著《浮士德》。

3-2　回忆的最佳环境就是记忆时的地点

在解释我们为什么会遗忘的时候,我们谈到线索的重要性,环境是我们回忆的一个重要线索,很多情况下,你回忆不起的事情,你只要回到事件发生的场景,又会想起来。心理学家做过这样的实验:让两组人在两个不同的房间里学习同样一份材料,学习完成以后,让每一组人中的一半留在原来的房间做测验,另一半到另一组人学习的房间去做测验,结果发现留在原来房间参加测验的人平均成绩都好于去另一个房间做测验的人。心理学上把这种现象叫做记忆的场合依存性,这个实验证明环境对我们的学习是有影响的。

除了外界环境的变化会影响我们对原来学习内容的回忆外,我们身体状态的改变也会影响我们的回忆。我们的身体状态就是我们学习的内部环境。心理学家 Bower(1981)发现,如果回忆时的身体状态与学习时是一样的,回忆效果会大增。比如,心情愉快的时候学习,回忆时心情也是很愉快,那么回忆的成绩会比在其他状态下好。同样的道理,喝醉酒的时候记住的东西,在酒醉的时候回忆效果最佳。虽然我们很难完全控制自己的状态,但利用这个规律尽量调整自己的学习状态,对于改善学习效果也会有一定的积极意义。

3-3　学习到什么程度效果最好?

我们在背诵或者记忆某些学习材料的时候,常常是背到刚刚能够回忆出来为止,以为自己差不多已经记住了,其实,隔不了多长时间又会忘记许多内容。艾宾浩斯(Ebbinghaus)的遗忘曲线告诉我们,学习过后还要不断地复习。那么复习到什么程度才不会忘记呢?有没有什么方法可以让我们记住以后不会再遗忘?心理学家发现,如果你学习材料时,记住以后再继续学习几遍就不大会遗忘了。一般来讲,如果你在学习了 10 遍才记住材料的话,再学习 5 遍就可以了。也就是说,学习的程度达到 150% 时效果最佳。读者如果不喜欢定期复习的话,可以试试这个方法。

3-4　记忆的自我参照效应

我们在学习新东西的时候,常常会将这些东西与自己联系起来。医学院的学生常常碰到这种情况,每当老师介绍一种病症的时候,学生总免不了会先想到自己是否出现过类似的征兆,如果不巧有两三点看似符合,就开始惊慌,怀疑自己是否已经病入膏肓,其实自己一点都没事,有人把这种情况叫作医学院学生综合征。我们在学习新东西的时候也常常是这样,如果学到的东西与我们自身有密切关系的话,学习的时候就有动力,而且不容易忘记。因为我们在回忆有关自己的事情时,最不可能出现遗忘,我们把这种现象称为记忆的自我参照效应。读者可以尝试下面的这个实验:

准备三张空白纸,在第一张纸的左边按顺序标上1—20,其中的奇数(1、3、5、7……)写上你最熟悉的人的名字,偶数写上下面的名字:2. 赵雁飞;4. 钱靖宜;6. 孙笑梅;8. 李伟民;10. 周桂平;12. 吴一鸣;14. 陈晓东;16. 王元生;18. 刘海波;20. 张学智。在第二张纸上也标上1—20,你的任务就是用下面的词汇和跟它对应同一数字的名字造一句子,并写下来。举个例子,如果第一个名字是朱建平,对应的第一个词汇是电冰箱,你可以组成这样的句子:朱建平打开电冰箱,拿出一瓶可乐。下面就是20个词汇:

1. 苹果　2. 地图　3. 相片　4. 厨房　5. 椅子　6. 自行车　7. 图书馆　8. 外衣　9. 饼干　10. 汽车　11. 足球　12. 香皂　13. 电脑　14. 喜鹊　15. 铅笔　16. 书包　17. 泥巴　18. 水牛　19. 衬衫　20. 电话

完成以后休息五分钟,尽量不要去想上面的内容。现在,请将前面两张纸拿开,先不看它们,在第三张纸上写下你所记得的词汇,不必按顺序。直到不能想起来为止,再看第一张纸,写下你这时想得起来的词汇。

一般来讲,不看第一张纸,你能回忆出50%左右与你自己写上的名字对应的词汇(也就是奇数词汇),但只能回忆出不到30%的与实验已经提供的名字对应的词汇(偶数词汇)。如果是看第一张纸回忆,那么奇数词汇你能回忆出60%左右,偶数词汇却只能回忆出20%左右。

从上面的实验可以看出来,自我参照现象也可以认为是记忆线索的问题。我们自身就是一个很丰富的线索资源库,不借助外面的线索,我们也能很容易地将要记住的内容与自己联系起来。我们应该在记忆的时候好好地利用这些线索。

3-5 特殊事件——不随时间消逝的记忆

我们讲过,如果记忆的内容长时间不用,遗忘是不可避免的。但是,有些事情却是我们一辈子都不会忘记的,这些事情发生时你在干什么,你都能一清二楚,甚至当时的情感,现在回想起这件事情的时候都会一并引发,它就像是被永远定格了的照片一样,长久鲜明地保留在我们的脑海里,心理学上称之为闪光灯记忆。

美国心理学家做过很多这样的调查研究。他们在肯尼迪遇刺、马丁·路德·金被杀、“挑战者号”失事后马上对一部分人进行调查,问他们知道这个消息的时候正在做什么,10年、20年甚至30年以后让他们再次回忆时,他们仍然很清楚地记得当时的情景。我们的经历或许也可以证实这种现象。

3-6 前瞻性记忆

到现在为止,我们讲的都是对已经过去的事情的记忆,我们研究得比较多也就是这种记忆。然而在现实生活中,我们常常要记的是将来的事情。比如,什么时候要给某人打个电话,几点必须吃药,几点开会,哪一天要考试等等。我们把这种在某个特定时间要做某事的记忆称作前瞻性记忆,与之相对的是我们前面讲的记忆,称为回顾性记忆。这两种记忆有很大的不同,回顾性记忆好的人,前瞻性记忆不一定好,反过来也是一样。我们前面已经讲过,对过去发生过的事情的记忆会随着时间的流逝而逐渐消退。对前瞻性记忆来说,并不是离现在越远的事情越容易忘记。心理学家发现,让一个人记住一个月后要寄一封信与让他两天后去寄一封信的记忆效果是差不多的。有时我们感觉预定要做的事情离现在越远好像越不容易忘记,反而是那些马上就要做的事情容易被我们忘记。不过这也常常是发生在我们聚精会神、或者心不在焉、或者有时间压力的时候,特别是在熟悉的环境。有时,你要打电话给张三,因为只想着要跟他讲什么,结果却拨了李四的电话号码。有时,你可能在家里想一个问题而不知不觉从一个房间走到另一个房间却忘了自己要做什么。其实你还可以发现,我们常常忘记的并不是什么时间,而是要做什么。在日常生活中我们常有这样的体验。你记得你要做一件事情,但就是想不起来要做什么事情。前瞻性记忆也是现在很多心理学家比较感兴趣的问题。

内隐记忆——通往记忆系统的另一扇门

也许你有过这样的体验,提到一个旧日的朋友,你很难想起他的样子,但如果给你一张当年的合影,你可以非常轻松地从其中辨认出这个朋友,这就是内隐记忆的一种体现。内隐记忆是指在不需要意识或有意回忆的情况下,个体的经验自动对当前的任务产生影响而表现出来的记忆。前面我们讲到的记忆都是外显记忆,也是心理学家早期研究关注的重点,但随着研究的深入,研究者们逐渐发现了内隐记忆的存在。

上世纪70年代,心理学家沃林顿和韦斯克朗茨(Warrington & Weiskrantz, 1970)曾经以健忘症病人和正常人为被试进行过一个实验,他们请被试同时完成四种记忆任务:自由回忆、再认、模糊字再认(测验时将字迹弄得模糊不清,要求被试说出是什么),以及词干补笔测验(学习一系列单词后,测试时提供单词的前几个字母,要求被试用首先想到的单词来填全,如将 sha __填充成 shade)。预料之中的是,遗忘症患者在自由回忆和再认测验中的成绩比正常人差,但令人惊讶的是,在其余两项测验中,遗忘症患者和正常人的成绩几乎一样。这个实验验证了内隐记忆的存在,随后,很多心理学家用不同的材料和方法证明了内隐记忆的普遍存在,并且发现内隐记忆与外显记忆之间存在的差异,有些心理学家提出,这种差异的存在是由于两种记忆分别有属于自己的操作系统。

内隐记忆在日常生活中所发挥的作用比我们所想象的要大得多,对内隐记忆的研究为我们打开了通往记忆系统的另一扇门,它揭示了记忆的无意识侧面,激发人们对记忆本质进行重新探索,也为人类潜能的开发提供了新的方向。

? 考考你

1. 你都知道哪些记忆规律？如何在学习生活中利用这些规律？

2. 瞬时记忆、短时记忆和长时记忆都有什么特点？

3. 为什么会产生遗忘以及如何避免遗忘？

4. 如何利用记忆的自我参照效应来增进记忆效果？

5. 什么是内隐记忆？

四　人类最高级的心理活动——思维及其研究

1. 为什么要研究思维?

在探索了感知觉和记忆之后,理所当然要谈一下思维。因为看到了,听到了,也记在心上之后,我们常常还需要思考一番,是不是由此可以知道其他未知的东西。毕竟,我们不可能亲身感知这个世界的每一件事物,而且这个世界有许多东西不是靠感知就能理解的。

在日常生活中,我们常常会比较这个人与那个人谁聪明,那么,聪明是什么呢?是不是视觉敏锐、听觉器官高度发达、记忆力好?聪明不仅仅包括这些,更多的是指他的思维能力,也就是我们这一章要谈到的内容。

如果你明白人与其他动物最大的区别是什么,或许你就能明白对于人类思维的了解,我们永远都会觉得知道得还太少。

人类是万物之灵,在达尔文之前,没有人会对这个论断产生怀疑,达尔文的论断对人类的自尊心是一次沉重的打击,我们开始不得不来衡量一下到底人与其他动物是不是能够区分开来。我们能在自然界的残酷生存竞争中脱颖而出,并缔造了灿烂的物质和精神文明,所凭借的是什么?我们靠的就是我们的头脑,具体一点就是我们的理性、我们的思考能力、我们的创造能力。也就是说,我们就是靠着自己的头脑搬出了原始森林,远离了其他动物,将自己与其

人类的进化

他动物区别开来的。我们要继续前进就必须重视对自己头脑的开发,这也是我们研究思维的意义。

几百年来,人类的科学活动突飞猛进,人类未知的疆域在迅速消失,我们以自己的智能创造出许多千百年前我们的祖先想象不到的事情,但我们很少想到我们是怎么思考和认识这个世界的,我们对周围事物的了解远远超过了我们对自身的了解。在研究智能的活动中我们深深陷入了矛盾的泥沼之中,一方面我们想了解我们的思维,另一方面我们用来了解我们思维的恰恰是我们的思维,这可能吗?这与一个人提着自己的腰带想把自己提起来一样。人类的智能足够认识自己吗?

自有科学以来,我们一直在问自己,我们认识自己吗?但直到一百年前,正式研究人内部精神世界的科学才诞生。一百多年过去了，我们对自己的了解增加了多少？应该说，我们取得了很大的进步，要不我们不可能有很多材料来填充这本书。但是，我们还是不能不遗憾地说，在人类最本质、也最重要的心理活动上，我们仍然知道得不多。

既然我们对思维的了解不是很多，读者想通过这一章对人的思维有一个彻底的理解是不可能的。不过，读者也不要失望，即使我们能够将思维的来龙去脉讲清楚，相信这也不是很容易理解的。所幸，这里的内容都是不费多大脑筋就能看明白的。这也许是我们能够尽力达成的了。

尽管一再声明，我们对思维的了解还很肤浅，科学家现在至少已经懂得如何区分各种思维能力了，所以我们在下面会讲得更具体点，把思维分为推理、判断、决策、问题解决等等。在详细探讨这些部分之前，我们有必要先介绍我们思考的内容——概念。

2. 概念与分类——思维的基本单位

什么是概念？举个例子，有人问你，什么是人？你在脑海里绝对不会浮现出一个具体的人。也就是说，你想象的这个人，你绝对没有想到他是男的还是女的，是黄皮肤还是白皮肤，你想象的只是一个人的构架，是从你所见到的人的样子中抽象出来的一个形象，这就是概念。形成概念也就是分类，因为我们用了同一个概念、同一个符号来表示一些事物，就是把这些事物视为同一类。

那么，我们是按照什么原则来形成概念的呢？我们通常是将相似的东西归为一类，比如，我们将牦牛、水牛、黄牛都叫做牛。但并不完全是这样,我们还把海豚、鲸鱼与牛归为一类,因为它们都是哺乳动物,我们就是按照特征的重要性来分类的。

形成概念或者分类有什么意义呢?从功能看,有助于我们对事物的认识、预测。想想看,如果没有分类,我们就不得不一个一个地认识事物,这样即使我们穷尽一生也不可能做到认识所有事物。但是有了归类就不一样了,一个分类只要认识一个,就可以推测我们还没有接触过的另一个。

当然,我们的分类也不是一成不变的。不同的种族对事物会有不同的分类,有时这与生存环境、具体情境有关,我们思维的元素是比较灵活的,一切都是为了为我所用、为了便利而产生的。

3. 推理——从已知到未知

3-1 哲学家研究的推理

推理,又称逻辑推理,是指从已知条件推导出未知结论的过程。它常被区分为归纳和演绎两种推理。归纳,简单地讲就是从特殊到一般的推理,也就是从许多特例中总结出一般性的普遍规律。我们在日常生活和科学研究中经常使用。举个例子,你发现你所认识的很多东北人酒量都很大,于是你就可能得出这样的结论:凡是东北人都会喝酒。演绎则相反,是从一般到特殊的推理,先有一个普遍规律,然后从这个规律推导出特定的事例。比如,你知道凡是东北人一定会喝酒,张三是东北人,那么他一定会喝酒。

3-2 心理学家研究的推理

哲学家探讨推理的重心放在推理上,研究推理都有哪些形式,推理的步骤以及如何进行。心理学家对推理的研究与哲学家不一样,他们把重心放在人身上,探索人们在日常生活中是遵循什么规则来进行推理的,以及我们在推理中为什么会犯错误。

什么是我们日常生活常用的推理呢?每一天,我们都在不知不觉地运用推理,比如,"如果明天不下雨,我们就去踢球","如果不出现意外的话,我会在一小时内到达"……我们在日常生活中频繁使用的就是诸如此类的推理,先满足一定的条件才能实现后面的目标。我们把这种形式的推理叫做条件推理。

心理学家设计了一系列的实验来研究人是如何进行推理的,Wason 选择作业是一种比较著名的实验。实验是这样做的:给自愿参加实验的一组人看四张卡片,这四张卡片分别是 A、K、4、7,如下图第一行,然后告诉他们这些卡片两面都有字,一面是英文,一面是数字,它们按照这样的规则制作:"如果一面是元音,另一面一定是偶数",请问至少要翻多少张卡片才能检验这个规则是否被遵守了?

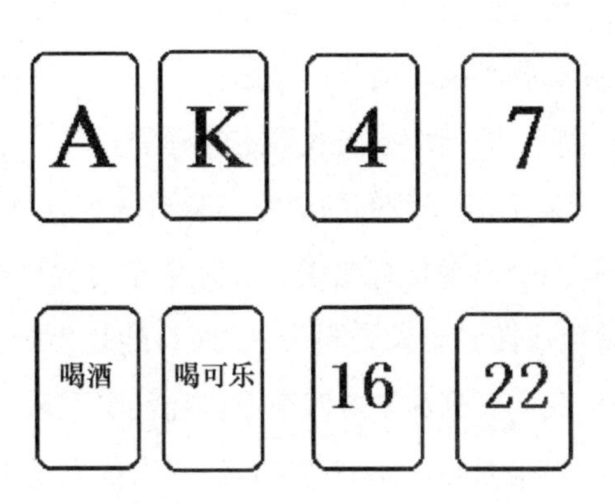

读者会选择翻看哪几张卡片呢？大部分人翻看了 A 和 4 这两张卡片，不过正确的答案是 A 和 7，为什么呢？根据规则，如果卡片的一面是元音，那么另一面肯定是偶数。但这并不等同于一面是偶数另一面肯定是元音。知道定律、否定律、逆定律和逆否定律之间关系的人能够很快明白这一点，一个正确的规则只能告诉我们它的否定并且相反的规则也是正确的，但并不能保证否定的规则或者相反的规则也是正确的。这就是很多人犯错误的原因。现在 A 是元音，如果它背面不是偶数就违反了规则，所以应该检验；K 本来就不是元音，即使它背面是偶数也不违反规则，所以不必检验；4 是偶数，就算我们知道它的另一面不是元音，还是不算违背规则；7 是奇数，如果它后面是元音，那么就违背了规则，所以这是我们应该检验的。在实验中只有 10% 左右的人选择正确。读者是否在这 10% 之中呢？

为什么会有那么多人选错呢？我们不是为自己的理性、善于思考而自豪吗？有人把这归咎为人倾向于选择正面的例子有关。在日常生活中，在真相不明之前我们总是会去寻找一些能够证明和支持自己想法的例子，而不大会去找否定的例子。

另一个可能的原因是我们的卡片实验与现实脱节，不是我们所熟悉的，所以我们会出现推理错误。心理学家格瑞格斯（Griggs）将上面的四张牌换成四张个人资料卡，一面写的是年龄，另一面写的是所喝的饮料，我们看到的是这四个面：喝酒、喝可乐、16 岁、22 岁。现在问你，按照要喝酒必须满 18 岁的规则，你认为至少应该检查哪几张资料卡？这个问题的形式同上面一个是一样的，只是内容改了,结果大部分人都选对了。

这些发现使得我们不得不怀疑人的推理能力。心理学家认为人并不是按照哲学家提出的一些抽象的规则来推理的,人的推理受到情景的影响,这些情景是否真实,是否具体都会产生不同的结果。人的推理是如此依赖于环境,以至于有些心理学家怀疑人的推理行为只是对经验的回忆。显然,如果我们能够抽象推理的话就不会犯上面的错误。但是,如果我们真的是依靠经验的回忆,那么学习对我们来说就可能是很耗时间的一件事情。有些人认为人是依据规则来推理的,只是这些规则不是抽象的,而是我们在经验中慢慢归纳出的。这种观点也不一定正确,推理本身就是一个争论不休的议题,我们会在问题解决部分再次涉及推理,因为推理是我们在问题情景中披荆斩棘时必不可少的一把利剑。

4. 判断与决策——做出决定

决策就是决定,它也是思维的一个重要方面。

4-1　人的决策是不是理性的?

早期的经济学家假设人会在充分考虑得失之后选择对自己有最大利益的决定,也就是说人在作决定时是非常理性的。但是,这并不符合我们的常识,生活中莫名其妙的选择还是经常发生,要不我们就不会有所谓的"冲动""缘分""昏了头"之类的词汇了。心理学家发现我们在作判断和决策时会因为考虑的角度不同而做出不同的选择。下面是心理学家做过调查的一个有趣的决策问题。

假设某个地区出现了一种罕见的疾病,估计会造成600人丧生。有人提出两种方案来对付这种疾病,并且对采取这些方案的后果分别进行了评估:

方案一:可以拯救200人

方案二:600人全部获救的可能性有1/3,一个也救不了的可能性有2/3。

如果让你决定,你会选择哪一个方案?

同样的情况,如果这两个方案分别是:

方案一:400个人会丧生

方案二:一个都没死的可能性有1/3,全部死亡的可能性有2/3。

你会选择哪一个方案?

两种选择情景实际上是一样的,只是表述不同。一个从生还的角度来描述方案,一个从死亡的角度来描述方案。结果发现对这两种情景,参与实验的人反应差异很大。在第一种情景下,72%的人选择方案一。而在第二种情景下,78%的人选择方案二。

还有一个类似的例子。当你面对A和B两个选择时,A是肯定赢1000元,B是50%可能性赢2000元,50%可能性什么也得不到。你会选择哪一个呢?大部分人都选择A,这说明人是风险规避的。可如果A是你肯定损失1000元,B是50%可能性你损失2000元,50%可能性你什么都不损失,你会怎么选择呢?大部分人选择B,这说明他们是风险偏好的。

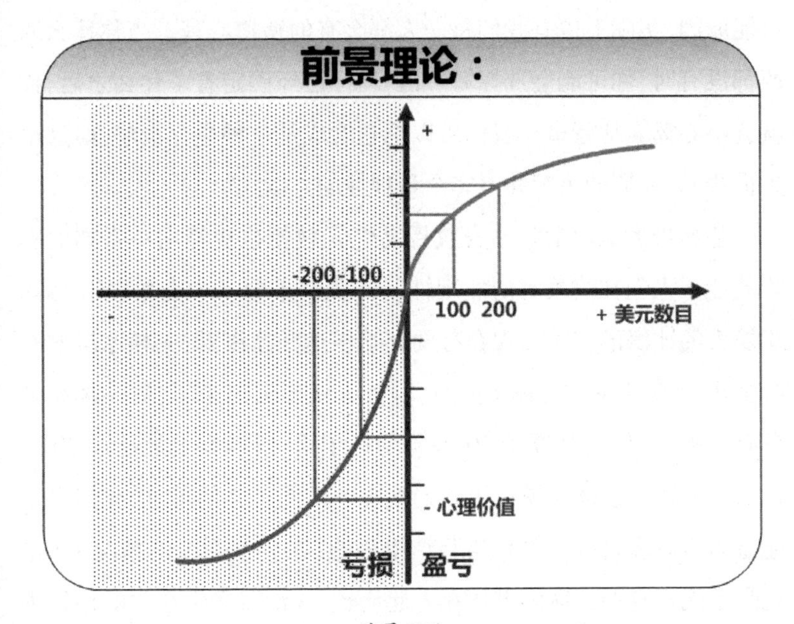

前景理论

可是，仔细分析一下上面两个问题，你会发现它们是完全一样的。假定你现在先赢了 2000 元，那么肯定赢 1000 元，也就是从赢来的 2000 元钱中肯定损失 1000 元；50% 赢 2000 元也就是有 50% 的可能性不损失钱；50% 什么也拿不到就相当于 50% 的可能性损失 2000 元。

上面的两个例子可以让我们得出这样的结论：人在面临获得时，往往小心翼翼，不愿冒风险；而在面对损失时，人人都成了冒险家了。这就是 2002 年诺贝尔经济学奖获得者、心理学家卡尼曼(Kahneman)所提出的“前景理论”的两大“定律”。

得失的不同造成决策的差异，这不仅仅是造成我们决策失误的可能原因,实际上也是我们每一人都会有的赌博心理。当你什么东西都没有时,你可能会选择博一博,当你已经确定有了什么之后,你就会小心翼翼地行事。我们可以把它看成是一种生存策略,但这也告诉我们,人们的决策并不完全是理性的。

芝加哥大学商学院终身教授奚恺元教授也曾经用一系列的实验验证了人们在决策时的非理性。让我们来看一个奚教授于 1998 年发表的冰淇淋实验。现在有两杯哈根达斯冰淇淋,一杯冰淇淋有 7 盎司,装在 5 盎司的杯子里面,看上去快要溢出来了;另一杯冰淇淋有 8 盎司,但是装在了 10 盎司的杯子里,所以看上去还没装满。你愿意为哪一份冰淇淋付更多的钱呢?按照正常的思维,我们当然愿意为后者多付钱。可是实验结果表明,在分别判断的情况下(也就是不能把这两杯冰淇淋放在一起比较,人们日常生活中的种种决策所依据的参考信息往往是不充分的),人们反而愿意为分量少的冰淇淋付更多的钱。实验表明:平均来讲,人们愿意花 2.26 美元买 7 盎司的冰淇淋,却只愿意用 1.66 美元买 8 盎司的冰淇淋。

这个实验同样也契合了卡尼曼(Kahneman)等心理学家的观点:人的理性是有限的。人们在做决策时,并不是去计算一个物品的真正价值,而是用某种比较容易评价的线索来判断。比如在冰淇淋实验中,人们其实是根据冰淇淋到底满不满来决定给不同的冰淇淋支付多少钱的,而很多聪明的商家就善于利用人们的这种心理,制造"看上去很美"的效果。

4-2 人是依照什么法则来决策的?

不管是否合理,我们在作决策时总是会依照一定的准则和经验的。研究表明,这些经验法则可以归为三类,分别是代表性法则、可利用性法则与定锚和调整法则,下面我们详细介绍。

代表性法则 在我们的经验中总有一些特征你认为是与某些事物有比较紧密的联系。举个例子,在你的印象中,你可能会认为艺术家应该是什么样子的,商人又会是什么样子,所以如果我告诉你某人不修边幅、热情但不善与人交往,让你判断他到底是艺术家还是商人,你可能会毫不犹豫地选择艺术家。

可利用性法则 在很多时候,我们判断一件事情或一类事件发生的可能性,往往是以我们能够回想到的这类事件的多寡来决定的。例如,你认识的很多人都感冒了,你会觉得现在感冒在流行。不过,有时我们会因为事件的熟悉度和影响力而做出错误的判断。比如,我们常常觉得飞机不安全,实际上飞机比其他交通工具要安全得多。只不过飞机失事时死伤比较惨重,给我们的印象较深刻,所以我们很容易就想起来,这就造成了判断错误。

定锚和调整法则 很多时候,我们在对情况不是很明确的条件下,往往会先作一个估计,然后再根据我们对情况的逐渐了解不断做出调整。应该说这种法则最后通常还是能够给我们一个合理的答案。但是,有时我们也会受第一次判断的影响,而出现调整不足。

依靠以上法则决策总是难免出现一些失误,诺贝尔经济学奖获得者也是著名的心理学家西蒙(Herbert Simon)提出人的“有限理性”的观点,认为人们的认识是有限的,因此往往会以更简单、更节省脑力的“满意原则”取代“最佳原则”。这有一定的道理,我们在日常生活中的种种判断与决策往往是有时间限制的,很多时候容不得我们想清楚了再作决定,所以也只能追求让自己满意就行了。

4-3 影响决策的因素

参与决策的人数多少以及刻板印象(在这里也可以说是偏见)都会影响决策的结果。前一种情况是因为人多了,每个人所承担的责任小,可能就会认为自己的决策影响不是很大,而选择冒险的决定。如果大家都这么想,那么整个决策结果就有可能比一个人单独做出决策更有风险,可见民主的方式也不一定就会带来好结果。后一种情况是因为我们在日常生活中总会形成某一类人是什么样子、或者某一类事物应该是什么样子的固定模式,这对我们迅速把握一个人、一件事情确实是有帮助,但是特例总是存在,或者说我们的认识总难免有局限性,这时就会出现判断失误。除此之外,影响决策的还有其他一些因素,比如年龄、性格、观念等等,例如年轻人倾向于选择风险比较大的决定,而中年人和老年人就比较保守;性格稳重的人在决策时会考虑更多的因素,而急性子的人就容易草率。我们在日常生活中可以发现很多类似的例子,这里就不多做介绍。

5. 问题解决

我们已经介绍了推理和决策,现在可以来谈谈问题解决了。每一天,我们都会碰到各种各样的问题,以下我们一起来了解一下问题和问题解决。

5-1 问题的三个特征

那么,什么是问题?我们所指的问题有这样三个特征:(1) 有一个开始状态,也就是我们已经知道什么;(2)有一个目标状态,也就是我们要达到什么;(3)开始状态到目标状态之间存在障碍。存在障碍是我们所说的问题的重要特征。

5-2 表示问题的方法

在解决问题之时,我们常常要借助一些方法来重新组合问题情景,以帮助我们解决问题,有时适当的表示方法能够起到事半功倍的效果。下面是常见的一些表示方法。

符号 我们所用的文字、数字就是一些符号。在思考问题时,我们可以将问题转化成符号,这样可以使问题变得更方便加工和操作。请看下面方框内的例子。

鸡兔同笼问题

将鸡和兔关在同一个笼子里面,已知笼子里共有23个头,76只脚,请问鸡和兔分别是几只?

看了上面的题目,小学生可能还得费一番脑筋,转几个弯才能找到答案。但是,对于一个学过代数的人来讲,只要列一两个等式就能很快解决问题。假设鸡有X只,兔有Y只,根据已知条件可以列出如下两个等式:

$$X + Y = 23$$

$$2X + 4Y = 76$$

通过解这个二元一次方程组就能很快得出$X = 8$、$Y = 15$。解出来以后,再把符号转化成文字:鸡有8只,兔有15只。如果你不用符号,你也可以解决这个问题,可消耗的时间可能就更多了。符号表示的优点就是有时你可以在对问题还不了解的情况下,将每一个已知条件用符号表示出来,从而找到答案。

(1) 图示

图示也是常用的方法,我们在解决问题或者做计划时常常喜欢拿笔在纸上画画,因为图示除了跟符号一样可以减轻我们记忆的负担之外,它还有使问题清楚明了的作用。图示的方法有很多种,下面我们有选择地介绍几种。

层级图 假设你跟两个小朋友,明明和冬冬,玩投币游戏。你每次投三个硬币,如果硬币的正面朝上,这枚硬币就归明明所有,如果硬币的背面朝上就归冬冬所有。请你估计一下一位小朋友一次拿到三枚硬币的可能性有多大。面对这个问题,没有学过概率的人就可能会犯愁了。但是,如果你像下面这样作图分析就能很快得出答案。

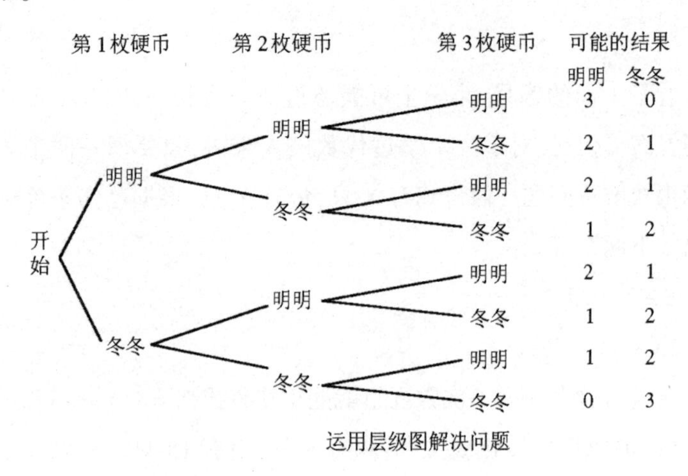

运用层级图解决问题

从上面的层级图可以很快看出，硬币有八种可能的分配方式，在这八种分配方式中，明明和冬冬全拿到三枚硬币的可能性各一次，因此问题的答案应该是25%。

图表法　先看下面的推理问题：

小孙得了什么病？

5个人同住在一家医院里，每个人都患一种与其他人不同的病，而且每个人都单独占用一个房间，房间号码从101到105，请根据下面的表述找出小孙到底得什么病，住哪个房间。

1. 住在101的人得的是哮喘
2. 老李得的是心脏病
3. 小王住在105
4. 老吴得的是肺结核
5. 住在104的人得的是骨质增生症
6. 小张住在101
7. 小赵住在102
8. 还有一个病人得的是胆囊炎，这个人不是小孙

不要说回答问题了，就是让你记住这些病症都是一件不轻松的事。这时，我们肯定是需要动笔记下人、病症与房间之间的对应关系了。用图表是再恰当不过了，下面是我们用图表显示的已知条件。

101	哮喘	小张
	心脏病	老李
	肺结核	老吴
104	骨质增生	
	胆囊炎	

从图表我们可以马上看出小孙得的是骨质增生,住在 104 房间。从图表与已知条件的对照我们还可以看出,上面 8 个条件还有 2 个没有用到,这些多余的条件有时反而会增加我们记忆的负担,让我们在寻找答案时多花时间。

(2) 穷举法

很多时候,我们不能像上面所介绍的那样,用了一种表示法就马上能够发现答案。这时候,我们应该怎么办呢?比如,上面的鸡兔同笼问题,如果你没有学过代数,不懂得怎样用符号来表示问题以及如何操作这些符号,那么你能采取什么方法呢?有一种办法绝对可以帮助你得到正确的答案,你可以将鸡和兔的各种组合列出来:1 只鸡和 22 只兔有多少只脚,2 只鸡和 21 只兔有多少只脚,3 只鸡……这样一个一个核对,肯定能够找到答案。这种方法叫做穷举法,就是把所有的可能性都列出来,看看哪一个符合要求。不过这种方法只有用在可能的组合不是很多的情况下,否则太费时间而且繁琐,不到万不得已是不会采用的。

(3) 头脑风暴法

这是一种发散性思维方式,指的是在问题解决的过程中,先尽量想出各种各样的问题解决方法,然后再比较一下这些方法哪些用来解决问题比较合适。所谓风暴,就是要求在搜索问题的解决方法

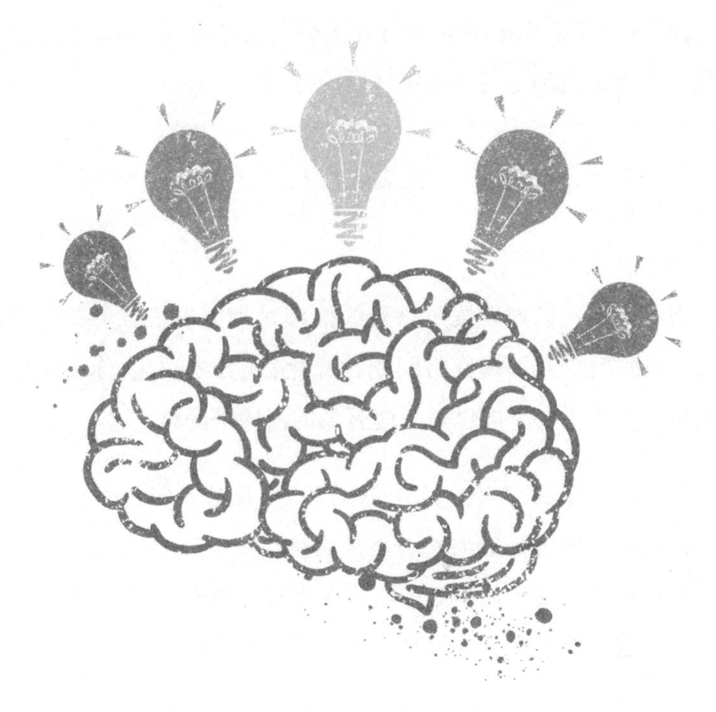

头脑风暴

时先不管这个方法是不是合理，头脑完全采取一种开放的状态，想到什么就记下来。这种方法往往能够产生一些具有创造性的解决方案。在写作、设定计划和方案时比较有效。

(4) 尝试错误法

当问题的答案只有几种可能性，但你却不知道怎么解决问题时，你可以一个一个地尝试每一种可能性，先假设答案是什么，然后检验一下是不是符合条件，会不会产生前后矛盾。实际上，这也与我们前面讲到的穷举法是一样的，是穷举法在特殊情况下的应用。下面是一道密码问题，读者的目标就是算出每一个字母代表哪一个数字,刚开始需要你运用推理的方法确定几个字母,如果到最后剩下几个字母不能确定可以采用试误的方法。

```
   S E N D
 + M O R E
 ---------
 M O N E Y
```

(5) 特殊化法

有些问题我们如果按照一般的推理过程慢慢推算要花很长时间,而且很费精力,如果你将问题特殊化,或者极端化,你就能很快知道该如何着手。下面也是一道著名的河内塔问题:

> 三根立柱,三个中间有洞的圆盘,你的目标就是把三个圆盘从柱1搬到柱3,要求一次只能移动一个盘,而且在搬动圆盘的过程中必须保证小盘可以放在比它大的盘上,但大盘不能放在比它小的盘上。请你用最少的步骤完成这个任务。

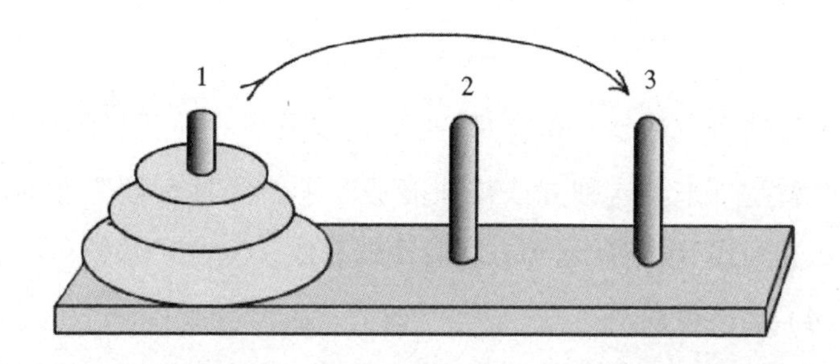

上面是三个盘的情况,最少是七步。你试试看,如果同样是三根立柱,不过却有四个盘时,最少需要几步?如果是五个盘呢?六个盘或者更多呢?你会发现要达到最少步骤,必须首先确定第一个盘应该放在柱2还是柱3上,如果你第一步是随便放的,你可能到

最后才发现还要倒退到最初的状态才能完成任务。那么怎样确定第一个盘应该放在什么地方呢？你可以假设只有一个盘的情况，这时可以直接移到柱3，也就是第一个盘应该放在柱3上，两个盘时第一个盘应该放在柱2上。这样你很容易就可以推测奇数盘时，第一个盘应该放在柱3上，其他的就不用多说了。

其他解决问题的方法还有很多，比如简化法、一般化法、运用规则法、类比法等等，读者可以通过阅读其他书籍了解到更多的问题解决策略、窍门。

5-3　影响问题解决的因素

影响问题解决的因素是心理学家非常关注的一个方面。心理学家对我们人类所犯的错误非常感兴趣，在他们眼里所有错误都是有原因的。在当前脑科学还不能告诉我们太多我们迫切想了解的知识的情况下，研究错误是我们透视大脑的一扇窗户。我们的很多发现都是通过分析出现的错误得到的。下面是心理学家发现的一些影响问题解决的因素。

(1) 思维定势

在开始介绍影响问题的这一因素之前，我们先来做下面这个小实验。

水壶问题

三个没有刻度的水壶A、B、C，我们只知道它的最大容量，要求用这三个水壶倒出我们需要的量。下面的列表中，A、B、C下面的数字表示三个水壶的最大容量，目标表示我们需要的量。请你分别记下每一个问题情景下你是怎么达到这个目标的。

问题	A	B	C	目标
1	24	130	3	100
2	9	44	7	21
3	21	58	4	29
4	12	160	25	98
5	19	75	5	46
6	23	49	3	20
7	18	48	4	22

读者很容易就发现只要将水壶B盛满,然后倒满水壶A一次,倒满水壶C两次,就可以解决第一个问题了,接下来的第二个问题也一样,第三个也是如此……这样读者可能想都不想就依葫芦画瓢完成了第六题和第七题,而没有发现这两个问题实际上是可以通过A—C马上得到的。这就是思维定势,心理学家发现,如果让学生从第一题按顺序做下来,大部分人都不会发现还有捷径可以完成第六和第七题,但是如果让学生先做第六和第七题,他们一般都能发现这个捷径。

为什么会造成这种结果呢?这跟我们在解决问题时利用以前的知识有关,有时这些知识是能够帮助我们很快解决问题的,有时却阻碍了我们对问题的解决。一般来讲,知识越是丰富的人越是容易受思维定势的影响。

(2)功能固着

就像思维定势一样,功能固着也是因为我们的知识经验阻碍了

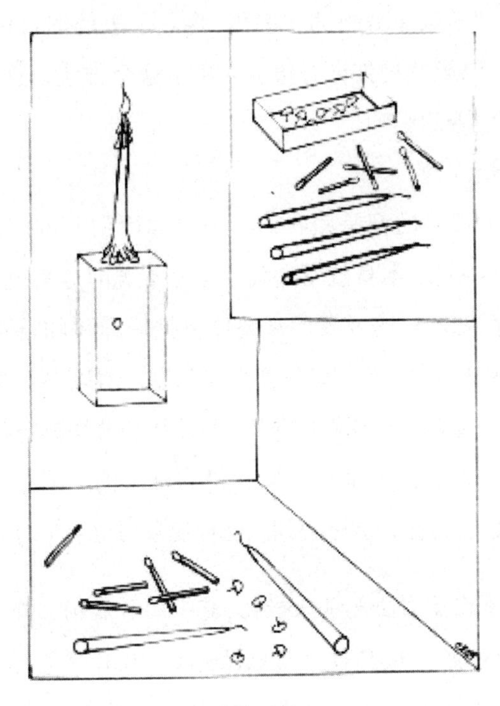

功能固着

我们对问题的解决。思维定势主要指我们在运用问题解决策略和方法时出现的思维束缚，而功能固着则是指我们在运用工具和其他东西时受它原来功能的影响，想不到还可以用它来做其他事情。

心理学家杜克(Duncker, 1945)做了这样一个实验：给被试一根蜡烛、一盒火柴和一盒图钉，让他们想办法把蜡烛固定在墙上。很多人想用图钉直接把蜡烛钉在墙上，也有些人用已经融化的蜡涂在墙上，都没有成功。只有少部分人想到可以把装图钉的盒子钉在墙上，再把蜡烛放在盒子上。这里问题解决的关键就是要发现盒子的新功能，由于盒子放着图钉，所以很少有人会想到利用盒子来完成任务。心理学家在另外的实验里，将盒子里的图钉倒出来，留下一个空盒子，结果发现被试有很多人用了这个方法。这个实验充分体现了功能固着的影响。

(3) 顿悟问题

我们前面谈到的都是些我们自身的原因引起的问题解决的困难，不过也有些问题本身就不是我们按照常规的分析就能够逐步解决的。这些问题往往需要我们从整体上把握，问题的解决要求我们能够跳出原来的模式，换一个角度来看问题。所以在解决问题时，你感觉不到你在逐渐逼近问题的答案，你往往会苦思冥想都想不出来。可有时候问题答案就像闪电一样，突然在你眼前一闪而过，有时你根本就不知道自己为什么能够想到。这种现象历史上早有记载：

故事发生在公元前3世纪，有一次希腊国王交给工匠一些黄金，让他做一顶皇冠。皇冠做好后，国王看了感觉有点不对劲，怀疑工匠可能偷工减料，不过称一下发现重量没有减少，就是给他的黄金的重量。但是国王还是不放心，他猜想可能这个工匠在皇冠里掺杂了白银，于是就请当时的大科学家阿基米德帮他检查一下皇冠里是不是掺杂了其他东西。阿基米德接到任务后，有一个问题让他为难了。他知道每一单位体积的黄金和白银各是多重，而且他也知道皇冠的重量，现在他如果知道了皇冠的体积，跟黄金和白银对比一下就马上能够判断皇冠是不是掺杂了白银，问题是他不知道该怎么测量皇冠的体积。就这样想了几天还是没有想出办法来，有一天，他去洗澡，当他看到自己浸入浴盆时水溢了出来，马上就想到该如何测量皇冠的体积了。他兴奋得连衣服都忘了穿就跑到街上，大喊：我发现了，我发现了。

心理学家发现在解决这类需要顿悟的问题时，如果你认为你已经快发现答案了，结果往往是你可能想错了。另外，思考这种问题还有一个特点是不能出声，出声反而会影响你对问题的解决。你必须保持冷静的头脑，不要钻牛角尖，要跳出常规的思路，不时变换角度才能发现问题的答案。真正面对这类问题的时候，有时就是这样：你想得到，它就近在咫尺；你想不到，它就遥不可及。这种方法是很难通过训练而得到提高的，所以我们把它列为影响问题解决的因素之一。

? 考考你

1. 事物的分类有何意义？
2. 人们在做出判断时经常会依据什么法则？
3. 可能影响我们决策的因素都有哪些？
4. 如何做到有计划地解决问题？
5. 在解决问题时如何避免不利因素的影响？

附录：

鸡兔同笼问题的算术解法：假设 23 只全是鸡，那么总共应该是 46 只脚，现在却有 76 只脚，那么多出来的 30 只脚就是因为每只兔子比鸡多两只脚而造成的，这样需要 15 只兔子才会多 30 只脚。

密码问题：9567 + 1085 = 10652

第三篇

作为社会的人

——理解与解释作为社会群体的人

喜欢孤独的人不是神灵就是野兽。

——培根(Francis Bacon)

沙赫特(Schachter,社会心理学家,美国人)

人的一生都生活在各种各样的社会群体中,通过对群体的归属,满足安全感的需要、爱与被爱的需要、社会尊重的需要等等, 并通过在群体中所拥有的社会地位,承担的社会角色,感受着生存的价值和意义。更为重要的是,个体的价值观、待人接物的方式、对人对事的态度等,也都是在群体文化、群体价值观、群体态度等的影响下形成。可以说,人的一生都离不开群体的影响,而我们的成长,也正是在不断地适应所生活的群体的过程中实现的。在这一部分,我们就将从群体的层面,介绍心理学家对作为群体的一员的社会人的有关研究。本篇包括以下四部分内容:

1. 融于社会又保持独立——独立的社会人
2. 融入社会并成为社会的一员——人的社会化
3. 人真的能做到我行我素吗?——社会影响
4. 印象形成与人际吸引——人际交往

一　融于社会又保持独立——独立的社会人

人类是群集的动物。几乎所有的人类个体都是在与其他人的密切交往中度过其一生的,这种交往不只局限在其狭窄的家庭成员中间,甚至对有些人来说,只和自己的家人生活在一起,而远离人类社会的其他成员,简直是不可想象的。世界上的大多数人都是生活在各种各样的群体之中的。许多事实和研究已经证明,之所以只有我们人类成为这个世界的主宰,并且在有了人类后就使地球文明日新月异地发展,很大程度上就是因为我们人类是群集的,我们在群体中和其他人彼此相处,并相互产生着深刻的影响。

1. 为什么不远离社会孤独地生活?——人的社会性

喜欢孤独的人不是神灵就是野兽。

——培根

居住在拥挤而嘈杂的人群中的人们,常常会希望自己能拥有一方安静的、属于他个人的独有空间,不要受任何人的打搅。为此,人们设计了可以随时开关的门窗、可以上锁的抽屉或箱子。甚至有许多人还幻想着有一天能退隐到深山幽谷中,过与世无争的"隐士"生活。问题是,这样的生活真的能给我们带来快乐吗?

18 世纪末叶欧洲探险家史金克(Alexander Selkirk)在一个荒岛上独居了四年,在这四年中,他可以自如地应付自然界的残酷，满足自己生存所需要的一切，但却无法忍受孤独的感觉。为此，史金克学着《鲁滨逊漂流记》中的鲁滨逊养了一条狗、一只鹦鹉以及几头野兽为伴，每天和这些动物们进行长谈。但是，他仍然常常要陷入精神恍惚的状态，不能自拔。四年后，他虽然重新回到了家人的身边，但却无法完全恢复以前与人交往的能力。

伯尔海军上将(Admiral Richard e. Byrd)在《孤独》(*Alone*, 1938)一书中讲述了他在北极探险期间一个人独居六个月时的生活感受，这六个月，他是在被冰雪掩埋下的小木屋中孤独地度过的。伯尔是主动地要过与世隔绝的生活的，他想真切地体验一下孤独生活的和平与宁静，但不曾料到，他仅仅在冰雪下的小木屋里孤独地生活了三个月，就陷入了极度忧郁的状态，不得不在六个月后，悻悻地返回人间社会。

所以说，人是社会性的，对于人来说，任何一个个体都必须或多或少地要和其他个体发生关系，形成各种各样的人类群体，并由此组成了一个复杂的人类社会。面对这样一些事实，心理学家不免要问，人为什么是社会性的？即人类个体为什么非要和其他人类个体生活在一起并进行相互交往呢？大多数的人类个体为什么无法忍受远离尘世的孤独生活呢？

1-1　心理学对人类社会性的解释

人类的社会性，就是指人类的群集性，是指任何人类个体都愿意与其他人类个体进行交往，并结成团体的倾向。心理学家通过观察和研究，发现社会性是人类社会一个极其普遍和重要的现象。最

狐獴是非常社会化的动物，住在可达到四十只的群落里，
同一团体中的个体会经常彼此理毛来强化社交的系绊。
来源：电影《少年派的奇幻漂流》

早对人类的社会性加以研究的心理学家是麦独孤(William Mc Dougall)，他认为社会性是人类的本能之一。

(1) 社会性是人的本能

心理学家麦独孤认为：人类天生带有许多先天固有的特性，其中有一种就是要寻求伙伴，与他人结合在一起的倾向。这就好像蚂蚁由于本能聚集在蚁群中，狒狒由于本能建立起复杂的群体结构，人也生活在自己的人类群体中。人们这样做，并不是由于这样做是好的或正确的，也不是因为是有用的，而是一种天性，这就好像一个婴儿天生就会吸吮奶头，天生就害怕站在悬崖上一样。

本能的观点是无法进行检验的，因为从事这种检验的唯一方法是要在孤立的状态下抚养起一个人类的孩子，再研究他以后的行为，而这显然违背了人类的伦理道德。但心理学家们还是从自然选择的角度给予本能观以可能的解释。我们知道,原始的祖先们要从残酷的自然界中直接掠取食物,要把猛虎烈豹等一切自然界的生物尽可能变成果腹的大餐。祖先们没有武器,全凭一双赤手空拳。正是这残酷的现实,使祖先们认识到,只有和大家在一起,人多力量大,集体狩猎才更有可能战胜猛兽,得到食物,从而增加每一个个体生存的机会。那些单独行动的原始祖先们,在单独面对强大的野兽时,很有可能就因为寡不敌强而成了猛兽的大餐。而且,群体可以为个体,尤其为那些弱小的个体提供很好的保护,这种保护在原始社会的恶劣环境下,常常是单个妇女或家庭难以做到的,那些生活在群体中的个体不仅自己活了下来,也使表达自己基因的后代在群体的保护下,一代代活了下来。我们还知道,一个种群要繁衍,要一代一代地把遗传信息传递下去,就需要有一定的个体数,使异性个体有机会相遇,否则,个体即使活了下来,其基因也无法传递下去。所以,在自然选择中,群集的人比单独生存的人,有更好的、更多的机会生存并繁衍后代。

进化论的自然选择理论告诉我们,任何可以增加生物体生存机会的特性历经数代就变成为生物体的显性基因。也就是说,具有这些特性的生物个体在自然界中生存了下来,并得以大量繁殖,在漫长的进化中,慢慢地,它们的后代就具有了这些特性,并被先天确定了下来。和其他个体生活在一起的人类祖先,不仅使自己活了下来,还使自己比单独生存的祖先有了更多的后代。虽然,人类经过了漫长的进化,但这种要和其他人生活在一起的社会性倾向,因为和人类个体以及人类群体的生存息息相关,因而有可能早已经沉淀在我们人的原始本能中了,使我们生来就有了要融入社会,要和其他人在一起的本能及其行为。

(2) 社会性源于人的内在决定因素

持这一观点的心理学家认为,是人类的内在决定因素,特别是人类在其生命早期孤弱不能自助的特性,引起了人类个体要和其他人生活在一起的社会性。我们知道,和其他的大多数动物不同,人类的婴幼儿在其出生后的很长一段时间是不能自助的,他们必须依靠父母或其他的成年人得到生存所必需的食物,以及安全、温暖等的保护,才能活下来,并得以成长。这就使得人类的婴幼儿在其生命的最初几年是群聚的,是要和其他人生活在一起的,如果没有爸爸、妈妈等成年人的照料和养育,人类的婴幼儿就会死去。比如,那些刚出生就被父母抛弃在马路边的婴幼儿,如果一直都无人问津,就不可能生存下来。

当然,当生命发展到一定阶段,人们就不再绝对地依靠他人才能生存了,我们可以根据内在的需要变成独立自主的人。在现代社会,一个人可以悠闲地生活在一间小屋里,过着孤独的生活,饿了打个电话就会有人送上食物,闷了就一个人看看电视,读读报纸杂志,不和任何人打交道,这样,他也可以过上好几年安全、舒适、悠闲的独居生活。现实社会中也真的有人这样地生活着或生活过,而且他们还生活得很好。这其实就是我们平时所说的“隐士”式的生活。但是,这样生活着的人,在我们大多数人看来是古怪的,是不可理喻的,而且,他们往往成为人们好奇的对象。这些“隐士”们所要反抗的也许正是人类最一般的特性——人类的社会性。“单独禁闭”一直被认为是一种很严酷的刑法,之所以严酷,之所以使人害怕,也许正是这一刑法违背了人类最一般的要和其他人在一起的社会特性,使人体验到孤独的煎熬,以及由此而带来的种种恐惧的感觉。

社会性是源于人的本能以及内在决定因素,可以解释人在生命早期为了生存必须要和其他人生活在一起的社会性行为,但是,当长大后的人类个体,比如前面所介绍的欧洲探险家史金克和伯尔海军上将,一个人孤独地生活着,也完全可以生存下去,可为什么大多数人类个体还是继续保持着与其他人的交往,继续和其他人生活在一起呢?

(3) 社会性源于学习

也就是说,人们学习和其他人在一起生活就像人们学习其他任何东西一样。人类的孩子们在生命的早期,为了食物、安全和温暖这些基本的生存需要,孩子们必须要依靠其他成年人,而且,这些需要中的每一项的每一次满足,孩子们都能通过其他成年人得到。在这样和其他人互动的过程中,人类的孩子们学到了,只要和其他人在一起,就可以得到报答,也就是说,当个体需要什么时,只要和其他人在一起,求助于他人,就可以得到满足。一次次,孩子们要和其他人生活在一起的联系就被强化了,强化的结果,使要和他人生活在一起的社会性成为其日常生活的一种习惯、一种特性。而且,这种学习影响了一个人一生的行为,当个体长大了,成长为一个成年人了,可以不再为了维持生存而必然地有求于他人、依靠他人,但是因为个体已经学习到了,所以个体还是与其他人保持密切的联系,并且,在人类社会的各种文化中,所有人类的孩子在某种程度上,都必须学习和其他人在一起互动的社会性行为。由此,学习使社会性成了人类的一种特性。

(4) 社会性源于人的需要的满足

生存可以说仅仅是人类的第一需要，随着成长，人类个体将有越来越多的需要强烈地想得到满足，比如对于爱情的需要，对于成就的需要，对于尊重的需要，对于权利的需要，等等，而这些需要中的每一项都必须依靠其他人的提供才能得到满足，比如爱情的需要，如果没有与其他某个个体的相互爱恋，个体何谈爱情需要的满足呢？虽然，这样一些需要不一定是人类内在的需要，但是，它们仍为我们人类的大多数所追求，并且，个体在孤立状态下的确是很难使这样的一些需要得到满足的。因此，为了生命中不断涌现的需要的满足，长大的我们还是保持着与其他人在一起生活的习惯，并使之成为我们人类的一种特性。

1-2　对人类社会性的实验研究

我们知道了，几乎所有的人都有要和其他人在一起生活的社会性特征，但是我们也知道，在生活中，人的这种社会性欲望有时特别强烈，而有时又特别微弱，甚至有时人们更希望能单独一个人静静地待着。比如，住在集体宿舍里的大学生，在某些时候，他们会盼望寝室中的人都赶快地离开，就留他一个人，他躺在自己的小床上，听着轻松的音乐，此时，他觉得这一刻是他人生的最大享受。那么，是什么因素在加强或减少着人们要和其他人在一起的社会性欲望呢？

(1) 恐惧与人的社会性欲求

对人类的社会性实验研究最有发言权的要算心理学家斯坦利·沙赫特(Stanley Schachter)了，他在1959年时发表了被认为是心理学历史上经典性实验研究的报告。为了研究人类社会性欲求的影响因素,沙赫特观察和走访了那些因某种意外的原因而不幸被孤独地抛在荒岛上一个人孤零零生活了一段时间的人们,以及那些曾经孤独地一个人修行过的异教徒们,发现这些曾经孤独地一个人生活过的人们,都报告说在孤独的时候,他们时时体验到阵阵袭上心头的恐惧感。针对这样的观察,沙赫特产生了一个大胆的假设:孤独会使人体验到恐惧,那么人在恐惧的状况下是不是就会产生要和他人生活在一起的社会性倾向呢?而且,是否恐惧感越大,要和其他人待在一起的欲望就越强烈呢?为了检验自己的假设,沙赫特请了一些女大学生做被试,进行了其经典性的研究。女大学生们被引进实验室时,看到沙赫特穿着一身白色的实验服装,周围布满了各种电器设备,沙赫特对女大学生自我介绍说,自己是神经病学和精神病学的博士,本次实验是有关电击作用问题的。为了引起一些女大学生比另一些女大学生更恐惧,沙赫特把女大学生分为两组,两组被试被一一带进实验室接受了不同的实验指导语。

对第一组女大学生,沙赫特想唤起她们很大的恐惧感,因此,每个女大学生如约来到实验现场时,沙赫特便用可怕的词语描述电击后果,他告诉女大学生说:"这种电击会使你遭受伤害,使你感受到痛苦,但我向你保证不会是永久的伤害。在这种研究中,如果我们要了解所有内容真能有助于人生,电击强烈些是必要的。"通过使用指导语,使这组女大学生感到自己将要接受的是一次很吓人的和痛苦的体验。

而对第二组女大学生,沙赫特只想唤起她们较小的恐惧感,因此在女大学生一个个来到实验室时,沙赫特就把电击的严重性说得很小,尽可能地使女大学生感觉轻松和安逸。沙赫特是这样告诉这组女大学生的:“我向您保证,您将受到的电击无论如何也不会使您觉得不舒服。它不过是有些像发痒或震颤那样有一点点不舒服感。”这样,尽管两组女大学生都被告知在实验中将要遭受电击,但第一组女大学生等待的是一种痛苦而恐惧的体验,第二组女大学生则期待着一种温和、无威胁的体验。沙赫特通过测量发现,不同的指导语的确引发了女大学生不同程度的恐惧感:第一组被唤起了高恐惧感,第二组被唤起了低恐惧感。

在测量了恐惧唤起的程度后,沙赫特假装调制设备,并告诉女大学生说,由于仪器还没有调好,实验要推迟 10 分钟,请参加实验的女大学生在实验室外面等一会儿。同时,沙赫特很自然地问女大学生,她是要一个人在外面等一会儿,还是想到隔壁的房间和先到的其他女大学生一起等待,或者无所谓。女大学生选择后,沙赫特又问她们的选择是否强烈。实验的结果见下表。

恐惧对社会性欲望的影响

条件	选择的百分比			
	集中	不关心	单独	社会性欲望的强度
高度恐惧	62.5	28.1	9.4	0.88
低度恐惧	33.0	60.0	7.0	0.35

可见,果然如沙赫特所预料的那样,被唤起了高度恐惧感的女大学生比有低度恐惧感的女大学生更多、也更强烈地希望和其他人在一起等待实验的开始。由此证明,恐惧是引起并影响人们的社会

性欲望的一个重要因素。

(2) 排行与人的社会性欲求

沙赫特在研究中还发现,排行是影响一个人社会性欲求强烈与否的重要因素,具体表现在长子、长女和独生子女在感到害怕时比非长子长女有着更强烈的要和其他人待在一起的愿望。

长子长女或独生子女是父母的第一个孩子,年轻的爸爸妈妈初为人父母,由于缺乏养育儿女的经验,因而对第一个孩子倾注的关注和爱心就特别多,时时围在他们的身边。孩子们也从这种特别关切的养育中知道了,害怕时可以找爸爸妈妈,伤心时可以找爸爸妈妈,饿了时可以找爸爸妈妈。渐渐地,他了解到,当他不舒服时,他人是自己舒服的不可思议的源泉。等第二个孩子出生了,父母没有了初为人父母的那份新鲜感,在养育第一个孩子的过程中,父母发现孩子的痛苦是十分短暂的,孩子有着惊人的恢复能力,而且,父母有两个孩子要照顾,没有更多的时间专门关注第二个孩子的痛苦和需要了,因此,第二个孩子从父母那儿学到的要和其他人在一起的倾向就比第一个孩子少得多,这就使第二个孩子需要他人关怀的动机没有第一个孩子强烈,社会性欲望也就较低。等第三个孩子出生了,父母更没有专门的时间照顾他了,父母对养育儿女也更为镇定和有经验了,因此,第三个孩子学到的社会性欲望和行为就更少了。

因此,孩子们在家庭中的排行越往前,就越知道在有不安全感时依赖其他人作为舒适的源泉。

有没有天生就喜欢孤独的人呢?

20世纪40年代卡勒博士(Kanner)最早提出“自闭症”,认为自闭症产生在人生的早期阶段,即两岁以前发生。表现为对他人和环境的冷漠,自我封闭在自己的世界中,不与他人接触,没有目光语言的交流。早期人们认为自闭症是由于父母的冷落,养育不当造成的。这使得相当多的年轻父母心中充满自责,但随着生物学、心理学的发展,人们看到自闭症的根本原因是先天生物学因素。但究竟自闭症病人为什么不喜欢与人接触,而只愿独处,现在仍是个谜,而他们生活在自己的世界中是否会觉得快乐,我们也无法知道。

尽管存在着自闭症儿童,但毕竟是少数,大多数人都渴望融于社会,不愿孤独!

2. 亲密的接触可能会被体验为侵犯——独立的社会人

不愿孤独的人是否在身体上和心理上不需要个人的空间呢?让我们先来体验一下以下经历。

有一天,你感到特别的疲倦,放学后你在公交车站等车时,特别盼望上车后能有个位子坐一坐。车来了,幸运的你一上车就看到有空位子,只是在公交车的最后一排,而且,在第一和第五个位子上已经有两个你不认识的人坐好了,那么,通常情况下,你会坐在哪个位子上呢?生活的经历和观察也许告诉你,你通常会坐在第三个位子上。那么,为什么你会坐在这个而不是其他的位子上呢?这种选择就人类社会来说,是否具有普遍意义呢?为此,有心理学家设计了实验研究工作来论证和解释这一人类行为。

2-1　个人空间的实验研究

实验是这样做的,研究人员事先在实验室隔壁房间依次排列好10个座位,并在第6和第10号位子上安排两个被试不认识的合作者先坐好。被试来到了实验室,研究人员对他说:"对不起,我还没有准备好,已经有被试先到了,坐在隔壁房间,你也先到隔壁房间等一下吧。"其实,实验已经开始了,但被试不知道。结果发现,在这种情况下,第一个被试进入实验场地时,通常选择的是第8号位子,第二个被试进入实验场地后,一般会坐在第3或第4号位子上。不同的心理学家做了大量的研究工作,但得到了同样的上述结果。为此,心理学家们坚信,陌生人之间在自由选择位子时通常会遵循这样的法则,一方面既不会紧紧地挨着一个陌生人坐下,而任由其他许多空位子空着;但同时,也不会坐得离那个陌生人太远。如果你真的任凭许多空位子空着,而紧紧地挨着陌生人坐下,人家就会变得十分不安,有可能把身子移向另一边,甚至很有可能索性换一个位子坐;而你也极有可能会觉得很不自在。反过来,如果你选择了离那个陌生人很远的位子坐下来,你又有可能会无声地伤害了人家,给人以遭到嫌弃的感觉。所以,在社会生活中,人们通常选择既能给人留有一定空间,又不会对人家造成无声伤害的位子。心理学把这一现象称为"尊重个人空间的适当疏远的原则"。

日本京都大学餐桌设隔板隔离

来源:凤凰网

2-2　个人空间的心理机制

在心理学上,所谓的个人空间是指个体身体周围存在着的既不可见又不可分的空间范围,他人对这一范围的侵犯和干扰,会引起融于社会中的个体的焦虑和不安。而且,个人空间会随着个体身体的移动而移动。个人空间不是人们的共享空间,而是个体心理上所需要的最小空间,也叫身体缓冲区。

生活中也许你曾经有过这样的遭遇。一天,你正在图书馆里看书,周围没有什么人,这时突然有一个陌生人坐在了紧靠你身边的位子,你会觉得这个人有点奇怪,明明有那么多的空位子,干吗非要坐在我的身边呢?你一下子觉得别扭起来,不能再像刚才那样专心地看书了,甚至你干脆换了一个位子。

社会生活中的每个人都需要一个个人空间,心理学家认为这个个人空间在一般情况下是不容侵犯的,因为这一空间的侵犯,会使人感到心理空间的侵入危机。生活中,每个人的心里都有一片天,藏着一些秘密,有些是鸡毛蒜皮,但有些也许真的不可告人。除了一两个朋友外,人们常常不希望太多的人了解自己的隐私,就是最要好的朋友,人们也会注意不要把一个赤裸裸的"我"给对方。留有一定的个人空间是一种自我保护,因为当别人把你看得清清楚楚、明明白白时,倘若你自信是个十分有人格魅力的人,可以由此来增加自己的吸引力,但生活中的大多数人都只是个普通的人,会有各种各样的缺点和不如人意的地方,他人看得太清楚就很容易产生失望感,不喜欢甚至产生厌恶。换句话说,当别人太了解我们时,也许正是我们对他人失去魅力的时候。所以人们通常的情况下是不希望被别人过度了解的,因为每个人在潜意识里都渴望被别人喜欢,而又知道自己不是完美的,有缺点,有不足。同时,也不希望那个对自己不友好的人来利用自己的弱点,这样人与人之间的空间距离就产生了。

还有心理学家认为,人类对个人空间的需要是一种本能。在身体上,个体不需要别人离自己太近,因为如果这样,个体会觉得不安全。比如,在过马路时,有个人紧跟在你身后,你就会感到奇怪,甚至开始加快脚步,并且心里还在埋怨"放着那么大的地方不走,非得跟着我"。如果他仍紧跟着你走,你就会觉得不安,并会觉得紧张害怕,甚至躲起来或寻求其他人的帮助。

个人空间不是一个无限大的空间,也就是说,个体对个人空间的需要没有绝对的意义,需要的量和我们对被侵犯的反应取决于特殊的环境。同样是马路,如果行人很多,空间很小,你就不会在乎别人是否离你太近,觉得这是合情合理的事。如果在一个盛大的宴会上,别人都给你留有很大的空间像是在躲着你,你就会觉得不安,你希望与人能够亲密地交谈,友好地接触。

2-3 个人空间距离的个别差异

心理学家研究发现,不同文化背景的人,对站得远近有不同的偏好,英国人和瑞典人,相互间站得较远;希腊、意大利等南欧人,相

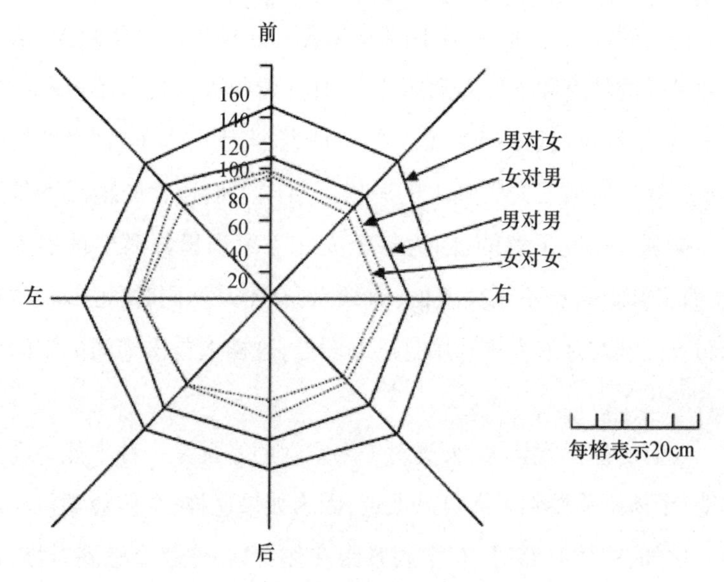

男对女、女对男、男对男、女对女四组人员
对空间距离需求均数比较示意图

来源:杨治良,蒋弢,孙荣根. 成人个人空间圈的实验研究[J]. 心理科学通讯,1988,02:26 - 30 + 66 - 67.

互间站得较近;南美洲人、巴基斯坦人和阿拉伯人相互间站得最近。巴基斯坦人说远距离会使他们感到不舒服,而美国人则说近距离使他们感到别扭。

心理学家的研究还发现,女人比男人相互间站得更近些。在马路上我们经常看到两个女性手牵着手走路,不论是两位女性自己,还是作为旁观者的我们,都觉得很正常,也很自然,她们甚至可以在等汽车时相拥在一起,抵御风寒,行人也不觉为怪。但如果两个男人这样勾肩搭背,就会引起行人的注意和嘲笑。

除了种族和性别在个人空间使用上的区别之外,还有一些本质上的区别,这取决于参与者之间的关系。一般情况,人们越亲密,越友好,他们就站得越近;陌生人则有可能站得较远一些。但如果一个人想和你交朋友,他也会在谈话时与你站得近一些。而如果你讨厌他的话,你很有可能会无意识地向后动一动。虽然很少有人会注

排队时的人际距离

意个人空间问题,但你可以通过站得近还是远来判断两个人的亲密关系或彼此是否感兴趣。心理学家赫尔(E. Hall)最早对人际沟通中的个人空间距离进行了研究,通过研究,他把人际沟通与个人空间距离划分为四种常见的关系:(1) **亲密距离**:指有亲密接触的人在交往时的空间距离,如恋人间的情爱与抚摸等,双方一般的空间距离是0—50 厘米;(2) **个人距离**:指有亲密友谊关系的人或日常生活中同事间在交往时的空间距离,彼此之间的一般距离为 50—130 厘米;(3) **社交距离**:指非个人化的或非公务性的社会交往时的空间距离,相互间的距离一般是 1.3—4 米;(4) **公共距离**:指政治家、演职人员等公众性人物与公众的正规交往时的空间距离,一般为 4 米以上。看来个人空间对我们来说是很重要的,我们在生活中,无论是身体还是心理都需要一定量的空间范围。当可用空间低于我们的要求,或者最少空间量受到他人侵犯的时候,我们就会觉得不安,就要反抗,来保卫自己的个人空间。甚至,有的时候,我们希望独处一会儿,用房子来把自己与他人稍稍隔开,来舒展一下筋骨,放松一下心情,并把自己的财产也放在一定的空间内免受他人的侵犯。

环境心理学

20 世纪 60 年代,美国学者希尔·卡森(H. Carson)写作的一本著名的书《寂静的春天》(*Still Spring*)出版了,卡森在这本书中指出,环境是一种有机整体,人对环境施加的影响,又会转移给人类自身;因此,人类如果不珍惜环境,那么,人类“将听不到鸟鸣的音浪,将见不到池塘里的鱼虾。地球将不再有动物的声息,地球将成为寂静的、失去生命的星球”。卡森在书中的这一论述,立刻在世界范围内引起了人们普遍的重视,环境科学的研究也由此得以迅速发展,其中,环境心理学就是在这一期间应运而生的一门环境科学。

环境心理学主要是以人和环境的关系为研究对象,从心理学、生态学、社会学以及人文地理学等跨学科的立场来研究环境对人的心理与行为的影响。环境心理学的术语,最早是在1964年美国医院联合会议上正式提出的,当时的许多精神病医生发现,医院墙壁的色彩、家具的陈设以及病人的个人空间状况等,都明显地影响着对患者的治疗效果。1970年,美国学者普罗尚斯基(H. M. Proshansky)等人主编了人类历史上第一本环境心理学的著作《环境心理学:人与他的自然环境》(*Environmental Psychology—Man and its Physical Setting*)。四年后,这些学者再次合作,写作并出版了《环境心理学序论》一书。1973年,美国《心理学年鉴》第一次出现了“环境心理学”的专门领域介绍。

环境心理学的研究包括环境知觉;环境要素对人的影响;人对环境的心理适应;以人为本的环境设计规划等。

? 考考你

1. 人的社会性指什么?

2. 最早对人的社会性加以研究的学者是谁？他提出了怎样的观点？

3. 对人的社会性有哪些解释？你怎么认为？

4. 赫尔对个人空间是如何划分的？

5. 个人空间主要会受哪些因素的影响？

二　融入社会并成为社会的一员——人的社会化

人可以从他的愿望出发完全为自己而活着吗？生活中我们的许多思想行为实际上并不是出于对自己的考虑，只是为了让父母、朋友、同学更加满意，那么，我们为什么会愿意“为别人而活着”？我们为什么会把别人的满意看得比自己的满足还重要？因为我们看重我们的亲人、朋友，因为我们需要他们的“关怀”，因为我们需要周围的人给予自己温暖、热爱、同情、关心、尊敬、认可，因为我们渴望得到对我们来说“重要的人”的赞扬。得到他人或者说社会的接纳，使自己也融于这个社会，对我们来说是如此的重要，以至于我们在很多时候认为“为别人活着”也是一件自然的、可以接受的事情。

1. 生物性的潜能在社会环境中被激发——人的社会化

我们每个人进入这个世界的时候都是柔弱的，是需要照顾的。我们不会，也不可能自由地长大。从出生的那天开始，社会就一直干预着我们成长的历程，在我们尚未成熟的漫长岁月里，社会想方设法把我们广泛而不确定的冲动和能力引导到较为狭窄的行为、动机、信念和态度的社会模式里。这种干预或引导，如果从个体来看，就是个体的社会化。可以说，社会化是我们对其所生存的社会一生适应的过程，通过社会化，我们使自己的需要变成适应社会规范的方式，甚至像饥饿这样的最为基本的需要，我们也在社会化的过程中从社会文化模式里学会了吃什么,什么时候吃,怎么吃等,即学会了以社会赞许的方式去满足。正是由于社会化,才使一个社会或一种制度得到生存和发展,才使人类社会保持着安定团结的局面,也才使个体的身心在社会中得以健康发展。

1-1 社会化及其对人发展的重要意义

社会化是指人类个体在社会环境下,从自然人发展成为社会人的过程。所谓**自然人**,又称生物人,一般指刚刚出生的新生儿,他们对社会一无所知,不具备人的社会属性,只有自然的生理性动机和需要。这一阶段的婴儿,只能对身体内部的变化发生反应,如饿了就哭,吃饱了就感到愉快,完全凭生理性的需要活动,从心理上看,尚未形成个性心理品质,但先天成分占很大比重的气质特点起着一定的作用,如有的新生儿安静,不太哭闹,有的新生儿则表现得非常急躁,动辄哭闹。可以说,此时,社会的法律、道德、规范等,对他们没有任何的约束力量。

所谓的**社会人**,是指通过社会化,个体掌握了该社会的道德和文化,学会了该社会的道德规范和道德行为,形成了独立的人格,产生自我意识,最终成长为社会化的人。社会人的形成,依赖人与人之间的社会交往,产生社会互动,在社会情境中学会社会的基本知识和基本技能。

个体从自然人发展成为社会人,必须要经过社会化的过程,否则,个体将无法适应人类社会。

20世纪60年代,在美国,有个孩子名叫安娜,因为她是个私生子,所以她的外祖父坚持把她藏在顶楼的一个房间里,不许她见人。安娜在顶楼上只能得到最起码的身体上的照顾。实际上失去了与他人接触的机会,人们发现她时,她已经六岁了,但她不会讲话,不会走路,不会保持整洁,也不会自己吃东西。她感情麻木,表情呆滞,对人毫无兴趣。安娜的状况表明,如果只靠纯粹生物学上的能力,这种能力在使她成为一个完全的社会人的方面所起的作用是微乎其微的。为使安娜能够适应社会,研究者付出的努力只取得了有限的成功。四年半以后,安娜死去了。不过,她在死前已经知道并学会了一些单词和短语,但从未能讲出一个完整的句子。她还学着摆积木、穿珠子、刷牙、洗手、听从指令,并爱玩洋娃娃;她还学习走路,但走起路来却很笨拙。当她将近 11 岁离开人世时,只达到两三岁孩子的智力水平。

1-2　社会化发展的关键期

20 世纪 80 年代初在辽宁省一个偏僻的山村,人们发现了一个“猪孩”,由于她的许多生活习性与猪很相似,因此被人们称为“猪孩”。当人们发现她时,她已经 11 岁了,其发育状况和面貌都与正常儿童一样。“猪孩”喜欢趴在猪身上玩耍,给猪搔痒,等猪吃饱后,她就躺在猪的身边,大口大口地吸猪奶。而且,在平常她会像猪一样轮流用双腿互相蹭拱,睡觉时也和猪一样“呼噜”“呼噜”地打着呼睡。心理学家们对 11 岁的猪孩进行了智力检测,结果发现,她的智力水平只相当于三岁半儿童的智力水平。

这个有父母的孩子怎么会成为“猪孩”呢?原来,小女孩出生后,她的母亲就因病卧床不起,而且几近痴呆,不能也不懂照顾孩子;她的父亲整日在田间忙于农活,也没有好好担负起抚养孩子的责任。由于贫穷,女孩家的一间泥屋又是人猪共住的。在与猪的厮混中,饥饿的孩子在生存本能的驱使下,依赖猪奶活了下来,也把猪当成了生活中的好朋友,整日与猪玩耍嬉戏。就这样,一个好好的孩子成长为一个"猪孩"了。"猪孩"被发现后,引起了学术界的关注,女孩被接到了福利院生活,期间,很多心理学家和教育学家们付出了艰辛的劳动,试图让"猪孩"回归社会,并在她成年后设法使她有了家庭生活。但学者们的付出收效甚微,她的婆家最终因无法忍受她"顽固不改"的"猪"式的生活方式、她对人类社会的"迟钝"和"麻木",提出了离婚,请福利院把她领回去。"猪孩"自己也感到无法适应人类社会,整日和成年人打交道,她感到十分不安,很焦虑,对于重新回到福利院过安静的生活,她感到很开心,说以后再也不嫁人了。

20 世纪 40 年代初,美国心理学家丹尼士曾做了一项惨无人道的实验。他从孤儿院挑选了一批新生婴儿放在暗室中,除了维持他们的生命之外,不给他们任何刺激,既不让婴儿看到什么东西,也不让他们听到任何声音,更不去触摸拥抱他们。后来在社会舆论的强烈谴责下,丹尼士才被迫停止了实验。这些婴儿被救出后,虽经长期的耐心教育,但他们中的大多数还是终身痴呆了。

但是在大仲马的《基督山伯爵》中,唐泰斯从 19 岁起因为被诬陷送进了伊夫堡监狱,一直长达十几年没有与人接触、说话,但他却没有痴呆,这是为什么呢?

第一个成功地回答了这一问题的是奥地利生态学家、医学诺贝尔奖获得者劳伦兹(K. Lorenz),他对动物行为的研究启示后人,动物包括人类的某些行为有一个关键的起始,即要赶在生命的早期进行,超过这一关键时期,后天的弥补就难以见效。有心理学家以动物为实验对象进行了研究,并获得了有力的证据。

劳伦兹(K. Lorenz)在 1937 年发表的《鸟类的感情世界》(The companion in the brid's world)一文中,第一次提出了"印记"一词,用以解释动物的社会行为现象及其形成的关键期。**印记**(imprinting)指个体出生后不久的一种本能性的特殊学习方式。印记式的学习,通常在出生后极短的时间完成,学得后持久保存,不易消失。劳伦兹(K. Lorenz)在研究中发现,刚孵化出的雏鸭对初次见到的活动对象,如母鸡、人、自动玩具等,很快就学会与之亲近,但是如果孵化后,超过一定时间才接触到外界活动对象,雏鸭就不会出现印记现象,这一时间就是动物印记行为形成的关键期。

印记

英国动物心理学家斯丁堡(Spalding)1954 年以雏鹅为实验对象进行了研究,结果发现,如果实验者在雏鹅出生四天后才出现,雏鹅非但不与之亲近,反而掉头就跑,因而出生后四天就是雏鹅与活动物体亲近的关键期。另有学者用蝌蚪为实验对象。蝌蚪出生后就会游泳,研究人员在蝌蚪一出生时就把它放在麻醉液中,如果在八天内把蝌蚪取出放到水中,蝌蚪仍然会游泳,但如果十天后才把蝌蚪放回到水中,蝌蚪将丧失游泳能力,八天就是蝌蚪不忘却游泳行为的关键期。还有心理学家发现,狗与人的亲密关系,也有关键期。如果狗自出生时即与人隔离十周以上,以后就很难与人建立亲密的关系。

对印记现象以及印记行为发展的关键期的实验研究中,最为著名的是心理学家海斯(Hess)1972 年的实验研究。海斯观察发现,野鸭孵卵时,在雏鸭破壳出生前一周内,即在壳内发出声音,母鸭随即以嘎嘎声回应。海斯认为那是印记的开始。海斯以机器孵化法取代母鸭的工作,并在听到卵壳内有声音时,以“come,come,come”之声回应。结果发现,雏鸭破壳后,就会随“come,come,come”之声与人亲近。

在动物身上出现的印记现象和形成印记行为的关键期,是否在人类行为中也同样存在呢?就像前面我们谈到的那些孤儿,由于在生命成长的早期,失去了与人类社会的正常交往,结果虽经后期耐心教育,但都再难以使他们成为一个正常的社会人了,连人类交往的最基本手段——语言都不能恢复到正常发展水平。也许这说明人类的一些行为发展也有其形成和发展的关键期。唐泰斯从 19 岁开始住进监狱,在他生命的早期,已经体验并学习到与人交往,已经学会了爱与被爱,学会了人类的语言,学会了善良与等待。在孤独的日子里,他时时都渴望着有个人能和他说说话,哪怕是个疯子和他聊一聊他都感激不尽。人类精神上的幸福在关键期内,只要饱饱地享受过一回,就再也无法忘记。

1-3　社会化的特点

(1) 社会化要以人的遗传素质为基础

社会化是把自然人转变成为社会人的过程,因此,它首先要求这个自然人要具备人所具有的生物特性,也就是从生物学角度来说,他是一个完整的人,有着人脑这一高度发达的器官。只有具备了这样的遗传物质基础,或者说这样的遗传素质,个体的社会化才

超人装变身宠物狗衣服

能顺利进行。动物能否实现人类的社会化过程呢？比如，一头猪，从小把它放到人类社会中加以抚养，用人类的习惯、人类的生活方式等对它的生物潜能加以引导和激发，这头猪会变成社会化的猪人或者人猪吗？

上海电视一台曾经介绍过一个以猪为宠物的美国妇女和她的宠物猪，这头猪与其女主人同桌吃饭、同床共枕，但在电视上我们看到，这头在人类社会长大的猪，在饭桌上仍然是用嘴拱着吃，一副狼狈相，根本不会像她的女主人那样，用刀叉文明地解决进食的问题。由于这头猪食量太大，吃得过胖，其女主人被动物保护协会控告虐待动物，为此，法院责令她要在一个月限期内给这头猪减肥，若到期未达到法院所要求的标准，法院将罚她5000美元，并要把她关进监狱。

这头被人作为宠物的猪，不仅连人类社会最起码的生活习惯都没有学会，甚至都不知道，由于它的贪吃，它自己的女主人将要受到惩罚！为什么生活在人类社会的动物，无论如何都无法完成人类的社会化呢？甚至连人类社会最起码的生活习惯都学不会呢？这就是因为，不管是这头猪，还是其他动物，它们都不具备人类的遗传素质。但问题的另一个方面是，人类的一些婴儿由于某种原因，被狼、熊等动物叼走并抚养长大，成了所谓的狼孩、熊孩，具有了狼、熊等的生活习性，可以说，他们完全地融入了动物世界，这又是为什么呢？

这是因为人类的大脑是所有动物中最发达的，它所具有的生物潜能是任何其他动物所无法比拟的，它具有很强的学习、模仿和适应能力，因此，当人类的婴儿和狼、熊等动物生活在一起时，很快就

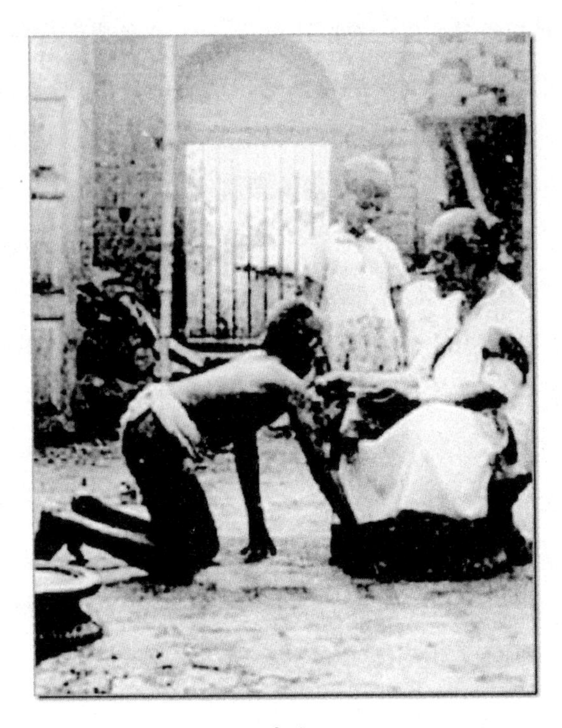

狼孩

学会了这些动物的生活习性。同时,其他动物无法适应人类社会生活,还由于人类在漫长的社会实践中,已把自己的自然变成了人化的自然,这个自然深深地打上了社会的烙印,与其他动物的自然界是不同的,而这是靠本能生存的动物所无法学到的。

(2) 社会化是持续一生的发展

心理学家们一致认为,生命是全程发展的,即发展贯穿着每一个人的一生。人的生命过程一旦展开,我们的需要、我们的欲望、我们的兴趣等等,就会随着我们生命发展的进程,在不同阶段表现出不同的形式和内容。也许我们还没有忘记，在孩提时代我们对于那些五颜六色的玩具和甜得腻人的糖果执着的喜爱，但是，它们对于今天已经长大的我们不再具有吸引力了。大量的心理学研究表明，在人的一生发展中，每一个年龄阶段都有其独特的对世界的认知、理解和情感体验，因而也就有着不尽相同的社会化的发展内容。

心理学的这种“生命全程观”预示了在我们的一生中，我们将会体验现实生活中的多种刺激和各种各样的可能性。我们已有的认知、思维方式、理解力、情感体验，以及我们的社会兴趣、社会态度和价值观都在不断发生着变化，这个过程就是一个持续变化和持续发展的社会化进程。

心理学的生命全程发展的观点也说明，社会化与我们的情感发展、我们的个性发展，以及我们的认知和道德发展等是相互联系着的，因此也表明社会化还是个体的一种整体发展过程。

（3）社会化是共同性和个别性的统一

图解中西生活方式

所谓的共同性是指同一个国家、同一个民族的不同个体有着相同的人格特征,一般称为**国民性或民族性**。比如,中华民族,她的一个突出的国民性就是家庭观念比较重,人民勤俭、勤劳;而美国民族的突出特点则是家庭观念比较淡漠,但人民比较具有进取心和成功动机。可以说,世界上这么多国家,每一个国家、每一个民族都有他们自己的特点。

关于国民性,很多心理学家都做过研究工作,其中最为经典的也许是心理学家麦葛拉奈(D. V. Mranan, 1948)和华民英(I. Wayne)所做的研究。他们调查了1929年一年间在美国和德国上演的受群众欢迎的45部戏剧,分析了这些戏剧的内容,由此做出了两国国民性的比较。

45部戏剧内容分析

项目	德国	美国
戏剧主题	观念的、哲学的、历史的、指向社会的	个人问题,比如恋爱婚姻、日常生活问题等
戏剧主人公	杰出的人(女性比较少)	普通人
以大团圆结尾	40%	67%
以悲剧结尾	27%	9%
其他形式结尾	33%	24%

他们认为,这些戏剧既然受群众欢迎,就意味着它们反映了当时人们的客观需要,反映了人们的思想观念以及价值观等。而以上戏剧内容的不同反映了两国的国民性存在以下差别:德国人个性顽固,不肯妥协,眼光狭小者多见;而美国人肯定教育的可能性,个性

比较随和,通过说服、讨论、摆事实讲道理是有可能改变美国人的态度或观念的。

国民性体现在社会生活的方方面面,所以,社会化虽然说是个体的社会化,但对于生活在同一个社会环境中的个体来说,社会化又会使他们具有许多相同的特性,这就是社会化的共同性。但是,个体的社会化毕竟又是个体自身成长的过程,因而社会化也必定会因个体的不同而具有其社会化的独特性或说个别性,即每一个社会化的个体,又不完全相同,即使是同处于同一个社会中,由于个体的年龄、智力、性格,甚至体质的差异,个体社会化的结果也不尽相同。比如,生长在同一个家庭中的双胞胎,即使他们是遗传素质相同的同卵双生子,但根据众多心理学家的研究和生活的实践提供的资料表明,由于他们出生的次序决定了他们有不同的社会角色,出生早几分钟,甚至早几秒钟的就成为姐姐或哥哥,晚那么一点点的就成为妹妹或弟弟,由此社会对他们的要求与期望也就有了差别,从而使他们在社会化的进程中有了不尽相同的发展结果。此外,每一个个体在社会化的发展道路上,一方面要根据自己的年龄、性别,依照社会规范而行为,另一方面,还必须解决自己面临的各种各样的任务和事件,因此,每一个个体的社会化又必定是与他人不同的,有自己独特的特点。

因此,个体通过社会化,一方面使自己具备了与所处的群体中的其他人相同或相似的个性心理特征,另一方面也使自己具有了不同于其他人的独特风格。这就是社会化的共同性和个别性的统一。

民族性格和民族刻板印象

一位美国老教授带了几位不同民族的研究生，暑假前以《象》为论题布置他们每人写一篇文章。暑假结束后，英国学生交上来的文章题为《猎象记》，法国姑娘交上来的题为《大象的罗曼史》，德国小伙子交上来的是厚厚一本《象类百科全书》，原苏联学生交上来的是《论象之存在与否的唯物主义前提》，而中国学生交上来的题目更妙，叫《象肉烹调法》。

这虽是一则笑话，却生动地刻画了不同民族的不同性格：英国人的体育崇拜、法国人的浪漫、德国人的学术爱好、苏联人的刻板、中国人的美食追求。而在国外心理学界一直对欧洲各国家的民族性格有很广泛的研究，在《难以对付的欧洲人》中，巴尔齐尼形容的英国人是沉着的，德国人是反复无常的，法国人是好争吵的，意大利人是灵活的，荷兰人是谨慎的，而美国人则是令人迷惑的。

在关于民族性格的研究中，民族刻板印象的研究是较早较多的，民族刻板印象是指根据一个民族内成员的心理或行为特征形成的对民族群体的概括而固定的看法，美国心理学家卡滋(Katz)和布瑞利(Braly)在1933年调查了100位普林斯顿大学的大学生对各民族成员与国家的国民所持的印象，结果发现被试大学生的看法相当一致，如认为美国人是勤劳的，而实利主义的犹太人是精明的等等。

与其说民族刻板印象是人们对一个民族性格的概括理解，不如说它是对民族的一种偏见，一个民族有它自己的主导人格类型，但不代表它就是整个民族所有人的特点，而且这种主导人格特征也是有偏见的，甚至带着强烈的情绪色彩。比如历史上对于犹太人的偏见是最多的，甚至莎士比亚也在《威尼斯商人》中把夏洛克写成犹太人，他放高利贷，又从债户身上割下一磅肉，做了种种坏事。犹太人好像成了吝啬、狡猾的化身。但造成人们产生民族刻板印象的最重要原因还是民族性格。

2. “胡萝卜加大棒”——社会教化下的服从

从儿童时代起，我们就接受着家庭与社会的服从训练，听话的被誉为好孩子，不听话的就要受到惩罚。这种服从的意识，在我们成长的过程中不断地从父母、学校、工作单位处得到强化，最终使服从成了我们的一种习惯。虽然，不同的人服从的程度有强有弱，但可以肯定地说，没有一个人敢宣称：“我从来就不理会服从！”事实上，从某种意义上，我们可以把服从理解为是为了维护社会团体所订立的标准，个人自觉自愿地服从普遍通行的行为方式。因为只有这样，个人才能与社会相适应，成功地占据社会阶层的特殊位置，并扮演与之相应的社会角色。

2-1 心理学对服从的实验研究

关于社会服从最经典的实验也许是美国心理学家米尔格拉姆(Milgram)1963 年在美国耶鲁大学的一系列实验研究了。米尔格拉姆先在报纸上登载了征求心理学被试的广告，前来应征的有 40 人，都是男性，年龄从 20 岁到 50 岁，他们都是一些从没有学过心理学，也从未有过心理学实验经历的人。被试一来到实验室,就被介绍给另一个被试,而事实上这个先到的被试是一个假被试,是实验者的合作者,但真正的被试并不知道这一切。实验者把他们一起带到了实验室,并对他们说:“我们要做一次学习的实验,第一要看看作为教师和学生,这种不同的地位,对学习有什么影响作用;第二是想研究惩罚对学习的影响效果。要请你们当中的一个人做教师,一个人做学生,而谁做教师,谁做学生,请你们以抽签的方式决定。”事实上,抽签只是形式上的,实验者以一定的方式让自己的合作者,即假被试抽到做学习者,而让真被试抽到做教师。接着,实验者请“教师”帮助自己一起在“学习者”的手腕上绑上电极,然后就带“教师”回到原来的实验室。

在实验室里,有一个巨大的电击器,通过按动电击器上不同的操纵杆,“教师”可以对隔壁房间的“学习者”实施从 15 伏特到 450 伏特不同强度的电击刺激。为使被试更清楚电击的强度,每四个操纵杆归为一组,用文字注明:弱电击、中等电击、强电击、特强电击、剧烈电击、极剧烈电击、危险剧烈电击等。

实验者告诉被试,他的任务是:让学习者学习一组有联系的成对词。被试先对学习者大声朗读这些成对的词,学习者要尽可能地记住每对词的搭配,然后真被试依次只读出每一对词中的第一个词,同时呈现给学习者四个可能的答案,学习者要从中选择出那个唯一正确的对应词。如果学习者选择错误,被试就要通过操纵杆对学习者实施不断增强的电击。为使被试相信电击刺激是真实的,并使被试也体验一下遭受电击是不舒服的,学习开始前,实验者先请被试接受了一次45伏特的电击刺激。

在实验过程中,学习者有意地多次出错,被试指出其错误后,随即给予一次电击。按事先的安排,学习者的错误反应使他很容易地要接受300伏特以上的电击刺激。每次电击后,学习者都会发出呻吟声,随着电击强度的增加,学习者的反应也越来越强烈,他叫喊着,乞求教师停止电击,随即猛击桌子,踢打墙壁,后来学习者干脆停止回答教师的任何问题,根本不作反应。当然,学习者的表现都是事先排练好的,因为在实验过程中他根本没有遭受到任何电击。

米尔格拉姆(Milgram)实验的真正目的是:确定有多少被试继续发出电击,直到最后一级为止。米尔格拉姆曾要求一些四年级大学生和精神病医生对可能继续实施电击直至最高水平的“教师”的百分数作一个预估,他们一致认为只有少数人才会狠心地这样做。但是,实验的结果却出乎意料,在实验过程中几乎有三分之二的真被试在上述情况中表现出对实验者指令的完全服从,他们对不断出错的学习者一级级提高着电击水平,直至对学习者实施了最高强度的电击。

在这一实验中,实施电击的命令是很明显的,实验者要求被试与其合作,而不管做教师的真被试喜欢还是不喜欢这样做,因此,在心理学上,就把即使人们不愿意去做,但不得不做的行为称为服从。服从是个体按照社会要求、团体规范或别人的愿望而做出的行为,这种行为是在外界压力或诱惑下而发生的。

2-2 影响服从的因素

从米尔格拉姆的实验中可以看到,大多数人都是惧怕权威的,在法律和权威面前都会不自觉地表现出服从的行为。在这一实验中,米尔格拉姆还继续研究了影响服从的一些因素。

(1) 个体的道德水平

米尔格拉姆用经典的道德判断测试被试,发现被试的道德判断水平越高,服从权威人物的可能性越小。被试的道德判断水平越低,越容易服从权威的要求。

(2) 个体的个性特征

米尔格拉姆对参加实验的所有被试进行了个性测验,发现那些服从实验者的命令,不断增强对“学习者”施加电击的被试,其个性有如下特征:世俗主义,十分重视社会压力以及个人行为的社会价值。这些人毫不怀疑地接受权威的命令,并且他们对那些违反社会习俗和社会价值的人不屑一顾。他们多数不敢流露出真实的感受,思想个性并不明显。喜欢跟着权威行事,害怕偏离社会准则。

(3) “胡萝卜加大棒”的奖赏、惩罚和威胁

在现实生活中我们经常会听到妈妈们对孩子们又贿赂又威胁地说:“你要努力学习,成绩提高了,妈妈就给你买你前不久看中的那个玩具;但是,如果你不好好学习,成绩继续退步,那就要取消你看你最喜欢的《大风车》节目的权利了。”对一个正在学着吸烟的孩子,母亲们也会采取同样的贿赂加威胁的手段,以尽可能地阻止孩子继续抽烟,母亲们可能会说:“如果你从此不再吸烟,我将增加你的零花钱;而你仍然继续吸烟的话,我将取消你的零花钱。”生活中,很多母亲们正是通过“胡萝卜加大棒”的奖赏、惩罚和威胁等一系列手段,使孩子们感受到难以抵抗的压力,最终不得不服从母亲的

愿望、要求或命令的。

(4) 社会赞许和环境气氛

源于环境中的社会赞许和环境气氛也都会使人感受到压力。比如一个学生,对学习没有多大兴趣,特别想玩,父母把他送到了寄宿学校,他发现在这个环境中,只有好好学习的学生,才会赢得爱和尊敬,即周围的老师会喜欢他,同学们也特别愿意和他交往,做朋友。同时,在寄宿学校,他看到周围的同学都很认真地在学习,他自然而然地也会感受到这种学习氛围的压力,也努力学习起来了。这种源于社会环境的赞许和气氛的压力,更容易给人以潜移默化的影响,从而使他人发生服从行为。

看来奖赏、惩罚和威胁,以及源于社会环境的压力,都会使人发生服从行为。但是,在这里,我们必须指出,企图运用这些手段使他人对我们发生服从行为时,要特别注意掌握使用的"度"的问题,如果惩罚或威胁过分,社会环境给人带来的压力感过强,很有可能不仅不会使他人对我们发生服从行为,反而容易引发他人的抵抗心理,甚至还有可能使某些人把过强的压力转化成过度的紧张、焦虑,从而引发心理疾病。

其实每一个社会,在很大程度上都需要社会公民对社会的服从,比如,遵守社会的道德规范,遵守社会的法律条文,遵守社会团体的纪律等等,如果一个社会真的没有了公民对其的服从,人们将会任自己的本性去生活,社会将失去稳定。所以,即使在人类最初的原始社会,那时没有权威,没有法律,也没有宗教,但史学研究发现,原始人也知道靠着每个人的任性行事不可以,一定要有个东西约束住每个人的行为，于是原始人也有了自己的社会约束，比如孩子也要听父母的话，部落的众人要听从酋长的指挥，并形成了人类社会最初的社会规范。随着人类种群个数的渐渐增多，仅仅靠最初的社会规范来管理人类社会，已远远不够了，人类社会逐渐显得无序，这时的人们更是意识到，用更完善的社会规范、社会制度来约束人们，是十分重要的。尽管人的潜意识不想听从什么，但有个理性告诉人类，为了人类的共同生存，每一个个体需要放弃一部分自由。于是，人类社会的法律条文就逐渐地形成了。当然，那些为了整体利益的服从是社会提倡的，也是人民所愿意的，但那些不分好坏的服从则是为人不齿的。所以在生活中，我们要分清哪些该服从，哪些不该服从。

“相倚契约”下的服从

人性的一个弱点，就是我们往往容易受一些微小、但是直接而确定的东西诱惑，忘记了那些虽然重大，但是遥远而不确定的目标。学生明明晓得作业还没完成，却依然难弃难离地放不下手中的电玩；人们明明知道不该吸烟，知道吸烟有害健康，却继续吸烟；女孩子明明知道不该贪吃过多的零食，这样会影响她们苗条的身材，可是依然抵挡不了美食的诱惑。——显然，永远健康的生活、优美的体型与眼前少量的尼古丁或是美味的小吃相比，多么缺乏诱惑力啊！

我们面临的人性的弱点这一问题是可以解决的吗？斯金纳坚定地回答：可以解决！他的方法简单地来说，就是把未来的目标化为近期目标，其次是实行所谓的“相倚契约”来实现这个近期目标。比如说，你想戒烟，但又似乎不能独自做到；再比如说，100元钱对你来说很诱人。于是你可以与另一个人签订一份协议，规定你要把100元钱交给他，如果一周内你都没有吸烟，你就可以拿回10元钱，但即使你在一周里只吸了一支烟，也同样会失去10元钱。这种协议就叫做“相倚契约”。契约里规定了两样东西之间的关系。当然，它可以有多种的形式，关键是要利用这种契约激发你所期望的行为，禁止所不期望的行为，从而使服从行为发生。

斯金纳坚决地认为，通过“相倚契约”和适当的强化，可以改变人的行为，塑造人的性格，建设文化的工程。事实上，源于这一论点的“行为治疗”的临床方法已经被成功地应用于治疗形形色色的行为问题，诸如酒精中毒、吸毒成瘾、吃拇指癖及病态恐惧等等，从而使人消除不良行为，并通过对治疗者的服从建立起新的行为。尽管有人批评斯金纳是把在动物实验中得到的结论过分简单地照搬到人类社会里，然而这与在他的理论指导下获得的成就相比，就显得微不足道了。

3. 社会期望下的自我实现的预言

当我们邀请一位好朋友参加自己的生日晚会，而他却不予理睬时，我们与他的友谊关系也许在这一瞬间破裂了。并不是因为这次晚会有多么重要,而是由此引发的一系列特定期望落空。在这一互动过程中,我们期望着友谊的表示,没有这种表示,我们就会对明显的态度改变感到惊奇,感到失望。这种彼此参与对方行为的双向预期就称为社会期望。社会期望包括两个方面,一是关于什么是合适的行为这样一种简单的期望或预期;二是需要另一个人做出行为的要求。社会期望的作用常常是深刻而重大的。

> 在希腊神话中有这样一个故事:在古希腊塞浦路斯有一位年轻的王子,名叫皮格马利翁,他很喜欢雕塑。有一天,他得到了一块洁白无瑕的象牙,于是就花了很多心血把它雕刻成了一个少女。王子的雕刻是如此成功,使得这位象牙少女看起来太像个美丽的公主了,身材婀娜多姿,眼睛充满希望之光。王子爱不释手,每天都以充满爱情的目光深切地注视着象牙少女,热切地希望"她"是个真正的人,能跟他谈心的真正的少女。
>
> 日子一天天过去,王子深切地体验着痛苦的煎熬,因"她"只是一块象牙而暗自神伤——他是那样地爱"她",可是"她"却只是块象牙。王子到了结婚的年龄却迟迟不愿结婚,依旧每天坐在"她"的对面,关注着"她",呼吸着"她",希望"她"终有一天能变成真正的少女。终于,王子的爱情感动了天神,天神使这位象牙少女拥有了真正的生命,成了真正的公主。这里讲的仅仅是个神话故事,也许古人正是想通过这样一个故事告诉我们一个道理:热切的期望会使梦想成真。

期望的神奇作用是通过什么心理机理发生的呢？心理学家经过研究认为是通过对对方的暗示作用实现的。暗示是指在无对抗条件下，用某种间接的方法对人们的心理和行为产生影响，从而使人们按照一定的方式去行为或接受一定的意见、思想。暗示的结果会使一个人发生改变，甚至是很巨大的改变。

3-1 社会期望下暗示机理的实验研究

美国心理学家罗森塔尔（Rosenthal）和雅可布森（Jacobsonl）在1968 年为了研究社会期望下发生的暗示机理作用，做了一个非常有名的实验。他们在加利福尼亚一所小学里对一至六年级 18 个班的学生进行了一次标准化的非文字测验，他们很认真地告诉老师说，这是一次最佳的智力测验。测验结束后，他们给每个班级的教师发了一份学生名单，并告知教师说，根据本次测试，这名单上的所有学生是在班级名列前 20% 的，是一些会有更优异的发展可能的学生。教师们看了看名单，发现有些学生的成绩是很优异的，而有些学生则不然，甚至成绩很差。心理学家们反复叮嘱老师们不要将这个名单外传，只准老师自己知道。测试结束八个月以后，心理学家们又来到了这所学校，对 18 个班的学生的学习成绩进行了追踪检测，结果发现他们先前提供给老师的名单上的那 20% 的学生的学业成绩都有了显著的进步，而且这些学生的情感健康，好奇心强，敢于在课堂上发言，学习努力，与老师和同学的关系也特别融洽，老师们连连点头说两位心理学家的测验可真准。

难道两位心理学家真的能预测学生的发展潜力吗？其实，心理学家只是想通过这个实验研究证明教师对学生的期望的作用！事

皮革马利翁效应

实上,各个班级这 20% 的所谓更有发展可能的学生,是心理学家们从全班同学中随机抽取出来的。但是心理学家们通过“权威”的暗示,坚定了老师对这些学生发展的信心,也调动了教师对这些学生的感情,老师们“知道了”教室中坐着一些与众不同的孩子,他们将来必然要成为栋梁之材。于是无论是在课堂上,还是在课堂外,教师对这些孩子都会充满热切的期待,而老师们的热切期待又时时会体现在老师们对待这些学生们的眼神、话语、动作等的交往中,而这些学生也会时时感受到老师的热切期待,并在不知不觉中接受了老师的暗示,最终真的实现了老师的预言,像老师们想象的那样去发展了。这正如同皮格马利翁王子对象牙少女的期待而使象牙少女

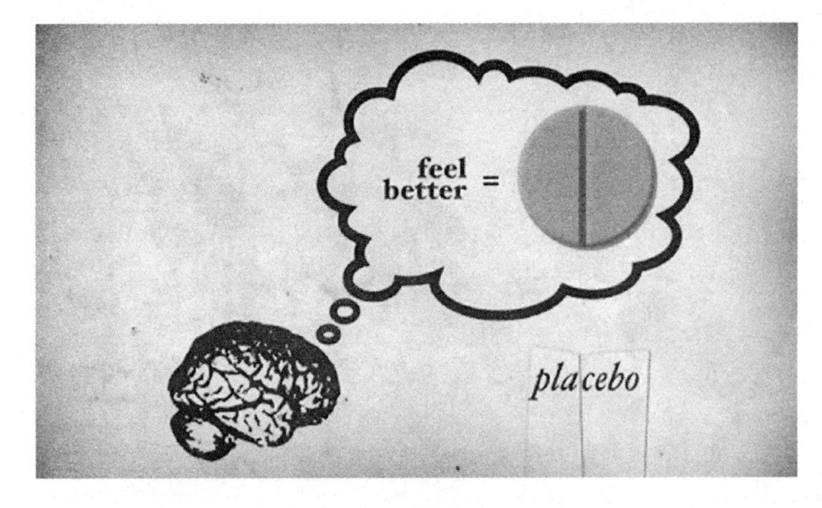

安慰剂效应

真的有了生命一样，是热切期待的神奇作用，因而，后来人们就把教师对学生的期待被学生接受而转化为自我暗示、最终发生自我实现的预言作用称为“皮格马利翁效应”或“罗森塔尔效应”。

3-2　暗示的作用

心理学家谢里夫(Sherif)曾经做过一个很有名的实验，在实验中他要求大学生被试对两段文学作品做出评价，他事先告诉学生们说：第一段作品是英国大文豪狄更斯写的，第二段作品则是一个普通作家写的。而事实上，这两段文学作品都出自大文豪狄更斯之手，但受了暗示的大学生被试们却对两段作品做出了极其悬殊的评价：大学生们给予了第一段作品极其宽厚而又崇敬的赞扬，而对第二段作品则进行了十分苛刻又严厉的挑剔。这一实验论证了，暗示会极大地影响人们的心理和行为。

暗示的作用是很奇妙的,它除了能使人们的心理和行为发生变化外,还能使人的生理状况发生变化。曾经有心理学家在实验室中做过这样的一个实验,心理学家反复地请被试喝大量糖水,然后对被试进行检验,结果可以发现被试的血糖增高了,还出现了糖尿和尿量增多等生理变化。然后,停止给被试喝糖水,并等待其生理状况恢复正常,但对被试保密这一结果,并用语言来暗示被试,对被试说"尽管现在没有让你喝糖水了,但是积在你体内的糖分依然很高,过一段时间,血糖仍会增高,你还会出现糖尿,尿量也会继续增多"。接着对被试再次进行检验,发现被试又出现了饮用大量糖水后才能引起的生理变化。这一实验表明,语言暗示可以代替实物,给人脑以兴奋的刺激,虽然被试没有再喝糖水,但人脑仍参与了体内糖的代谢活动。这就是我们常能看到的某些人服用了假的安眠药仍然能安然入睡,因为他相信这药是可以使他入睡的,这就是我们平常所说的**"安慰剂"**效应。

在心理咨询中咨询师也常常利用暗示来帮助人们摆脱失眠。有些人整夜整夜地不能睡好,心理咨询师就告诉他们"睡不好没什么,不要觉得这会使你非常疲倦,不要把失眠放在心上。正常人每天睡四五个小时就可以了"。这样失眠者因为相信权威的话,便不把失眠看得很重要,而为睡不着觉焦虑,反倒真的安然入睡了。

3-3　暗示的种类

我国心理学家孙本文在《社会心理学》一书中,把暗示分为四类:直接暗示、间接暗示、自我暗示和反暗示。

所谓的直接暗示就是把事物的意义直接提供给受暗示的人,使之迅速地、不假思索地接受。直接暗示的特点是直截了当,不仅可使受暗示者迅速接受,而且还可保证受暗示者不会对所提供的信息产生误解。“望梅止渴”就是直接暗示的一个典型例子。曹操所指的前面根本就没有什么梅林,但是仅靠语言的提示,曹操就使将士的心理和生理发生了反应,从而达到了鼓舞士气、缓解将士口渴的目的。有一个著名的实验大家也许听说过,有一个教授向学生展示了一只不透明的玻璃瓶,随后教授告诉大家,瓶中装有一种有恶臭气味的液体,请闻到恶臭的同学举起手来。仅仅 15 秒后,坐在前排的大多数同学就都举起了手。教授请闻到的人继续举手,一分钟后,全班有四分之三的学生举起了手。其实,这个瓶内什么也没有装,只是一个空瓶而已,但由于教授把瓶内装有恶臭气味的液体这一信息直接提供给了学生,学生没有产生怀疑,信以为真了,从而产生了错觉。这就是直接暗示的结果。

所谓的间接暗示是指把事物的意义间接地提供给受暗示者,使之迅速地、不加怀疑地接受。这种暗示的特点是,暗示者往往不讲清楚事物的本义,不说明自己的动机,而是把事物的意义间接地提供给受暗示者,从而使受暗示者的心理和行为受到影响。曾经有一位化工厂的年轻经理,想引进一条先进的生产流水线,以减轻工人的劳动强度,提高生产效率。但他知道,厂里的那些老领导们很可能会对这一变革推三阻四,怎么办?于是,他在一个风和日丽的日子里,组织这些老领导和工人们一起去旅游,在途中似乎是“顺路”参观了几家采用了现代化生产设备的化工厂。在看到干净、整洁的工厂环境,体验到高质量、高效率的先进生产流程时,他也装成和大家一样的惊奇,说道:“没想到现代化设备真的就是不一样呢!我们也该引进一套了。”大家都跟着称是,而且还提醒他,要及早引进,刻不容缓。这位经理没有一意孤行,没有采取会引起大家不满情绪或抵触情绪的命令方式,而是巧妙地用间接暗示的方法,传达了同样的信息,因而更有说服力,更有影响力,更为大家接受。这就是间接暗示,这种暗示一般不会引起受暗示者的抵触情绪,往往比直接暗示更有效。

所谓的自我暗示是指受暗示者依靠自己的思想、自己的语言,向自己发出刺激,从而影响自己的认知、情绪、意志或行为的过程。自我暗示有积极的也有消极的,消极的自我暗示可以出现“杯弓蛇影”的不良后果,而积极的自我暗示则可以坚定个体的意志,振奋精神,有利于个体的身心健康。台湾作家三毛曾说过:“每天对着镜子笑三次,并说我会很快乐的。”这就是在教人们用积极的自我暗示保持良好的愉快心情。如果你很忧愁,你不妨这样试一试,大声地对自己说“我会是个快乐的人!”奇妙的事情也许真的就会发生,过不了多久你会真的变得快乐。如果你要登台表演,可没上台前,你紧张得不得了,很是担心,这时你不妨也试一试积极的自我暗示,对自己说:“我不紧张,我会演好的。”这些都是很有效的缓和紧张的方法,都是个体通过自己给自己的暗示而实现的。

反暗示是指暗示者发出的刺激引起受暗示者性质相反的反应。反暗示又分为有意反暗示和无意反暗示两种。有意反暗示是指暗示者故意说反话以达到正面的效果,比如,有的烟厂有意在广告中印上不要吸某某牌香烟的字样,从而引起吸烟者偏要尝尝这个牌子香烟的欲望,这就是用反暗示来达到宣传营销的目的。无意反暗示是指有意进行正面的说明却出现适得其反的效果,比如,为了推销商品,商贩们常常会把自己的商品说得天花乱坠,而往往是商贩们说得越好,顾客越是会怀疑他的商品质量和功能,越是不买。

心理学的研究还指出,不同的个体,接受暗示的程度不尽相同,而且暗示的因素对不同的个体所产生的效果也不尽相同,一般来说,年幼的儿童和女性比较容易接受暗示影响;人在疲倦的时候或在面对自己不擅长的领域时,也比较容易受到暗示的影响。

催眠和暗示

催眠和暗示是治疗心理疾病的两种常用方法,早在200年前,人们就用它们来治疗疾病和减轻痛苦了。比如,在麻醉药尚没有发明和使用时,外科医生做手术主要就是用催眠和暗示来减轻病人的痛苦。古代的巫师之所以能治好一些疾病,甚至现在在一些落后的民族和地区,仍有人相信巫师,在某种程度上也是由于暗示的作用。在国外正规医院的精神病科、妇产科、外科和内科等,催眠和暗示至今还被广泛地运用着。催眠的实质就是用暗示的方法,使人处于似睡非睡、似醒非醒状态,从而便于医生进行治疗。

催眠的程度有深浅之分。才进入催眠状态时,受催眠的人只感到浑身倦怠,不想动弹。但是如果他决心活动一下,他的身体还能受他的意志支配。轻度催眠状态的特征是意识朦胧,像做梦一样,对催眠中发生的事情,醒后还有隐约的记忆。最深的催眠状态可能完全像睡熟了一样。对患者进行心理治疗的最好时刻,是那种似睡非睡的催眠状态。这时的催眠者最容易接受暗示影响,能回答催眠师的问题,躯体也听从催眠师的使唤,把它摆成什么姿势就会保持什么姿势。例如,曾经有学者在实验室里,让被试进入催眠状态,然后对他说:“你现在喝了大量的糖水。”而事实上什么也没有给他喝,可是,对被试进行检查,却发现他像真的喝了糖水一样,产生血糖升高、尿量增加的现象。接着,给他喝了一杯水,但告诉他给他喝的是酒,他又像真的喝了酒一样。但是,被试此时对其他一切事物都失去了知觉,甚至用针去刺他,他也若无其事,不觉得疼痛。曾有一位五十多岁的美国妇女,她的胃需要做手术,可病人有心脏病,还对麻醉药过敏,因此医生决定用催眠暗示代替麻醉。为了不使病人紧张,医生先请催眠师在病房中使病人进入催眠状态,然后再把病人送进手术室。手术进行了一个多小时,催眠师一直守在病人的身边。手术结束后,催眠师再把病人叫醒,问她:“你觉得怎样?”她很不高兴地问道:“你们什么时候给我做手术呀?”原来她还不知道手术已经完成了。

催眠暗示的治疗效果,在很大程度上依赖于受催眠者是否有迫切治好自己疾病的需求,以及对催眠师是否有高度的信赖。如果病人经受过身心疾病的痛苦,并迫切期望能给他解除病痛,催眠师在他心目中又有毋庸置疑的威望,那么催眠状态就容易被导入,对暗示也容易产生积极的反应。

? 考考你

1. 社会化发展的关键期是什么？与“印记”有什么关系？
2. 什么是社会化的共同性和个别性的统一？
3. 什么是社会服从？它的经典实验是如何进行的？
4. 社会服从受哪些因素的影响？能用你的生活举例说明吗？
5. 什么是“皮格马利翁效应”？
6. 暗示分为哪几类？能举例说明吗？

三　人真的能做到我行我素吗？——社会影响

不知你是否注意到，教室里只有你一个人自习时，你的学习动机可能并不是很强烈，尽管此时教室很明亮，很宽敞，也很安静，但你却常常会分心，而如果此时，有两三个同学（还可能是你不认识的同学），来到了你所在的教室，并随便找了个位置认真地自习时，你立刻就会聚精会神起来，有了强烈的学习动机，开始积极地演算起数学题或认真学习起英文单词了。他人尽管没有和我们，也没有必要和我们发生竞争，但是我们却似乎在不知觉中感受到了别人的影响，加快了自己的行为。

1. 不知觉中的社会促进行为

《圣经》上说：有一日那人（亚当）和妻子同房，夏娃就怀孕了，生了该隐（就是“得”的意思），便说：“耶和华使我得了一个男子。”又生了该隐的兄弟亚伯。两个儿子渐渐长大，老大种地，老二放羊。他们都想讨神的喜欢，亚伯就拿他羊群中头生的羊和羊的脂油献给神，而该隐则拿出地里出产的作物为供物献上。神看中了亚伯和他的供物，却不喜欢该隐和他的供物。该隐知道后，就非常愤怒，甚至脸色都变了，神就对该隐说：“你为什么要发怒呢？又为什么要变脸呢？你要是做得好，我不是同样也喜欢你吗？”

该隐无话可说，他知道自己比不过亚伯的真心和能力，便暗暗地动了邪念。有一日,亚伯来天中看该隐,两个人就聊了起来,该隐心里在想:这真是个好机会。于是便趁亚伯不注意,拿起身边的石头向他打去,结果把他打死了,然后又把他埋了起来。过了几天,神问该隐说:“你的弟弟亚伯在哪里?”该隐竟说:“我不知道,我又不是看守亚伯的。”神当然知道亚伯在说谎,便给了他极大的诅咒。

这就是《圣经》中所记载的人类历史上第一宗杀人案,竟是发生在兄弟之间。没有谁去教该隐与亚伯竞争,只是由于弟弟的存在,该隐想讨神的喜欢的动机变得异常强烈,但结果却没讨上,只有把讨神喜欢的弟弟杀掉才解心头之恨。也许,与我们共处的人,不管和我们有没有明显的竞争,都一样使我们产生要超越对方的强烈欲望。

1-1 社会促进的实验研究

心理学家对他人在场可使个体在不知觉中感受到竞争压力,并由此增强了与之争强、争胜的动机现象产生了浓厚的研究兴趣,为此设计了大量的实验研究工作加以论证,其中最为有趣的是我国心理学家在清华大学所做的一次动物实验。

清华大学的学者(S. C. Chen,1937 年)曾用 36 只蚂蚁做被试,进行了有趣的实验研究。心理学家观察了 36 只蚂蚁在以下三种情况下挖土、筑巢的工作效率:第一种情况是 36 只蚂蚁分别在 36 只瓶子中单独工作;第二种情况是 36 只蚂蚁两两一组,分别在 18 只瓶子里工作;第三种情况是 36 只蚂蚁三个一组分别在 12 只瓶子里工作。对蚂蚁们工作效率的考察以以下两个变量为指标:第一个指标是考察每只蚂蚁从进入瓶子到开始挖土、筑巢所需要的时间,这是对蚂蚁工作积极性的考察；第二个指标是考察蚂蚁开始挖土、筑巢后的6个小时内，所挖出的沙土量，这是对蚂蚁工作成绩的考察。每三天进行一次实验，由于对工作环境的第一次适应会影响蚂蚁在瓶子中的第一次工作，为此，在实验的最后一次又对蚂蚁单独工作的情况进行了考察。整个实验的结果如下面的表格所示：

	蚂蚁首次单独工作	蚂蚁两两工作	蚂蚁三个一组工作	蚂蚁第二次单独工作
平均每只蚂蚁开始工作所需消耗的时间(分)	192	28	33	160
每只蚂蚁连续6小时所挖出的沙土量(克)	232	765	728	182

由这一结果可看出，两只蚂蚁或三只蚂蚁在一起工作时，不但开始工作所需要花的时间短，而且，每只蚂蚁的工作量即挖土量也远比一只蚂蚁单独工作时的工作量高。由此我们可以得到这样的结论：几只蚂蚁在一起从事同样性质的工作时，确实能增强蚂蚁的工作动机，从而提高了工作效率。有人还发现，在笼子里，单独一对老鼠比起三对同在时交配要少一些。

弗里德曼(Friedman)与克劳斯(Krauss)在1960年做过这样一个有趣的实验，他们以成对的被试来从事卡车游戏，即要求每个被试都设想他们正经营一家卡车公司，并且要求每一辆卡车由一个地点尽快地到达另一个地点。这两辆卡车并不竞争，他们有不同的起点和终点。但是，有一个障碍物——两者最快的直接路线都会合在一条狭小的道路上，而他们行驶的方向是相反的。两辆卡车使用同一条直接路线的唯一办法就是其中一辆卡车等待片刻，让另一辆卡车先通过,不论哪一辆卡车进入这一条道路,另一辆卡车就不能使用这条路线。如果两辆卡车同时进入就都不能向前行驶,除非其中一辆卡车倒退出去。另外每个参加者都有一个拦门横跨在直接的路线上,通过按钮可以将拦门提升起来,使道路不再畅通。两辆卡车又各有一条备用路线,互不冲突,但是走备用路线要远些,会使参加者减少得分。实验设计者在实验开始前就告诉参加者,游戏的目的是尽可能地为自己赢得更多的分数,从一开始就没有要求参加者要比另一位多赢分数。

根据典型的实验记载,双方都试图利用这条直接道路,结果迎面相遇于中途。他们都坚持停留一会儿,每个人都拒绝倒退。参加游戏的双方会神经质地笑一笑,或说些难听的话。最后其中一个人会先倒车,准备走备用路线,但在过了其所控制的拦门后,迅即就又把它关上,以阻止对方使用直接路线。结果双方都不得不走自己的备用道路,大家都减少了分数。再一次实验,他们还会这样做。偶然的合作情况有时出现,但大多数都是竞争性的。

这一实验结果令实验者大吃一惊。在实验中,实验者唯一要求就是要他们以最快的速度到达终点,并没有要求他们竞争。很显然,最好的办法应该是合作,即交替地使用这条狭窄的道路,一辆卡车等几秒钟,让另一辆卡车先行驶过去。这样,两个人就都能使用这段直接的路线,也就可以获得最多的分数。但结果却是,几乎所有的参赛者还是会不由自主地怀着竞争的心态,尽可能地超越对方,而忘记合作。

通过这些经典的实验研究工作,心理学家们相信,他人的在场,

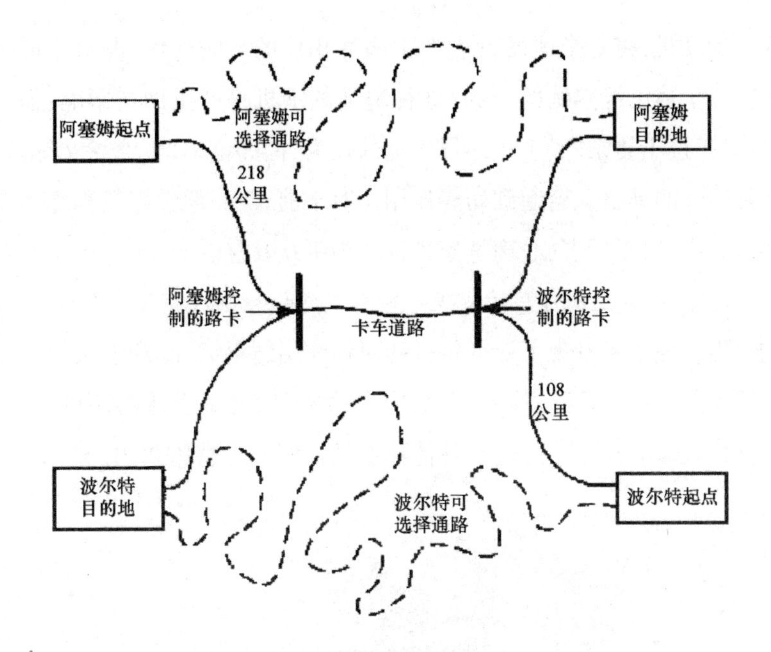

的确会使个体在不知觉中感受到竞争的压力,从而增强了行为的动机。增强的动机会带来怎样的行为呢?

1-2　社会促进的两种行为结果

由于他人在场,增强了个体的竞争动机,但动机的增强,不一定带来的都是行为效率的提高。心理学家皮森(J. Pessin,1933 年)研究发现,有一个旁观者在场,将会减低个体有关记忆性工作的效率。随后,有很多心理学家都以实验研究论证了,他人在场激发出的强烈动机,也会妨碍个体的工作进度。

可见,他人在场所产生的社会促进作用将导致个体两种不同的行为结果。至此,心理学家才对社会促进作用有了完整的解释:他人在场引起行为者的是一种普遍而未特定化了的驱力,由这种驱力激发的动机，将对个体的行为产生两种相反的影响作用，即对于简单的或个体已经熟练的行为，这种增强的动机将产生助长影响；但是，对于过于复杂的、个体还很生疏的行为，例如记单词、背课文等，这种增强的动机只会起到妨碍作用。对于前者，心理学家又称之为共事效应；对于后者，心理学家又称之为听众效应。

1-3 社会促进作用的机理——自我觉知和他人评价与竞争

当心理学家发现了社会促进的两种作用结果后，心理学家们接着就提出了这样的问题：是观众的什么特征增强了个体的动机呢？仅仅是观众的身体吗？还是其他什么特征呢？考特雷尔（L. S. Cot-

观众和竞争者的存在使骑行者表现良好

来源：屈沙、曹贵康：《"他" + "她" > "他们"？性别助长效应》，《中国社会科学报》第 372 期。

trell)1972 年首先在这方面进行了开创性的研究工作。他请学生们来实验室学习一些无意义音节的词,请学生们尽可能记住,然后在屏幕上打一些迅速闪动的词,学生要在词闪动的刹那间把刚学习的无意义音节的词辨别出来。学生们被分成三组,分别在三种不同的条件下完成学习任务。在第一种条件下,学生一个人在实验室单独进行;在第二种条件下,有学习者的两个同学在场,而且这两个同学对该实验表现出浓厚的兴趣;第三种条件下,虽然也有两个观众在场,但是这两个观众的双眼被蒙了起来,因而无法知道学习者完成任务的情况。结果发现,在第一种和第三种条件下,学生们的成绩是一样的,只有在第二种条件下,学生们的成绩才有提高,发生了社会促进的影响。

可见,仅仅有观众的身体在场是不足以产生社会促进的。那么,是什么在起作用呢?兰德斯(Landers)等人 1972 年的研究指出,是观众的评价和对竞争的自我觉知产生了社会助长或社会妨碍作用。在他们的实验中,要求男大学生们去完成一件灵活性的任务,即用两根铁棒把一个铁球沿着一个斜面向上赶。这个游戏相当困难,要求有一定的技巧。实验也分三种条件进行。第一种被称为"直接评价"条件,学生们能看到自己的分数和其他人的分数及表演。第二种被称为"间接评价"条件,学生们无法看到其他人的表演,但可以看到分数。第三种称为"无评价"条件,学生们既看不到他人的表演,也看不到他人的分数。结果,研究人员发现,与"无评价"条件和"间接评价"条件下的成绩相比,"直接评价"条件下,学生的成绩要差得多。由此,心理学家们认为一个在高度觉知和高度评价条件下完成任务的人,不如一个不知道或意识不到自己正在被人评价的人完成得好。这就是社会促进产生的机理:自我觉知和他人评价使个体在不知觉中感受到竞争压力,从而激发了个体强烈的动机水平,最终使个体从事的简单工作得以加强,而从事的复杂工作受到妨碍。

的确,在生活中,人没有比较,又没有即刻目标,便很容易产生惰性。而人一旦身边有了同类,就坐不安稳了,或多或少要感受到竞争的压力。这其中,还常常暗含着评价作用,个体会情不自禁地想:"他们可能正在注意我干得怎么样呢?我一定要好好干,让他们瞧瞧。"同时,在社会情境中,人们还害怕被抛弃,总想要社会中的同类喜欢和接受自己,而当个体确实知觉到自己与他人在一起将有可能发生互动时,这些动机更为强烈。也许,个体根本就不认识身边的人,但却仍然认为他们在某种程度上在对自己进行评价,而社会中的我们又是很关心别人对我们的看法的,我们自然也就想做得更好一些。因此,他人在场就给个体提供了某种内在的竞争,这一点与别人在做什么是毫无关系的。

社会助长的时狂现象

时尚又称时髦,指一时崇尚的方式,是社会成员通过对所崇尚事物的追求,获得一种心理上的满足。时尚充分地体现了社会促进中相互助长的心理作用。社会的一致,把大多数人卷入到时尚的潮流中,彼此相逐,相互助长,有时还达到一种情绪化的强度,似乎成了一股“群众运动”，这便是所谓的“时狂”。16世纪荷兰出现的“郁金香热”就是一个典型的例子。16世纪中叶郁金香传入荷兰。起初，只有贵族阶级喜欢它，后来蔓延到收入仅足糊口的百姓也竞相以占有奇种和高价的郁金香为荣。1934年，郁金香热在荷兰达到高潮，成为全国性的以收存、保养郁金香为荣的时狂。一时之间，郁金香供不应求，大家都不惜重金高价收买。于是，许许多多荷兰人不事生产，而专门买卖郁金香。人们深信郁金香的魅力不可抵挡，经久不衰。

2. 跟着大多数人走——社会遵从

生活中，人们表现出的相同或相似行为有时并非是出于共同的学习或需要。比如，一天你正在走自己的路，忽然看到有一些人停在马路上并都抬头向天上望着什么，你往往也会停下自己的脚步，像他们那样望向天空。我们在看到大多数人表现出同样行为时，即使明显地感受到他人的判断与自己的感觉不一致，我们也常常会放弃自己的感觉，而跟随社会或团体中的大多数人的行为决定自己的行动。这就是心理学所说的社会遵从现象。

2-1 心理学对社会遵从的实验研究

关于人的社会遵从的实验研究工作中最经典的就是索罗门·阿希(Solomon Asch)在1951年进行的“阿希实验”。

阿希实验的材料是两张一组共18组的卡片，每组卡片中的第一张卡片上只有一条垂直线段，称为标准线段，第二张卡片上有三条垂直线段，称为比较线段。在比较线段中，有一条线段和标准线段一样长短，而其他两条比较线段都明显地长或短于标准线段。被试的任务就是向实验者指出三条比较线段中和标准线段一样长的那根线段。就正常视觉来说，每个人都可以正确无误地一下做出自己的判断。阿希请了一些大学生参加这一实验，学生被每七人分为一组，实验时七个学生一起围着一张圆桌子坐下，阿希每次向学生们呈现一组卡片，请学生依次做出回答。

实验开始了，阿希给大学生们呈现第一组卡片，学生们一个接一个地根据自己的感觉大声回答出自己的判断，七个人的意见都一致，也都是正确的。接着，阿希呈现第二组卡片，学生们依然像第一次一样做出了一致的回答。正当大学生们感到这个简单而枯燥的测试又单调又毫无意义时，阿希给大家呈现了第三组卡片。第一位大学生仔细看了看两张卡片上的线段，郑重地做出了显然是错误的回答，接着第二、三、四、五，直至第六位大学生也做出了同样错误的判断，轮到第七位大学生回答了，他感到十分惊讶，因为他的感官清楚地告诉他别人都是错的，他们都没有选择真正与标准线段相同的那条线段，他非常迷茫，不知该怎样回答，他还很可能尴尬地对同学们笑笑，小声地说出自己认为是正确的线段。阿希接着就又呈现了第四组卡片，第七位大学生再次发现自己感官得来的证据和小组中的其他六位成员不一致，他感到更加迷茫，他认真地看了看每一位和他一起参加实验的大学生，觉得他们没有什么异样，而且他们好像还都觉得自己很正确的样子。这时，第七位大学生会有什么反应呢？结果是，许多参加实验又坐在第七个位子的大学生最终自动放弃了来自自己感官的正确判断，小声地说出了与别人相同但是错误的回答。

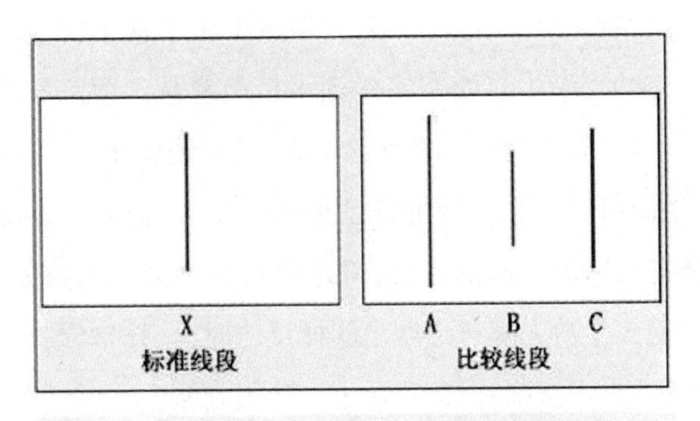

阿希实验

原来,这个实验是事先安排好的,前六名大学生都是假被试,他们都是阿希的实验助手,他们按照事先安排好的程序进行正确或错误的选择,只有第七位大学生是小组中唯一不知底细的真被试。实验中,来自这位大学生感官的证据实际是正确的,但他却处于两种强度悬殊的力量较量中,一个是只有他自己的弱方,他由自己的感官得到判断;另一个则是有六个人的一致判断。因此,这第七位大学生的任务非常困难,他不但要在一群一致不同意他的判断的公众面前发表他的明确看法,而且更让他感到窘迫的是那些人已经在他之前先公开地表示了一致的意见。在实验的过程中,为了消除这唯一不知底细的大学生的怀疑,阿希指示那六位大学生在每组 18 次的实验中要间隔地有六次回答和第七位大学生的感觉一致。

阿希一共在三所大学123名大学生中做了这个实验,结果,只有四分之一的大学生自始至终做到了拒绝遵从。而来参加这个实验的大学生都是具有良好的视觉及敏锐思维能力的,并且从表面看,大学生们可以任意地做出自己想做的反应,而阿希也确实要求他们选择自己认为正确的答案,但是来自群体的压力是如此之大,当社会中绝大多数人都已经做出同样反应时,个体常常就会受到诱惑,也跟着做出不正确、但却和众人一致的判断。

当一个人的活动动机是出自其他人都这样活动的考虑时,这种活动在心理学上就称为社会遵从或从众,通俗地说就是随大流。

2-2 心理学对社会遵从的解释

(1) 信息压力

是指个体把社会或群体看做信息源而给自身带来的压力。在生活中,我们常常把他人看做是信息的一个重要来源。我们通过他人获得许多有关这个世界的信息,甚至许多有关我们自己的信息也是通过他人获得的,这就好像我们在一个陌生的城镇迷路时,我们总是向当地的警察或居民问路。而且,在一般情况下,那些在我们看来能带给我们正确信息的人,也常常是我们仿效和相信的人。

在阿希的社会遵从实验中,这种信息压力机制看来的确在起作用。人们倾向于相信多数,认为多数人正确的概率更大,因而把多数人看做是信息的来源而怀疑自己感官得来的判断。如果是在模棱两可的情况下,由于自信心的缺乏,人们更容易产生随大流的行为。

(2) 规范压力

指作为群体要求而制约个体行为的一种力量。假如个体违背群体要求的话,往往被称为"越轨者",并且被群体疏远,群体甚至会对其施行精神或肉体上的惩罚。

几乎在所有的社会情境中,人们都希望社会或群体能喜欢自己,接纳自己,优待自己。而一旦面临与大家意见不一致时,人们就会担心社会或群体疏远自己,讨厌自己甚至虐待自己。为了避免发生"被抛弃"的后果,人们往往就会遵从社会或群体要求,从而发生社会遵从。事实也确实如此,群体一旦发现有"越轨者",就会在权利可及的范围内给予个体惩罚。在西方电气公司霍桑工厂(the Hawthorne Plant of the Western Electric Company)的一项研究中,心理学家观察了很多工人的行为,这些工人的工资依其劳动生产率而定。工作越努力,完成任务越多,工人的工资也就越高。然而,心理学家却发现,这些工人对自己每日的工作量好像有一个不言而明的标准,每天每个工人完成了这个工作量后,就自动地松弛下来了。工人们通过这样的工作,就能合理地挣到一份工资,而不想努力苦干。因此,工厂的生产率一直都维持在一个较低的水平。怎么会这样呢?为什么没有人主动地通过提高自己的生产率来挣得更高的工资呢?

心理学家通过大量而细致的研究发现,每个工人遵从群体认可的生产率,就是源于群体的规范压力。由于群体担心任何人的努力都可能会引起管理人员提高定额,因此,群体就在无形中建立了一个行为规范,即一个人不能干得太多,否则,个体就被冠以"假积极"的称呼;而同时,一个人也不能干得太少,那样会使自己被认为在"磨洋工"而扣发部分工资,甚至群体把自己当成懒汉而瞧不起。

群体为了使建立起来的这个行为规范行之有效,还有了一套加强这一规范的不寻常的办法,使得一旦有人工作得太慢或太快,都可能要受到群体的"提醒",提醒的方法就是有人在"越轨者"的肩上打一下,这不仅让"越轨者"疼一下,而且还是对其违反群体生产率标准的一种象征性的惩罚。

在"越轨者"身上打一下,这仅仅是一切群体对违反其要求的个体施行各种压力的一种戏剧性的例证,正是这些压力迫使群体成员遵从群体的观念、态度、价值观及其行为。如果个体遵从了,就会得到群体的优待和接受;而一旦个体偏离了群体要求,个体就会受到群体的疏远和相应的惩罚。

2-3 社会遵从的影响因素

(1) 群体规模

假如你正坐在一间房子里,当你感到很冷时,有一个人说这房间太热,你一定不会同意他的看法,你会想这个人是不是搞错了?但是,假如房间里有六个人,除了你之外的五个人都说这房间太热的话,你一定会对自己的感觉产生怀疑,因为你认为五个人都弄错的可能性比较小,你可能会摸摸自己的前额,看看是不是自己在发烧而觉得冷,而且,与你感觉不一致的人越多,你越是怀疑自己的判断。一般来说,群体的规模越大越使我们感到更值得信赖,我们就越容易对其发生社会遵从。

(2) 群体的一致性

群体中的分歧会损害群体的力量,从而使群体迫使其个体发生社会遵从的压力下降。因而,在产生社会遵从的过程中,群体的一致性是影响个体社会遵从强烈与否的一个重要因素。阿希在自己的社会遵从实验研究中,在六个合作者中有意安排了一人支持真被试由感官得来的证据时,发现被试的遵从性下降了75%。

群体的分歧之所以有降低个体的社会遵从的作用,是因为分歧减弱了个体把群体作为信息源的信任,同时也会增加个体的信心,使他不感到孤独无助,结果就会大大降低个体对群体的社会遵从行为的发生。

(3) 性别差异

多年来的研究都发现,女性比男性有更强烈的社会遵从倾向。在20世纪五六十年代,有关这方面的研究有大量的报道,综合这些报道,可看出在各种不同的广泛实验条件下,女性的社会遵从率为35%,男性的社会遵从率为22%。但也有学者追问道:早期的社会遵从性的研究是真的反映了女性有更大的社会遵从性,还是由于在那些男人组织的实验中,使用了更适合男性的材料,女性由于对这些男性材料不熟悉,不擅长,而自信心不足,从而导致了更明显的社会遵从倾向?这一系列的疑问最终导致了西斯川克(F. Sistrunk)和麦克大卫(J. W. McDavid)1971年的研究工作,在他们的研究中,对材料和性别的关系进行了严格区分。他们首先选出了100个有关日常生活的观点和事实描述,请一些被试判断这些问题与性别的关系,假如对某一问题的描述,至少有80%的被试认为男性更有兴趣或经验,那么这个项目就被认为是男性项目。同样,用此方法把女性的项目也检测出来。还有一些是没有明显性别倾向的中性项目。然后,西斯川克和麦克大卫分别用“男性”“女性”和“中性”的项目,进行了社会遵从的实验研究。结果表明,女性并不明显地比男性更加具有社会遵从的倾向,反映在中性项目中,男女的社会遵从量几乎相同;女性项目中,男性的社会遵从倾向更明显;男性项目中则是女性的社会遵从倾向更突出。这样看来,通常为人们所接受的那种女性比男性更容易随大流的看法,很可能是由于实验的情境所导致的偏见。

在日常生活中,遵从行为是比较常见的。由于它形成了我们这个社会的规范,但也由于它,有些人虽然觉得社会或团体有些不对之处,但为了不与大家发生冲突,便违心地听从了团体的意见。当然,在社会团体中,坚持自己的意见,顶住外来压力的人也不少。尽管他们可能受到非议,甚至为坚持真理而献身,但他们会带动起更多的人觉醒,来跟随他们。我们把这种相反的现象称为众从。我们的生活中每天都发生着遵从和众从的行为。

阿希实验中被试的心理感受

阿希实验中被试的心理是怎样的?作家莉莎·奥尔瑟在其小说《金弗列克斯》中有精彩的描写:

“带领我们的人解释了规则……实践了几次以后,实验便认真地开始了。我坐在最远的边上,总是最后表示我的判断。不过,这倒没关系,因为不管怎样我们的意见都是完全一致的。是的,是的,这张卡片比对照的卡片短,那张长,诸如此类,我变得很不耐烦,很烦躁。

到了第六轮,这种令人腻烦的一致气氛忽然改变了,我发现他们三个人平静地说,那张卡片上的线段短一些,而在我看来,它分明是长一些。

下一轮,第一个女学生说:'比对照卡片上的长。'第二个同意。'比它长',埃迪打个呵欠说。'一样长',我却坚定地说。

又是一轮。当别人无动于衷地提出他们感觉的假证词时,至少对'我的'感觉来说是假证词,我不断偷偷地环视周围。

'一样长',第一个女学生说。'一样长'。'一样长',埃迪表示同意。'比它长',我挑战性地说,嘴里咕哝着,他妈的! 这明明是比它长,她们怎么能说是一样呢?

'比它短',第一个女学生说。'比它短',第二个说。'比它短',埃迪舒服地挺挺身说。'一样长?'我没把握地试探着说。它不可能是比它短,可能吗? 其余的人惊讶地看了我一眼。

'比它长',第一个女学生说。这张卡片在我看来,明明是比它短。'比它长',第二个女学生证实道。'比它长',埃迪同意地说。我再也忍耐不了这种社会性的孤立,我故意违反我眼睛所见的事实,说了谎。我随便地说,'比它长'。能够与别人一致,我感到好极了,我宽慰地舒了口气。

'一样长',第一个女学生说。'一样长'。'一样长'。'比它短',我可怜巴巴地表示异议。我的眼睛有毛病吗? 我眯了眯眼,又使劲睁大眼睛,想矫正我的明显有错的视觉。然后,我目不转睛地盯着对照卡片,以至我的视觉全要消失了,有几秒钟我什么也看不见。埃迪和第一个女学生看着我,然后互相看了一眼,耸耸肩膀。

实验就这样连续进行了24次,有时她们意见一致,我和她们意见不一致;有时她们一致,我假装同意;有时我和她们的意见确实一致。我再也分不清长和短了。我看到的是一张比对照卡片短的卡片,而她们却说它长,难道卡片在我的眼前会抖动和伸长,直到它看起来确实是长的,或者它会前后开玩笑地在长和短之间摆动!

不久,我便觉得恶心,眼睛睁得都痛了。‘一样长’,第一个女学生说,这张卡片在我看来是比对照卡片长。‘一样长’,第二个说。‘一样长’,埃迪说。对着大小不一而又波动不定的卡片,我几次睁大又眯起我的双眼,突然,我从椅子上摔了下来,倒在地板上,抽泣起来。

埃迪跪下来,说:‘唉,吉尼,这不过是实验,你的斯宾诺莎不受环境影响的超然性哪里去了?’

我伏在她的肩上哭泣,她拍着我的后背安慰我。实验的主人走过来说:‘你干得相当出色,吉尼,你的百分之六十五的时间中排除了别人的干扰,平均数是百分之四十三。’

‘什么平均数?’我哭着问到,抬起头看了看。

‘被试正确回答的平均数,即同伪装成被试的人所作的回答不一致,相矛盾的比例。’

‘伪装的被试?你的意思是说,整个这一套都是策划好的?’我愤怒地冲着埃迪问道。

‘我们认为现在你应该看出来了。’这位主持者说:‘你说你还没有看出来?’我举起拳头要打埃迪,她深情地搂着我,我摆脱开了。

‘对不起,吉尼,不过,这不得不这么做’,埃迪说。

‘为什么要这么做?至少你事先应该告诉我一声。’

‘要是我告诉了你,就不起作用了,对吗?你是在寻找真理,而这是涉及你自己的真理。’

我跺了跺脚,走出了实验室,我的视觉十分紧张、疲劳、模糊,以至身子撞到了门框上,我穿过走廊,走进厕所呕吐起来。然后回到房间,拉上窗帘,用床单蒙上了头。”(奥尔瑟,1976 年,第 223—225 页)

3. 暴徒式的群众——社会感染及团体暴力的产生

在繁忙的公路上,突然有两辆车相撞了,顿时,好奇的过路人把现场围了起来,人越围越多,后面的人还踮起脚拚命地往前挤,这就是一种集体行为。一般来说,集体行为是自发产生的,相对来说是没有组织的,甚至是不可预测的,它的发展趋势没有计划,依赖于参与者的相互刺激,在社会群体的掩护下,个体会违反自己在社会情境中常常严格遵守着的社会准则,从而会形成疯狂的举动、一时的狂热,表现为群众性的歇斯底里。比如,1955 年在意大利那不勒斯的一场足球赛中,球迷们殴打了无辜的裁判员,造成 120 人受伤。1967 年 9 月在土耳其凯赛里的另一场足球赛中发生了骚乱,42 人被打死,600 多人被打伤。19 世纪末,法国医师李本(G. LeBon,1896 年)观察并解释了群众聚集而发生的集体行为,他认为聚集在一起的群众似乎能够突然转变为残酷的、兽性的、失掉理智的、毫无约束地发泄情感和滥用暴力的乌合之众。

3-1 集体行为的类型

从逻辑上讲,一切团体的活动都可以称为集体行为。社会团体的活动一般有两种类型,一种是制度化的活动,一种是非制度化的活动,由此可以把集体行为也分为制度化的集体行为和非制度化的集体行为。

2013 年 7 月 21 日,美国 100 多个城市示威游行,
抗议枪杀黑人马丁无罪判决。

来源:中国新闻网

所谓制度化的集体行为是指团体的活动是在人类有共同的了解与期望中发生的,表现为有规则的集体活动。一般来说,制度化的集体行为的最大特征是可预测性,在组织系统上也有一定的规定和规则。

所谓的反制度化集体行为是指团体的活动没有共同的了解和被公认的原则。比如,激烈的群众暴动,商品要涨价的消息传来时的抢购浪潮,战争的歇斯底里状态等,都属于反制度化的集体行为。

反制度化的集体行为的特点正好与制度化的集体行为相反,不论从哪个方面讲,都是难以预测和难以控制的,因而常常对社会潜藏着巨大的破坏性,所以,心理学的大量研究都是集中在这方面的,因而,我们所讨论的集体行为也是反制度化的集体行为。

3-2　集体行为的产生

在讨论反制度化集体行为产生之前,我们先来看一个典型的、发生在现实社会中的集体行为的事件。

在美国德克萨斯州一个叫李村的地方,有一个白人农场。1931 年初冬的一个星期六的上午,一个年轻的黑人雇员忿忿地来到这个白人农场,他是来向白人农场主索要欠他的周薪的。白人农场主不在家,他的妻子接待了这个黑人雇员,并说自己的丈夫出去了,没有留下欠他的周薪,希望他换个时间再来。这个黑人雇员很不高兴地离开了。但过了一会儿,他拿着一只手枪又重新来到了白人农场主的家中,再次愤然地要求农场主的妻子马上支付欠他的周薪。农场主的妻子再次告诉他自己的丈夫出去还没有回来,并要求他马上离开。这个黑人雇员不仅没有离开,反而用手枪把农场主的妻子挟持到房中,实施了非礼。非礼后,这个黑人雇员就逃走了。白人农场主的妻子立刻报了案,黑人雇员很快被警察逮捕了,并坦白了自己的全部罪行。警察把他关在了监狱中。消息传出后,整个李村都骚动起来了,白人激进分子纷纷指责黑人的暴行,而黑人则认为这是白人对黑人的又一次陷害。当时,整个李村的气氛相当紧张。法庭不顾这一紧张的气氛,坚持要在当地公开审判。审判开始前,人们就从四面八方赶来了。法庭内外,人越来越多,越来越拥挤。随着审判的进行,人群变得越来越好战,出现了集体激动的场面,并在相互的交流中把这一情绪逐渐地传染、蔓延。在这关键的时刻,各种各样的谣言又随之出现,每个人都相信自己听到的谣言的正确性,人群更是表现得个个跃跃欲试,一触即发。下午一时整,当白人农场主的妻子上庭作证时,激动的人群一下子沸腾起来,成了一群愤怒的暴徒。警察慌忙把黑人雇员监禁在一个水火不入的牢房中,并试图用催泪弹迫使骚动的人群解散。但这一切都无济于事。随后,骚乱的群众火烧了法庭。傍晚时,有白人激进分子用炸药爆破了关押黑人的牢房,将炸死的黑人雇员吊在法庭里的一棵树上示众。随后,又把黑人雇员的尸体挂在汽车后面沿街拖着示众,有五千多名白人跟在汽车后面狂叫怒吼。最后,这群激动的白人把黑人雇员的尸体拖到李村黑人区,当众焚烧。事态蔓延得越来越严重,最后不得已,出动了军队加以镇压,才使整个事件慢慢平息下来。

由这一典型的集体行为事件,我们可以看到,集体行为的产生有如下的特点:

首先是**磨挤**,它是最初的或最早的集体行为的方式。在磨挤中,群体中的成员到处乱撞,与群体中的其他成员无论是在心理上还是在身体上都发生着磨挤。磨挤的基本效果是人们彼此之间更敏感、更易于产生反应。人们变得目光狭小、不顾他人,同时对其他对象的刺激反应大大减少。此时此刻,人们的注意力只限于当时,对平常的事物视而不见。从而导致了群体成员之间彼此关联,情绪和行为反应迅速、直接,但似乎都是处于一种无意识状态。

随后是第二个阶段**集体激动**,是磨挤行为更为激烈的方式,它除了具有磨挤的一般特征外,还有它自己的特殊特征,即对他人的注意有更为强烈的吸引力,使人们的情绪更为迅速地出现,反应更为快速激烈,而且人们的情绪和行为都是由发自内心的冲动支配,所以,人们表现得极不稳定,也极不负责任。在这种情况下,人们有更好的机会发泄自己内心的紧张、焦虑和不满。

第三个阶段是**社会传染**,是一种比较快的、不知不觉的、不合理的扩展,这种扩展主要是一种冲动行为和心境的扩展,它往往表现为一种疯狂、一种时尚的扩大,它是磨挤和集体激动的极端形式,而且社会传染还能吸引旁观者,使旁观者在不知不觉中也做出了同样的反应,成为集体行为的一员,即使是那些对这一群体抱有不同观念的人也不能例外。社会传染的结果,使社会抵抗力减少,即使个体的自我意识减少,而自我意识能阻挡别人对个体的影响。自我意识的减少,就使得阻挡个体内心紧张的发泄减少了,因此当个体看到其他人开始活动时,也就会情不自禁地模仿他人,跟随他人,一下子就扩展到整个群体,最终成了集体行为。

想一想,如果是你,只有你一个人时,你能否气愤地把一个嫌疑犯杀死呢?而且是一个没有侵犯过你的嫌疑犯?一般情况下你是不会的。通常我们会对某件事情有过激的情感发泄,但我们一般不会付诸行动。愤怒的时候我们时常也会说:"我要杀了他。"但随后你不会当真的,因为你会意识到这样的一连串问题:果真杀了他,我会怎么样?我会坐牢,我会被人所不耻,我会终身受到煎熬……。所以你从来都没杀过人,无论你怎么愤恨。但是,一旦我们进入群体中时,尤其是进入一个群情激愤的群体中时,我们却常常会做出我们单独一个人想都不敢想的事情,这就是群体的力量。问题是群体怎么会使其成员变得如此激烈,甚至失去理智呢?

3-3　心理学对集体行为的解释

(1) 循环反应刺激下的社会传染

19 世纪末,一位法国医师李本(G. Lebon,1896 年)通过对集体行为的观察和分析,对集体行为进行了解释,他认为个体一旦进入集合的群众,就会由于相互间的循环反应刺激方式,彼此模仿,彼此传染,从而使个体在突然间变成为残酷的、兽性的、没有了理智的、毫无社会约束感地发泄和滥用暴力的狂徒。

所谓的循环反应的刺激方式是指一种相互刺激的情形,也就是说,当刺激发生时,一个人的反应由他人刺激而来,而这个人的反应又形成了对他人的刺激,而且这种刺激比以前的刺激更强烈。比如,在一个剧场内,火灾警报突然响了起来,这时就会引起场内观众的惊恐反应,观众之间会由于彼此间的循环反应刺激而相互模仿,相互传染,结果导致越来越混乱的局面。为了更清楚地说明循环反应的刺激带来的社会模仿和社会传染,我们以观众中的甲和乙为例。甲和乙两个人都急于要逃离火灾现场,在逃离的过程中,假设甲先看到了乙在拼命地逃跑,那么乙的惊慌就成了对甲的刺激,使甲变得更为惊慌,逃跑的速度也一下子快了起来。而甲的这一系列的反应,又成了对乙的强有力的刺激,乙更为惊慌,更为害怕,逃离的速度也就更快了。这反过来又刺激了甲……。如此循环往复,甲和乙彼此模仿,彼此传染,情绪和行为在瞬间传递开来,蔓延开来。

我们常说"人多力量大",但这种大的力量在无组织的情况下通常表现为破坏性和无序性,并且会因循环反应的刺激而具有极强的传染性。在群体中,一旦有所骚动,开始产生的情绪、情感、行为就会迅速扩散,最终陷入一种无序状态。

(2) 去个性化下的责任分散

有心理学家认为,参加集体行为的个体,由于其原有的个性特征完全埋没在集体之中,成为一个没有个性的去个性化的个体,从而使个体的自我意识降低,变得不负责任,最终导致了反制度化的集体行为的产生。

去个性化是导致集体行为产生的重要原因,关于这方面心理学家金巴尔多(P. Ztnbardo)在1970年时用一个有趣的实验研究作了证明。他以女大学生为实验的被试,对她们说:"实验要求你们对隔壁的一个女大学生施行电击,不需要你们负任何道义上的责任,完全是为了科学实验的需要。"通过镜子,参加实验的女大学生们可以看到那个被她们电击的女大学生。实际上这个女大学生是心理学家的助手，并没有受到电击，但当被试按下电钮时，她假装大喊大叫，以使那些女大学生被试相信自己的电击使她很痛苦。

女大学生被试被分成两组，分别在两种不同的实验条件下进行。在第一种条件下，灯光昏暗，金巴尔多让参加实验的女大学生被试们都穿上了带有头罩的白大褂，全身武装得彼此认不出来，实验时，金巴尔多也不叫她们的名字，被试依次去电击隔壁的女大学生，却不知道每一次到底是谁在按下电钮。金巴尔多把这一实验条件称为去个性化条件。

相对应的第二种实验条件就是强调个性化的，所有女大学生被试们都穿着平时的服装参加整个实验，而且金巴尔多还让她们每个人在胸前别上了一张清楚地写有她们的姓名和系别的名扎，实验室的照明非常好，被试之间很容易辨认，而且，在实验的过程中，实验者始终礼貌地称呼被试的姓名，因此，在第二种条件下，每个人都知道是谁正在对隔壁的女大学生实施电击。金巴尔多把这一实验条件称为个性化条件。

金巴尔多预言，在去个性化条件下，女大学生被试们将会在按电钮时表现出较少的约束。实验结果果真如他所预料，去个性化条件下，女大学生被试们按下电钮的次数比个性化条件下的女大学生被试们要高两倍，而且，下手也比较狠。更有趣的是，金巴尔多在实验前请每位被试听了一段录音，内容是金巴尔多与两位即将接受电击的女大学生的谈话，这个谈话表明了两位女大学生不同的人格特点。一位女大学生在谈话中表现出乐于助人、惹人喜爱的人格特点，另一位女大学生则在谈话中表现得非常自私自利,让人讨厌。

在听了这两段谈话后,请女大学生被试们也在以上去个性化和个性化两种条件下分别对上面两位女大学生进行电击。结果发现,在去个性化条件下,不管遭受电击的是让人喜欢的还是令人讨厌的女大学生,被试们都去按电钮。而相反,在个性化条件下,被试就表现得非常有鉴别力,人们更多、更狠地去电击那个令人讨厌的女学生。

金巴尔多的这一系列实验结果显示了群体的"暴力"的确与"去个性化"有着非常密切的关系。这里所说的"去个性化"是指当一个人在群体中时,就会产生群体为个人提供了保护的错觉,个体会认为人多势众,谁也不认识谁,此时,个人不再以一个具体的个体而存在,而是以群体的成员而存在,法律的约束力远离了这些人,从而,个人丧失了责任心,失去了一定的理性,做出了违反社会准则的过激行为。而个人单独行事时,则由于自我意识强烈,社会抵抗力强,因而更能从理性的、伦理的角度去看问题,清楚自己可以去做或不可以去做的事情。

在群体中游荡着的"本我"

人越多,冲动越大,行为越激烈,甚至会有凶残的举动。看看人类历史上的战争,除了少数领袖最明确战争的意义外,其他人常常会陷入疯狂的战争中。和平年代,见到一滴鸡血都害怕的人在战争年代可能成为一个杀人不眨眼的人。在战争年代,战争的双方是以军队形式表现出来的，个人不是代表着他自己，他是群体中的一部分，没有特殊的意义，他已经匿名了。

希特勒发动的一次次战争中，那么多德国士兵为了他的计划献出了自己年轻的生命，难道他的理论是真理吗？在群体中，一个极有说服力和感染力的人能说服并支配别人去做他本来不肯去做的事，而这种效果又是极易扩大的，直到每个人被说服。当士兵们开始行动起来时，就成了一个强有力的压力，对那些不愿去做的人构成威胁，而一旦被征服，就很容易丧失一定量的个性特征，成为一个无个性的人。

而个体为什么会在匿名时表现得那么冲动呢？弗洛伊德的"本我"也许是最好的解释。弗洛伊德认为人有三个我。"本我"，代表了人类的本能、欲望和冲动，只要寻求快乐，按"快乐原则"行动。"自我"，与现实环境相接触，负责对现实环境进行考察，以寻求满足"本我"的现实途径，因而，是按"现实原则"行动。而"超我"则代表了良心，是"道德我"，时时提醒"自我"按社会道德、法律规范行为，履行的是"至善原则"。弗洛伊德认为人的"本我"的力量特别大，它随时随地都想表现自己，它像个兽，而不大像人；它喜欢用暴力来释放本能中的冲动。当一个人在匿名时，"超我"的作用便很小，反正没人知道是我做的，不会影响我的名誉，此时"本我"便极容易随心所欲。在群体暴力中，其实就是一个个"本我"在游荡。

但是我们也要注意，尽管人们有时群集在一起做的事情，在单独一人时是不肯做的，而做的这件事情通常又是不道德的暴力行为，但我们仍然可以引导人们通过群集做自己单独一人时不愿做的事。如联合起来帮助灾难的幸免者，重建被烧毁的房屋，不相似的人们在共同面临灾难时，也能表现出极大的团结并且充满着激情。

？考考你

1. 什么是社会促进？为什么社会促进有两种截然相反的效果？

2. 什么是社会遵从？它的经典实验是谁做的？

3. 影响社会遵从的因素有哪些？

4. 反制度化的集体行为是如何产生的？

5. 对反制度化的集体行为的解释有哪些？你是如何认为的？

四　印象形成与人际吸引——社会交往

自从有了人类社会就有了人与人之间的人际沟通与社会交往，并且成了人类社会的重要活动方式之一，对人类社会的发展起着十分重要的影响作用。因而，人际沟通与社会交往在心理学中一直占有十分重要的位置，许多心理学家都致力于这一研究领域，他们最为关注的是，在人与人的人际互动中，人们如何形成对他人的印象？人们又以怎样的行为方式和心理特征保持或增加着自己的吸引力？

1. 对他人印象形成中的信息利用

人们在与人交往时，从某人的言谈举止，行事为人，和他人对他的评价中，可以得到许多关于他的信息资料，而人们是怎样利用这些资料对这个人形成印象的呢？一个根本的问题在于，人们是倾向于增加还是倾向于平均他们所知道的各种信息呢？

1-1　印象形成的模式

所谓的**印象**是指我们对别人的看法。在很多情况下，我们不是等到全面把握了他人的全部特征后，再形成对他人的印象的，我们会根据很有限的，甚至是片断的信息，就进行加工整理，形成对他人的印象。在这一对信息的利用过程中，心理学研究发现有两种加工方式：平均模式和累加模式。

(1) 平均模式

平均模式是指我们把认知到的有关他人的特征信息相加，然后再求其平均值,以此平均值为基础,形成对他人的印象。我们举个例子来说明。我们和小王第一次交往时,发现小王是一个真诚、聪明的人;后来我们在与他的第二次交往中,发现他还是一个朴素、安静的人。那我们对他的两次印象会有什么不同吗?心理学研究指出,人的心理品质在社会交往中所起的作用是有差异的,因而可以对不同的品质赋不同的分值。真诚、聪明可以说是非常优秀的心理品质,我们赋 3 分;而朴素、安静是比较优秀的品质,我们赋 1 分。根据印象形成的平均模式,我们对他人的印象是以感受到的他人的所有心理品质的均值为依据形成的,那么,我们对小王的总体印象的得分分别是

第一次 $(3+3)\div 2=3$ 分;

第二次 $(3+3+1+1)\div 4=2$。

但若是反过来,我们先是认知到小王是朴素、安静的,后又认知到小王还是真诚、聪明的,那我们对小王的总体印象就会发生变化了:

第一次 $(1+1)\div 2=1$

第二次 $(3+3+1+1)\div 4=2$

这一结果说明了什么?它说明了有关他人信息来源的先后顺序影响着我们对他人的印象形成,即当一种中性的肯定的信息资料(+1)与先前建立起来的很满意的肯定性资料(+3)联系在一起时,我们对他人的综合评价不仅不会上升,反而会降低;而反过来,先是认知到他人中性的肯定的品质(+1),后又认知到他人的积极肯定的品质(+3),我们对他人的总体印象就会上升,而不是降低。

(2) 累加模式

累加模式正好与平均模式相反,是指我们在对他人形成印象时,是把认知到的有关他人的各种品质相加,求其和,以此形成对他人的总体看法。我们仍然以对小王的认知为例。我们对小王的总体印象得分两种情况下分别应该是

第一种情况下:

第一次 (3 +3) =6 分;

第二次 (3 +3 +1 +1) =8 分。

第二种情况下:

第一次 (1 +1) =2

第二次 (3 +3 +1 +1) =8

我们看到,当我们用累加模式作为印象形成的依据时,情况正好相反,即只要感受到他人的好品质,不管前后好的程度是否不同,我们对他人的印象都会上升,而不会下降。

两种模式所得到的结果完全不一样,那么在生活中我们到底会选择哪一种模式呢? 以我们的经验好像平均模式更多一些。因为在我们已经知道小王很积极肯定的品质(真诚、聪明)后,我们就会在心里不自觉地对小王有了很高的期待,期待他继续有让我们惊喜的不同凡响的表现,并带着这种热切的期待去和小王进行第二次接触,但在这次交往中,我们的期望落空了,我们没有得到小王的其他更为优秀的品质,只是发现他还有比较积极肯定的品质(朴素、安静),俗话说:“希望越大,失望也就越大。”由此,我们就不自觉地降低了对小王的综合评价。心理学家诺丁曼·安德森(N. Anderson,

1965)通过他设计的一系列精细而准确的实验验证了在生活中大多数人确实是使用平均模式形成对他人的印象。他发现,当一些仅属于比较积极肯定的品质或中等品质的信息(如固执),与先前建立的非常积极肯定的品质联系在一起时,大多数被试对他人的综合评价不但不会增加,甚至还可能降低。同时在实验中他也发现,有小部分的被试则喜欢采用累加模式对他人形成印象。

的确,我们在日常生活中与他人接触时这两种方式都可能用到。但大多数心理学家们的实验都论证平均模式是形成对他人印象的重要方式。

(3) 印象形成中的黑票作用

关于印象的形成,有一些既不是单纯能用累加模式也不是单纯能用平均模式来解释的现象。比如,司汤达的《红与黑》写了于连短暂的一生:于连是个聪明的青年(+3),他从小就有很高的志向(+3),他长得英俊(+3),很讨人喜欢(+3),他的性格坚强(+3),他喜欢征服一切难以解决的事情(+3),他学习刻苦认真(+3)。你知道了他的这些品质后,你会喜欢他吗?可是,你在小说中还会发现,他从小的志向就是往上爬,爬出他的平民阶级而享有高官厚禄,并且不惜利用爱他的两个女人的感情(-6),你还会喜欢他吗?如果采取平均模式,你对他的印象的得分不会太受影响,可实际上当我们知道于连不好的品质后,不会利用平均或累加模式来看他,你也许会因为发现他的恶劣品质后,对他全面否定,给他负分。

看来,对人印象的形成,不是各种品质简单地累加或平均。心理学家阿希(S. E. Asch)认为,每次当概念的部分发生变化时,对一个人形成的整体概念也会发生变化。整体不是各部分的机械组合。由于它们不同的性质,对印象形成的影响程度也不同。

于连的聪明、坚强,因为他的冷酷、自私而更加具有威胁性,具有潜在的破坏性。他的那些优秀品质不但没有使我们觉得他更好,反而觉得他更危险。这样看来,积极肯定的品质与消极否定的品质并没得到公平的对待。虽然人们为了达到一种完全一致的印象,似乎也去平均他们听到的品质,但与积极肯定的品质相比,更注重消极否定的品质。也就是说,对同一个人来说,在所有其他品质都相等的情况下,一种消极否定的品质比积极肯定的品质更能影响印象的形成。在心理学上,有人把这一现象叫做"黑票作用"。

另外,在对他人的印象形成中,究竟怎样利用已有资料来评价他人,也跟我们的个性有关。有些人,他喜欢一开始就接纳别人,看他们的优点,而发现别人的缺点时,他也能尽量忽略它,原谅它。而有些人则喜欢一与人接触就看人家的缺点,如果有优点也不会马上就对他做出肯定,而是谨慎地继续观察。可以说每个人评价他人的眼光和方式都是不同的。

1-2 印象形成中的心理效应

早期的内隐人格理论学家们认为,每个人都心照不宣地认为他人所具有的品质都是相互关联的,一旦掌握了某人其中的一种品质就可以推想他所具有的其他品质及行为表现,比如,一个人很内向,我们就会推断他也很胆小、不乐观等,这种现象被称为"外行人的人格理论"。认知心理学家在解释我们对他人印象形成时就继承了这一观点,而且,认知心理学家还认为,人们都是有选择地接受信息并将其统合成一个有意义的整体的。因此,对他人的印象形成,是认知者主动地、有组织地将关于认知对象的信息整合成一个紧凑的、有意义印象的过程,在这一过程中,人们往往要采取一些捷径,提高信息加工的效率。那么,这些捷径到底是什么呢?

(1) 第一印象与首因效应

第一印象,又称为**初次印象**,指两个素不相识的陌生人第一次见面时所获得的印象,主要是获得对方的表情、姿态、身材、仪表、年龄、服装等方面的印象。这种初次印象在对人认知中起着很大的作用,它往往是交往双方今后是否继续交往的重要根据。第一印象在人们交往时所产生的这种先入为主的作用,就叫做首因效应。心理学家洛钦斯(A. S. Lochins)是第一个对首因效应进行研究的学者,

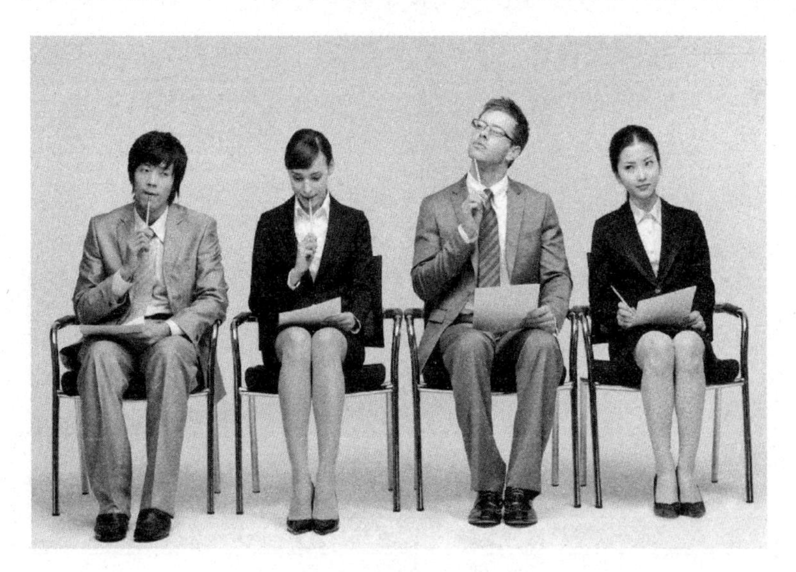

面试

1957 年他杜撰了两段文字作为实验材料,内容主要是写一个名叫吉姆的学生的生活片段,这两段文字的情况是相反的。一段内容把吉姆描写成一个热情而外向的人,另一段内容则把吉姆描写成一个冷淡而内向的人,两段文字的描写分别如下:

吉姆走出家门去买文具,路上碰到了两个朋友,就一起顺路走在铺满阳光的马路上,他们一边走一边聊天。到了文具店时,吉姆一个人走了进去。店里挤满了人,他一面排队等待,一面和一个熟人聊天。这时他看到前天晚上刚认识的一个女孩也走进了文具店,吉姆就主动地和那个女孩打了招呼。

放学后,吉姆独自离开教室出了校门。他走在回家的马路上,阳光明媚,吉姆走在马路有树荫的一边。路过一家文具店时,吉姆走了进去。店里挤满了学生,他注意到那儿有几张熟悉的面孔,但吉姆没有打搅他们,一个人安静地排队等待。这时他看到前天晚上刚认识的一个女孩也走进了文具店,吉姆好像没有看到一样,没和那个女孩打招呼。

洛钦斯把这两段描写相反的材料给以不同的四种组合,又把被试分为四组,让他们分别阅读其中一种组合,然后要求各组被试回答"吉姆是怎样一个人?"结果如下:

组别	实验条件	友好评价(%)
1	先阅读热情外向材料,后阅读冷淡内向材料	78
2	先阅读冷淡内向材料,后阅读热情外向材料	18
3	只阅读热情、外向材料	95
4	只阅读冷淡、内向材料	3

由这一结果可看出,第一印象确实对我们认识他人并形成对他人的印象有着强烈的影响。

在第一印象的首因效应中,对情感因素的认知常常起着十分重要的作用。比如,当你最初见到一个人时,你总是从他(她)的面部表情、语音语调、身材和服饰等外表来判断他的。但同时,也是很主要的,你总是喜欢那些流露出友好、大方、随和情感的人,这正迎合了在社会上你我都需要他人尊重和注意的情感需要,这点在儿童身上表现得最明显。小孩子都喜欢那些第一次见了他(她)就笑哈哈的人,如果能赞扬他(她)几句,他(她)就更高兴了。

但在第一印象的形成过程中,由于时间短暂,只能认识他人的一个方面,双方第一印象所获得的材料通常是与外表有关,而外表有时会具有很大的欺骗性,因此第一印象有些时候会失之片面,甚至使我们对他人产生偏见。

第一印象尽管是片面的,但它在我们的日常生活中起着很大的作用,我们可以通过他人的言谈举止、穿着打扮来判断他人的性格特征、受教育程度、家庭背景等等。同样,在我们猜测他人时,他也在猜测着我们。所以,在与人第一次接触时,尤其要注意自己的外表、谈吐和修养。毕竟第一印象是种心理现象,即使你知道有时这不对,会产生偏见,但你无法控制,因为它就像心跳一样普通,只要你是生活在人群中的人类,就不可避免。

(2) 近因效应

与第一印象的首因效应相对应的是近因效应,指的是新得到的信息比以往所得到的信息更加强烈,会给我们留下更为深刻的印象,从而使我们“忘记”以往的信息,而凭新获得的信息对他人做出判断。比如,有一个人一向很温柔,但突然有一天,她发怒了,还恶狠狠地对你说话,你就很有可能把她一向的温柔给忘记掉,这就是近因效应的作用。由洛钦斯(A. S. Lochins)的实验结果,我们也可以看到,在第一组被试中有22%的人是以新获得的资料来形成对吉姆的印象,认为吉姆是一个冷漠内向的人;在第二组被试中有18%的人以新获得的资料形成对吉姆的印象,认为吉姆是一个热情外向的人。

近因效应在个体感知熟人时作用比较明显,特别是在对方出现了某些新异的举动时。就像一个老好人,有一天突然对你发了很大的火,从此给你留下了极为深刻的印象。

在日常生活中,尽管到处存在着首因效应和近因效应,但我们还是应该时时警示自己,与他人交往时尽量不要带着首因效应和近因效应的有色眼镜去看人。他人的性格、内涵不是一朝一夕就能下定论的,要想真实地了解一个人,就要全面地对其进行考察,正是“路遥知马力,日久见人心”。

(3) 光环效应

在学校里经常会有这样的现象,某学生数学课考试不及格,他的数学老师就容易推断出这个学生一定是贪玩的学生,平时学习不努力,听课不专心,做作业不认真,天资不聪慧,将来也不会有大作为,等等,从而对这个学生的学习不太过问了,不自觉中也就容易忽视这个学生的点滴进步,失去了对这个学生激励的大好时机。而对一个数学学习好的学生,数学老师往往会认为这个学生学习努力、认真,天资聪慧,将来必有出息……,为此在与该学生的互动中也就会自觉不自觉地关注这个学生的进步,并及时给予鼓励。

为什么会发生这种现象呢？心理学认为这是由于知觉者的情感而引起的对人的一种主观倾向,并把此现象称为光环作用。由于我们对人知觉时有一种情感效应,因而常使人对他人的评价出现偏差,这一偏差表现为当某人被我们赋予了一个肯定的被我们喜欢的特征之后,那么这个人就可能被我们赋予许多其他好的特征。比方说,外观迷人者会被认为有高超的技艺,聪明,有创造性,因而就得到更多的奖赏和赞扬,这就像一圈光环笼罩在一个人身上一样,让人看不见他还有黑暗消极的一面。反之,如果某人存在某些不良的特征,那么他就会被认为所有的一切都是坏的,这一现象又被称为"坏光环作用",还被形象地叫做"扫帚星"作用。

在生活中,我们大多数人对他人的印象往往会受到光环作用或扫帚星作用的影响。比如,我们在和一个女孩子接触中感受到她是一个性情温柔的女孩,那么她同时就可能会被我们认为也具有善良、谦虚、整洁、聪明的好品质。而我们在和另一个女孩子的交往中,认识到她是一个性格暴躁的女孩子时,我们往往也就会认为她还是一个粗野、无知、任性的女孩,我们会很讨厌她,甚至认为她将来一定一事无成。这就是我们在认知他人时所谓的"一好百好,一恶百恶"的好或坏光环作用,即使你觉得那个温柔的女孩子有时有些自私,你也不大会不喜欢她,也许你还会说:"毕竟,自私是人的本性,人无完人嘛?"其实,这就是我们平常所说的"爱屋及乌"。

戴恩(K. Dion)、伯斯奇德(E. Berscheid)和沃尔斯特(E. Walster)的一项研究结果很好地论证了我们在形成对他人的印象时,光环作用和扫帚星作用的普遍存在。他们的研究是这样进行的:先给每一位被试看一些陌生女性的照片,这些女性从照片上可以被区分为有魅力的、无魅力的和中等的。然后,让每一位被试在一些与魅力无关的特性方面对照片上的每一个女性进行评价。结果,在社会合作性、婚姻能力、职业状况、做父母的能力等等方面,仅在照片上显得有魅力的人得到的评价都很高,而仅在照片上显得无魅力的人得到的评价最低。仅仅因为从照片上看长得好看,长得有魅力,就使得他们在别人眼中也就具有了这样或那样的积极肯定的品质了;相反,那些仅仅从照片上看不漂亮、没有魅力的人,就被大家看得好像也有这样或那样的消极品质了。可见,虽然我们都知道"海水不可斗量,人不可貌相"的道理,但要真正做到"不以貌取人",还真是不那么容易呢。

站在巨人的肩上而不是活在他们的光辉中

亚里士多德被称为百科全书式的哲学家,他的学问涉及天文、地理、物理、伦理学、政治学等等。一直到中世纪,整个宗教、哲学都沉浸在亚里士多德的理论当中。长达一千四百多年的黑暗的中世纪,占统治地位的亚里士多德—托勒密的地心说坚决反对"地动"的观点,而主张"天动"。认为地球是宇宙的中心,静止不动;日月星辰都围绕地球转,这就是"古代最伟大的思想家"的思想。在我们今天看来,亚里士多德的理论明显是不正确的,可为什么在中世纪人们就心甘情愿地说"地心说"是对的呢?以致哥白尼用其一生来证明地心说的错误,竟被指责说是“滑稽可笑的”;而后来的伽利略、布鲁诺都付出了巨大的代价,才为经典力学奠定了基础。这正像牛顿说的:“如果我之所见比笛卡儿等人要远一些,那只是因为我是站在巨人的肩上的缘故。”这一方面说明了牛顿的力学是建立在前人的基础之上,另一方面也说明了,要站在前人的肩上而不是活在前人的光辉当中,只会低头称“是”。但是后人并没有吸取亚里士多德的教训,自从有了牛顿力学,人们便如获至宝,虽然有人也提出或想到了许多疑问,也很快被自己和周围的人们给否定掉:“这不可能!”人们被牛顿的光环所笼罩,根本没想到去好好地多思考一下。历史又在重演,直到爱因斯坦的出现,人们才走出经典力学的框架。正是光环作用使我们总把伟大的人物看成是最好的,而不愿去超越或发现更完善的真理,从而使我们常常与真理失之交臂。

2. 社会交往中的喜欢与吸引

每一种人际关系都包含了喜欢和不喜欢这一维度,事实上这一维度也影响着我们社会生活的每一个方面,就我们每一个人来说,我们都希望自己在与他人的交往和互动中,不断地增加着或继续保持着自己的吸引力,问题是,要做到这一点,是否有普遍适合人类社会的共同法则?心理学的研究表明,有许多品质或特征可以增加或保持你我在社会交往中的喜欢与吸引。

2-1 热情的魅力——热情的中心性品质效应

约翰是个优秀的中年男子,他工作勤奋。早年求学时,他

> 就有着坚强的性格,做事果断、坚决,又不失谨慎。这种风格一直陪伴他走向事业的巅峰。人们常说他是个聪明的人。在生活上,他同样积极、乐观,待人热情,真诚。
>
> 汉森与约翰是少年时代的朋友,他们两个在许多方面实在是太像了,汉森事业有成,工作勤奋认真,同样有着约翰的坚强、果断、坚决和谨慎。人们也常说他是个聪明的人,但是,正如天下没有相同的两片叶子一样,汉森也不可能与约翰处处相同。汉森天生长就了一张希腊石雕般的脸,冷峻而清瘦,这张脸倒是与他的性格相符。有时他甚至冷酷得让人不知该怎样接近。

如果,突然有一天,他们两人站在你的面前,你更喜欢哪一位呢?是约翰,还是汉森?你希望与他们中的哪一位交朋友呢?

上面的假设,正是美国心理学家索罗门·阿希(Solomon Asch)热情的中心性品质实验的翻版。阿希在1946年做过这样的经典实验,他给被试有关某个人的描述,其中包括七种品质:聪明、熟练、勤奋、热情、坚决、实干和谨慎。同时,也给了另外一些被试一张描述某人的品质罗列表,这张罗列表中只是把上述七个品质中的热情换成冷酷,而其他六个品质则同上面一模一样。然后,阿希请两组被试对表格所描述的人给出一个较详细的人格评定,并要详细地说明最希望这个人具备哪些品质。结果阿希从两组被试那里得到了完全不同的答案:第一张表格描述的人,仅仅因为他有热情的品质,就受到了被试们的喜爱,被试们毫不吝啬地把一些表格中根本没有,也根本与表格中所列品质无关的好品质,统统地"送给"了他;而第二张表格描述的人,仅仅因为用冷酷代替了热情,结果就受到了被试们的厌恶,被试们在评价这个人时则把一些在表格中根本没有,也根本与表格中所列品质无关的坏品质,统统地“送给”了他,对他的品质期待也是很消极的。这一实验结果表明,热情还是冷酷,可使一个人对他人的吸引力,发生实质性的变化。

为了再次验证热情—冷酷这一对品质对人际吸引的决定性影响效果,阿希接着又设计了实验继续进行检验,在这次实验中,阿希用礼貌—生硬这对词,代替了上述的热情—冷酷这一对,而其他六个词仍然保持不变。同上述实验方法一样,阿希也仍然是请两组被试根据所拿到的关于某个人的七个品质的描述表格,尽可能详细地评价所描述的人的人格,并详细地说明最希望这个人具备哪些品质。结果,阿希发现,这次实验中的两组被试对两个表格中所描述的人的评价,没有显著性差别,描述得几近相同,对其的品质期待也几乎是相似的。这一实验的结果再次验证了,一个人热情还是冷酷,将在很大程度上决定着他在社会交往中的喜欢与吸引。

心理学家们认为热情之所以可以左右着我们在社会交往中的喜欢与吸引,是因为热情—冷酷这一对品质包含了更多的有关个人的内容,它们和许多人类的其他人格特性紧密相关;而礼貌—生硬这一对品质则相对独立,它们和人类的其他人格特性联系较少。因此,一旦我们认识到一个人是热情的,我们就会把联系在其周围的其他人类优良的品质也“配送”给他;而相反,当我们认识到一个人是冷酷的,我们就把联系在其周围的其他人类不良品质“配送”给他。可见,在人类的品质描述中,热情—冷酷这对词好像居于人类品质词的中心,它们左右着人类的一些其他品质,因此,在心理学上通常就把热情—冷酷这对品质叫做中心性品质。

2-2 喜欢别人的人也会赢得别人的喜欢——人际吸引的相互性原则

看看你身边的人,你能发现你最喜欢的人通常有什么特征吗?你为什么会喜欢他们?是因为他们漂亮吗?还是因为他们聪明?抑或是因为他们有社会地位?心理学的研究表明,我们通常喜欢的人是那些也喜欢我们的人。他不一定很漂亮,或很聪明,抑或很有社会地位,仅仅只是因为他很喜欢我们,我们也就很喜欢他了。心理学上把这一相互喜欢的研究结果叫做人际吸引的相互性原则。

心理学家阿让森(E. Aronson)和林德(R. Linton)曾经以实验证明人际吸引中的相互性原则。在实验中他们让被试分别体验与两个实验助手的相互交往,而被试不知道与自己交往的是实验助手,而是把他们当成和自己一样来参加实验的被试。被试和实验助手的交往是通过一起合作完成某项实验者安排的工作而实现的。在第一次合作后,实验者给他们一段休息的时间,在休息时,实验者设法使被试很"偶然"地听到了两个实验助手和实验者的谈话,在谈话中,两个实验助手都谈到了对被试的印象,其中第一个实验助手用相当奉承的语气,一开始就说他喜欢被试,而第二个实验助手则对被试持批评的态度,对被试做出了否定的描述。休息时间过后,两个实验助手又回到实验室和被试一起继续合作。等第二次的合作结束后,实验者请被试对与自己合作的两个实验助手进行评价,并回答自己在多大程度上喜欢与自己合作的两个伙伴，即两个实验助手。实验的结果正如实验者所预料的那样，被试的评价与两个实验助手对他的评价是相应的：第一个实验助手喜欢被试，因而被试也喜欢第一个实验助手；第二个实验助手表示不喜欢被试，因而被试也不喜欢第二个实验助手。由此证实了人际交往中的相互性原则，即如果关于某人的全部信息资料说明他喜欢我们，我们就可以预先确定我们也喜欢他；而如果关于某人的全部信息资料都说明他不喜欢我们，那我们也可以预先确定我们也不会喜欢他。

其实我们稍微留心一下，就会发现在日常生活中，到处都可以见到相互性原则。《圣经》说："你们用什么量器量给人，人也必用什么量器量给你们"，"你期望别人怎么待你，你也要怎么待人"。我们常常就是这样，最喜欢那些喜欢我们的人。那么我们为什么会喜欢那些喜欢我们的人呢？

因为喜欢我们的人使我们体验到了愉快的情绪。我们只要一想起他们，就会同样想起和他们交往时所拥有的快乐，因而使我们一看到他们也就自然有了好心情的出现。我们知道，他们喜欢我们，他们会给我们友好、诚实、热情等，所以我们也顺理成章地会给予他们友好、诚实、热情等，我们也很自然地就喜欢上了他们。

更重要的是，那些喜欢我们的人使我们受尊重的需要得到了极大的满足。他人对自己的喜欢，是对自己的肯定、赏识，说明自己对他人，或说对社会是有价值的。

人际吸引的相互性原则也有着适用的范围。一个人如果自我尊重程度较强，较为自信，那么别人对他表示出的喜欢和赞扬，他可能并不在乎,因而人际吸引的相互性原则对这种人作用也就不太大。而那些具有较低自我尊重的人则不然,他们不喜欢那些给他们否定评价的人,因为他极不自信,所以特别需要别人的肯定,特别看重别人对自己表达出的喜欢情感。曾经就有心理学家以实验研究很好地证明了这种区别。实验者先对参加实验的被试进行了一系列测验,测定了他们的自我尊重程度后,让他们在一个小组里通过讨论问题进行相互接触。在小组讨论结束后,每个组员都要评价一下其他成员,并把它写在一张纸上,由实验者来综合大家对组员的评价。然后,再把属于某个组员的评价发给这个组员,但实验者所发的评价是假的,他并没有用真实的评价,这些假的评价,有些是相当肯定的,而有些则非常否定。然后再询问每个人喜欢小组的程度。对于只有低自我尊重的被试来说,对全组的喜欢很大程度上依赖于全组对他的喜欢程度;而那些有较高自我尊重的被试则不大依靠团体对他的评价来决定自己是否喜欢团体。可见,自我尊重的强弱,在很大程度上影响着人际吸引的相互性作用的发生。

在实际生活中,应该说大多数人都不是很自信的,自我尊重的意识常常并不很强,因而大多数人都特别需要别人对自己的肯定,而且越不自信时就越需要别人的肯定。如果,有很多人都说我们很好,都说喜欢我们,那么我们往往会越来越自信。随着喜欢我们的人的增多,我们可能就不大会像起初那样去喜欢新认识的朋友了。这是由于我们的自我尊重程度提高了。

还有一个原因决定着我们去喜欢那些喜欢我们的人,那就是报答。“他那么喜欢我,而我竟没有一个反应,好像有些不像话嘛!”

我们往往是迫于一些压力或内疚,不想让人失望,不想让别人“热情热心换冷淡冷漠”,我们想让别人知道我们也是有感情的,也是比较热情和知道回报的人,于是,我们也对对方表现出喜欢。

当然,我们说我们通常会喜欢那些也喜欢我们的人。但这并不是绝对的。有时我们喜欢某个并不喜欢我们的人,而相反,我们不喜欢的人有时却很喜欢我们。我们只能说在其他一切方面都相同的情况下,我们有一种很强的倾向,喜欢那些喜欢我们的人,甚至他们的价值观、人生观都与我们不同。

另外还有一个有趣的现象,如果一个人自始至终都对我们表达喜欢的话,我们可能不仅不珍惜,反而还因为对其动机和智力的怀疑而不喜欢他;而当另外一个人,起先表现的是对我们的不喜欢,但是经过一段时间的交往后,他变得喜欢我们了,这反而会增加我们对其智力和诚意的判断,我们会更强烈地表现出对他的喜欢。比如,有一个人一见到你就表示出很喜欢你,并且以后一直都在表示他很喜欢你,那么你就会有些疑问,怀疑这个人的诚意和辨别力。而有人一开始对你是否定的,甚至还说了些批评你的话,但过了一段时间后,他对你的评价渐渐提高了,这时你就会觉得“这个人不是个喜欢说好话的人,他很有判断力”。他的意见和评价在你眼里就显得特别有分量。

人际交往中的相互性原则提示我们,在日常生活中,我们要想获得别人的喜欢和认可的话,就应该先怀着一颗真诚的心去悦纳他人,悦纳周围的一切。

戴尔·卡耐基让你充满吸引力

美国成功心理学家卡耐基在《人性的优点》一书中介绍了在人际交往中可以增加或保持喜欢与吸引的心理品质或人格特征有：

1. 真诚地对别人感兴趣。每个人都希望别人注意到他存在的价值，如果你对别人不感兴趣，别人也就对你不感兴趣。

2. 尽力记住别人的名字。每个人都很看重自己的名字，这可使个体感受到你真诚的关注。

3. 做一个好听众而不是演说家。在人际沟通中每个人都希望对方注意倾听自己，这可使作为社会人的个体的社会尊重需要得到满足。从而建立起友好交往的好氛围。

4. 谈别人感兴趣的话题。共同感兴趣的事或物，常常可以把两个人的情感紧紧地连在一起，而且还是打破僵局，缩短交往距离的良策。

5. 经常让别人感觉到他很重要。认为别人重要，说明你尊重他，而且，人们常常希望别人某一方面能力欠佳时表现自己。

6. 避免当面伤害别人的感情。如果要批评人，一是可以先从赞扬入手；二是可以先从自我入手；三是批评时不要伤害别人的自尊心。

7. 有错要主动承认，争辩要有分寸。坚持错误不如承认错误，坚持错误会疏远与他人的感情，承认错误会使人在真诚中原谅我们的过失。争辩中要显示大度，把握好分寸，不说刻薄话，控制好自己的情绪。

8. 不要总显得自己比别人高明。总觉得自己鹤立鸡群，认为自己比别人高明，势必会造成孤立。

9. 多从别人角度考虑问题。站在别人的位置设身处地地想一想，行动常常会赢得人心。

10. 永远保持同情心。同情心在行为上的表现就是对他人提供热情帮助。

? 考考你

1. 什么是印象形成的平均模式？
2. 什么是印象形成的累加模式？
3. 对他人印象形成过程中我们会受到哪些因素的影响？
4. 什么是热情的中心性品质？
5. 什么是人际吸引的相互性原则？
6. 你是怎样增加和保持吸引力的？

第四篇

不断发展的心理学

——心理学的新拓展

心理学不能告诉人们应当怎样度过一生,但是,它可以给他们提供影响个人变化和社会变化的手段。而且它能帮助他们去评估可供选择的生活方式及社会管理的后果,然后做出价值抉择。

——阿尔伯特·班杜拉

阿尔伯特·班杜拉

随着时代的发展与变迁,新思想、新理念、新技术,不断改变和丰富着人类生活,冲击着人类视听,关注、理解并试图诠释人与社会的心理学自身也与时俱进,得以不断发展与丰富,研究内容不断拓展,研究技术也不断更新。比如,计算机技术的发明,引发了心理学的又一场革命,对心理过程重新诠释的认知心理学诞生了;当互联网成为人类生活的一部分时,其对人类行为与心理的改变与影响,也成为心理学研究的新内容。本篇将向你介绍社会发展中的认知心理学和对现代社会心理产生深刻影响而引发的互联网心理、广告心理、职业规划等心理学研究的新内容。因此,本篇包括以下两部分内容:

1. 心理学研究的新取向——认知心理学
2. 心理学研究的新内容——心理学与现代社会

一 心理学研究的新取向——认知心理学

社会的发展与科技的进步使得计算机在我们的学习和生活中扮演着越来越重要的角色。相信你一定有着这样的经验,当我们利用键盘或鼠标等输入设备对计算机输入一些特定信息时,计算机会在一番内部处理后利用显示器、打印机等输出设备输出我们想要获取的信息。你也一定知道,计算机又被我们叫做电脑,那么,你有没有思考过电脑与人脑有什么相似之处呢?人脑在获取信息之后是否也存在着这样一个类似的信息加工过程呢?如果存在,那内部的工作原理又是怎样的?

随着信息理论和计算机科学的迅速发展和兴起,心理学的发展也受到了巨大的影响,一种新的研究取向逐渐形成,就是用计算机来类比人的内部心理过程,计算机接受符号输入,进行编码,对编码输入加以决策、存储,并给出符号输出,这可以类比于人如何接受信息,如何编码和记忆,如何决策,如何变换内部认知状态,如何把这种状态编译成行为输出。这种研究取向被称为认知心理学。广义地说,心理学中凡侧重研究人的认识过程的学派,都可以叫做认知心理学派。但目前心理学文献中所称的认知心理学,大都是指狭义的认知心理学,或叫做信息加工心理学,也就是用信息加工的观点和术语说明人的认知过程的科学。认知心理学流派的确立使心理学研究的内容、方法和重心都发生了一定的变化,成为继行为主义之后心理学的第二次革命。

奈瑟

1. 认知心理学的起源与发展

认知心理学起始于20世纪50年代中期,20世纪60年代以后飞速发展,1967年正式形成。1967年美国心理学家奈瑟(Ulrich Neisser)《认知心理学》一书的出版,标志着认知心理学已成为一个独立的流派。

1-1 深远的渊源与漫长的孕育——从心理学之父到现代认知心理学

认知心理学自上世纪60年代诞生以来得到了迅速发展,它的影响力是过去任何一个心理学思潮和流派都无法比拟的,这与其深

威廉·冯特

远的发展渊源是分不开的。提到认知心理学发展的渊源,就不能不提到心理学的创始人威廉·冯特(Wilhelm Wundt)。

1856年,冯特毕业于海德堡大学医学系,其后,他开辟了第一个科学地教授心理学的课程,在这个课程中他使用来自自然科学的实验方法来研究心理学。1874年,他发表了《生理心理学原理》一书,1879年,他在莱比锡大学创建了世界上第一个心理实验室,这标志着心理学脱离哲学的母体正式成为一门科学。也正因为如此,威廉·冯特被称为心理学之父。

冯特主张,心理学研究的对象应该是人的直接经验,他将内省实验法引入了心理学,请被试向内反省自己,然后描写他们自己对

莱比锡大学实验室

自己的心理工作方法的看法。概括地讲，冯特认为心理学的任务就是用实验内省法对心理内容或直接经验进行元素分析，而心理元素由感觉和感情组成，元素分析的目的是发现各种元素之间相互结合的方式和规律。

1912年，美国心理学家华生(Watson)针对冯特的观点提出了反对的意见，他认为心理学研究的对象应该是人和动物的行为，而不是意识和心理活动等虚无缥缈的空中楼阁。

随着时间的推移，心理学家们逐渐认识到，把意识完全排除在心理学研究对象之外不是心理学研究的正确道路，心理学家托尔曼(Tolman)在行为主义心理学的框架内引入了一个中介变量，即控制行为反应输出的内部因素。之后，很多心理学家都把中介变量作为心理学研究的对象，特别是推向到人的高级心理活动过程的研究，如思维、记忆、问题解决等领域，这些都为当代认知心理学的发展奠定了理论基础,并且成为当代认知心理学知识领域中的重要观点。

从上述认知心理学的发展历程,我们不难看出,认知心理学的兴起,是心理学内部长期冲突、矛盾和探索的结果,从着重研究内部的心理过程到否认意识的作用,再回归到重视高级心理活动过程的研究,心理学也在不断地发展和充实。今天,认知心理学研究高级心理活动的方法与冯特的方法已经大不相同,但认知心理学吸收了心理学自冯特创始以来的发展历程中很多有益的思想,这也体现了心理学思想发展的一种传承。

1-2 打开黑箱子——认知心理学与行为主义心理学

认知心理学的兴起是心理学史上继行为主义之后的第二次革命,上世纪五六十年代,伴随着认知心理学的发展,行为主义的理论也受到了越来越多的质疑和批评,行为主义理论的框架在风雨飘摇中逐渐走向衰落。

认知心理学和行为主义心理学的研究方法、指导思想都存在着很大差异,而这其中最大的差异就在于,认知心理学打开了行为主义心理学所描述的黑箱子。在第三章中,我们曾经介绍过激进的行为主义者华生的观点,他认为心理学只应该研究所能观察的并能客观地加以测量的刺激与反应,而中间的环节不需理会,华生把机体内部的活动称为“黑箱作业”。根据华生的观点,心理学只需要关注环境刺激与个体行为反应之间的规律性关系,至于黑箱子里到底发生了什么,我们无从得知,也不需关注。也就是说,行为主义心理学是“无头脑的心理学”。然而,行为主义所提出的刺激—反应模式与强化理论无法解释人类所有复杂的行为,例如,行为主义心理学家斯金纳认为婴儿学会喊“妈妈”，是因为他(她)偶然发出“妈妈”这个读音的时候，妈妈高兴地答应了，并给他(她)喂奶，这种操作—强化重复出现使言语行为逐渐形成。但实际上，婴儿的很多牙牙学语是不可能及时得到强化的，而且儿童还可以说出许多他们以前没有听到过的话，这就更难用行为主义的理论来解释了。因此，心理学家逐渐放弃了行为主义心理学的环境决定论，在研究人的高级心理活动时，开始重视内部的心理因素。

认知心理学就是在这样的背景下逐渐兴起，认知心理学认为，人并不是消极地等待着环境刺激而产生反应的被动个体，而是一个主动的信息探求者。个体内部已有的知识、经验及结构都会对他的心理活动以及外部行为产生决定性的影响，人的行为、动作的产生也都会受到内部心理活动的调节和控制。最重要的是，这种影响、调节和控制的过程并不是发生在不可观察的黑箱子中，而是可以用一定的方法加以观察和分析的。

认知心理学给予行为主义心理学强烈的冲击，但也受到它的一定影响。认知心理学从行为主义那里接受了严格的实验方法、操作主义等。同时，近年来，认知心理学已不仅仅专注于内部心理过程的研究，也开始关注对行为的研究。

1-3 认知心理学的开创者

(1) 米勒——“认知革命”的领袖

1960年，米勒(Well Miller)快40岁了，他是哈佛大学心理学系的教授，前程似锦，可是他总觉得有一种无法遏制的冲动，想要去干点什么，他知道这是源于他对思维的兴趣。思维？这不是心理学研

米勒

究的核心问题吗？不，在当时并非如此，自从行为主义开始主宰心理学后，行为主义心理学家就把认知踢出了心理学的研究范围。那种看不见、摸不着、非物质、只能推测的东西对行为主义来说是形而上学，他们更愿意在实验室里让老鼠走迷宫，踩杠杆。

米勒决心"要么哈佛让我创立某种类似于斯坦佛大学研究中心那种交互式激发的东西，要么我走人"。于是他和同事罗姆·布鲁纳(Lerome Bruner, 1960)建立了哈佛认知研究中心，"认知革命"由此开始了。他成了这场运动的领袖，并极大地改变了心理学的焦点和研究方法，而且一直引导着心理学的发展方向，许多心理学家因此而抛弃了老鼠、迷宫、电栅栏和杠杆,去研究人类更高级的心理过程了。

1962 年米勒当选为美国国家科学院院士,1963 年获美国心理学会颁发的杰出科学贡献奖,1969 年担任了美国心理学会主席,1990 年获美国心理学基金会颁发的心理学终身成就金质奖章,1991 年获得美国总统布什授予的国家科学奖。

(2) 奈瑟(Neisser)——认知心理学之父

1958 年,奈瑟 30 岁,开始到麻省理工学院工作;1967 年,他快满 40 岁时出版了《认知心理学》;1978 年,他刚 50 岁,出版了《认知与现实》;1988 年他满 60 岁了,发表了“自知五类论”。

奈瑟是哈佛的优秀毕业生,但本科读的是物理学,对心理学的兴趣源于选修了包林教授的心理学导论课,当时他对完形主义心理学最感兴趣,毕业后,他去了史瓦摩学院读硕士,博士还是在哈佛完成的。对当时的行为主义,他认为“既笨又狂,僵硬、拘谨、禁忌太多”,这大概是他成为“革命者”的原因之一。

1967 年,他出版了心理学历史上第一部以《认知心理学》命名的专著,被认为是认知心理学诞生的标志,他也被誉为“认知心理学之父”。

1-3　认知心理学发展的外部促进因素

认知心理学的诞生来源于心理学内部的长期孕育,同时也来源于其他外部因素的促进。现代科学技术的迅速发展,如控制论、信息论、计算机科学和语言学等都对认知心理学的发展产生了不可忽视的影响。可以说,如果没有现代科学技术的发展,认知心理学不会发展到今天的形态。

首先,随着语言学的发展,乔姆斯基(Chomsky)提出,儿童能够掌握自然语言,势必是由于人类在出生的时候就已经具有了某种先天装置,这种先天的"语言获得装置"使人们拥有了一些先天的语言能力。这种观点促使心理学家在研究人类的语言时开始考虑人内部的心理活动,而不是一味地相信行为主义的环境决定论。

其次,在 20 世纪 50 年代,信息论、控制论、系统论三大理论的出现也推动了认知心理学的发展。受到信息论的启发,认知心理学把人视为能够接受信息、处理和加工信息的信息传输装置,用信息加工的模型来解释人对信息进行加工的能力与过程。

最后,计算机科学的发展是认知心理学发展的一个最重要的条件。一方面,认知心理学的研究受到了计算机科学的很大启发,把计算机对逻辑符号的操作与人的思维对语言、符号的操作进行类比,使人们找到了分析人的内部心理过程和状态的新途径。另一方面,现在很多认知心理学的研究都借助计算机来模拟人的信息加工过程,计算机已经成为认知心理学研究过程中不可缺少的辅助工

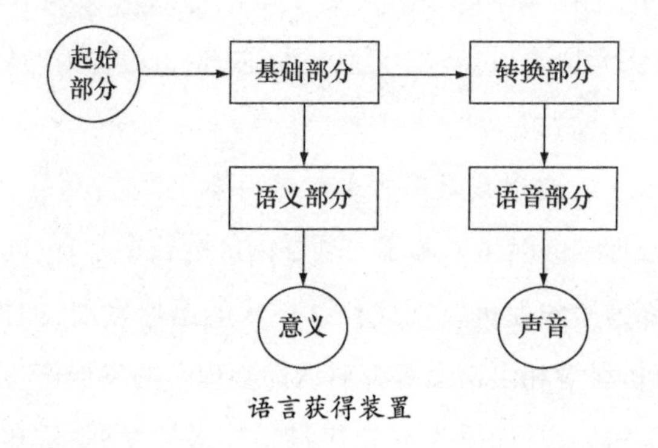

语言获得装置

具。另外,计算机科学与心理学相结合,还产生了一门新的边缘学科——人工智能。

2. 脑与电脑,究竟几分相似?——认知心理学家眼中的心理过程

概括地讲,认知心理学就是用信息加工的观点来说明人的认知过程的科学。它所研究的认知过程包括感觉、知觉、注意、记忆、表象、思维、语言等,这些认知过程就是人接受、编码、操作、提取和利用信息的过程,而这一切的基础就是人脑这个信息加工系统。

用过电脑的人都会对电脑的信息加工过程有一些了解,那人的信息加工系统是如何运行的呢?从下面的图中我们可以对这一过程稍作了解。

在日常生活中,我们无时无刻不在接受外界的信息,我们的眼睛、鼻子、耳朵、舌头、皮肤都是接受环境刺激和信息的器官,图中的感受器指的就是这些器官。感受器接受信息后会把它们转换成生物电能,进入人脑等待进一步的加工处理。在进一步的加工处理之前,信息会在人脑中短暂停留一段时间,这个过程就是感觉登记,感觉登记其实就是一个短暂保留刺激信息的系统。

经过感觉登记的信息如果没有得到进一步的加工处理,就会丧失。事实上,我们人的认知资源是有限的,日常生活环境中的信息纷繁芜杂,我们只能选择一部分对其进行深入的加工,很多信息在经过感觉登记后都会丧失。例如,早上出门的时候你看到邻居穿了一件紫色的大衣,当时你看到了衣服的颜色,但没有多加留意,中午

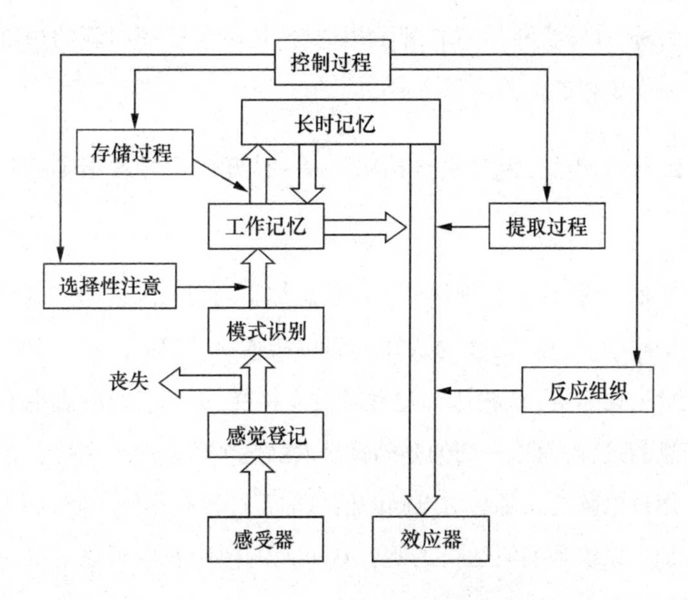

如果让你回想邻居今天穿了什么颜色的衣服,你很可能已经想不起来了。

如果信息在经过感觉登记后得到了进一步的加工,就会进入模式识别阶段。模式识别就是把当前进入信息加工系统的信息与先前掌握的信息进行匹配。例如,当我们看到一个字母O的时候,没有学习过英语的人可能会把它判断为一个圈,而学习过英语的人会根据自己的知识经验,把眼前的字母与存储在头脑中的字母相匹配,然后判断这个是字母O。

通过模式识别后,刺激信息会被传递到另一个系统——短时记忆,在这个系统中,信息会以某种形式被保存下来,并通过复述向长时记忆系统转移。在长时记忆系统中,信息会经过编码得以长期储存,成为个体关于客观世界的永久性知识,同时,这些信息也会在个体对新的刺激进行模式识别时发挥作用。关于短时记忆和长时记忆系统具体的工作机制，我们在记忆一章中将有更为详细的介绍，感兴趣的读者朋友可以参阅其中的内容。

从以上的介绍我们可以了解到，认知心理学要研究的是人的认知过程和认知结构，而在所有的研究中都渗透着这样一个观点：人的心理过程是对信息进行加工的过程，而认知心理学的任务就是根据这样的原理建立心理过程的机制或模型。这种研究思想已经成为当前心理学界占主导地位的思潮和范式。下面我们简单介绍一下认知心理学对某些心理过程的新解。

2-1　向上走？向下走？——知觉加工的过程

随着二战之后认知心理学的兴起，**知觉**被看成是一种主动和有选择性的构造过程。感觉是对刺激的觉察，知觉则要将感觉信息组织成为有意义的东西。知觉过程就是我们在已储存的知觉经验参与下，把握刺激意义。比如，当你"看到"一位女生眼里满含泪水，双唇颤抖着说不出话来，请问：你会认为她是过度兴奋，还是极度悲伤呢？你肯定回答：那取决于当时的情景了。是的，因为你需要综合各种感觉传入信息，在自己经验的参与下对它们进行加工，得出有关她哭的原因的猜测。

知觉包括信息向上(Bottom-up)和向下(Top-down)两个加工过程。前者将环境中收集来的点点滴滴信息结合，形成较大的块；后者在知觉者主观期望和自己头脑中的理论引导下，判断出刺激的类型。

自下而上(Bottom-up)的加工系统从信息输入开始，从较低水平向较高水平进行加工,直到最终的解释。整个过程中,每个环节都建立在前一个环节加工的基础上,只能加以补充,不能逆向调整前一个环节。为把这个系统形象化,我们来打个比方:同学们坐成一竖排,从最后一位开始这个加工过程,他在纸上写下一个单词,然后把这张纸递给他前面的一个同学,这个同学再加上一些信息(可能是另一个单词,也可能是对前面的解释),就这样,一个传一个,直至这排的第一个同学。在整个过程中,每个前面的同学都不能问后面的同学。这样,自下而上的加工过程以刺激为输入信息,单向逐级传递,相对而言不受知觉者的经验和期望的影响。

自上而下(Top-down)的加工系统从有关知觉对象的一般知识开始,将知觉者的期望融入对感觉信息的解释中,形成假设。这些观念和期望会制约加工的所有水平,影响哪些刺激会被注意,如何将刺激组织起来,大脑又将如何解释它们。大脑中的印象或观念能对刺激的解释起引导作用。例如,你坐在河边的长椅上等朋友,你不必把每个走过来的人的身高、体重、年龄、相貌、穿着与你朋友的特征相比较,相反,你头脑中有一个朋友的整体形象,只要寻找与你头脑中的那个整体形象相符的人就可以了。一旦某人走过来,正好符合那个整体形象,你就会进一步看清细节,来确定那人究竟是不是你的朋友。

自下而上和自上而下是两种方向不同的加工,二者结合形成统一的知觉过程。如果没有刺激作用光靠自上而下的加工过程,则只能产生幻觉;如果没有自上而下的加工,自下而上的加工的负担就会太重,甚至无法承担,遇上不确定的信息也难以应付。通常,我们知觉过程中既运用自下而上的加工,也运用自上而下的加工。例如,当你努力想听清某个人说话,你既运用了自下而上的加工——努力辨别每个词语,也运用了自上而下的加工——努力把你听到的内容与你了解的某个话题进行匹配。

2-2　心灵舞台的聚光灯——注意的加工过程

傍晚,走在商店林立的路上,你可以看到摆满商品的橱窗、丰富多彩的广告牌、闪烁的霓虹灯、乞讨的孩子,还有熙熙攘攘的游客们……你可以听到一家家店里放出的音乐、服务员(或售货员)热情的招呼、小贩南腔北调的吆喝、顾客大声小声的议论……如果你只是为了购物,很可能你的视线只落在各色商品上,而忽略了其他东西的存在。此时你的注意发挥作用了。这种选择性使你能集中尽可能多的注意力去挑选商品,而不是把能量白白地浪费在其他相

小偷

对而言无意义的信息上。当然,这也有不利的一面:给盯着你钱包的小偷造成了“良机”。

目前,认知心理学主要强调注意的选择作用,将注意看做一种内部机制,借以实现对刺激选择的控制,并调节行为。同时也即舍弃一部分信息,以便有效地加工重要的信息。从这个角度出发,认知心理学着重研究注意的作用过程,提出了诸如过滤器模型、衰减模型、反应选择模型、中枢能量理论、双加工理论等有关注意的理论。

2-3　人工智能

“一种数学实体,本质简单,但能够解决逻辑或者数学上的问题。”1936 年,一个名叫 Alan Turing 的数学家在他的论文中描述了

世界上第一台人工智能

这样一种通用机器。这篇论文引起了心理学家和计算机专家们的广泛重视——对人的认知活动过程和计算机运行过程的比较。

人需要获取信息,就像计算机需要输入数据一样。人和计算机要储存信息,相应地要有结构和加工过程使之实现。人和计算机还需要重新编码信息——改变它原来的呈现方式。不仅如此,人和计算机都要以某种方式来加工信息,重新安排、加上或删减等等。人工智能领域的计算机专家们正是要研究是否能让计算机用人类使用的方法解决问题,如何去解决。

早在1956年,纽韦尔(Newell)、肖(Shaw)和西蒙(Simon)就成功地编写了历史上第一个模拟人解决问题的计算机程序——“逻辑理论家(Logic Theorist)”,简称LT。它模拟人证明符号逻辑定理的思维活动。“逻辑理论家”不仅是世界上第一个成功的人工智能系统,而且是世界上第一个启发式计算机程序,它依据人解决问题的启发法,主要是逆向工作策略来编写。“逻辑理论家”实际上开辟了人工智能这一新的科学领域,并为认知心理学开创了独特的研究方法。

稍后,纽韦尔、肖和西蒙又研制出模拟人解决问题的另一计算机程序,称为“通用问题解决者(General Problem Solve)”,简称GPS。这个程序可以成功地用于从定理证明到河内塔以及传教士和野人过河等多种不同性质的问题,因而得名。通用问题解决者也是启发式程序,但它与“逻辑理论家”不同,“通用问题解决者”是依据手段——目的分析策略而编写的。GPS系统包含一个长时记忆即知识库,贮存各种有关的知识和使用这些知识的算子,以及一个短时记忆,以串行的方式对信息进行各种加工。

3. 内隐社会认知——无意识与认知加工

认知心理学的兴起使心理学对认知的研究既摒弃了行为主义不要意识和内部认知过程的传统,也改变了精神分析学派只强调人的本能和无意识冲动的研究道路。在早期认知主义取向研究中,人是充满理性和逻辑规则的人。然而,经过长期的研究后,人们发现,人并非是天生的"逻辑学家"或"统计学家",在人的行为成分中,有很多因素是无法用意识层面的理性和逻辑来解释清楚的。于是,心理学家的注意力又开始转向了人的无意识层面,并明确提出了"内隐社会认知"的概念。

3-1 什么是内隐社会认知

什么是内隐社会认知呢?心理学家认为,在社会认知的过程中,个体自身可能无法报告或内省到某些过去的经验,但这些经验却潜在地对个体的判断或行为产生着影响。道维迪奥(Dovidio,1986)等人曾经用实验验证了这种潜在作用的存在。实验者首先给被试呈现一个启动词("黑人"或"白人"),接着呈现目标词,目标词是一个描述积极品质或消极品质的词语。请白人被试判断目标词与启动词的符合程度。结果发现,当目标词为积极品质而启动词为"白人"的时候,被试的反应远远快于启动词为"黑人"时的速度。有趣的是,这些白人被试在接受态度测验的时候,都宣称自己并没有种族歧视,并真诚地向往种族平等。这种外显的态度与行为之间的差异反映出无意识成分参与了认知加工的过程,并产生了潜在的影响。

内隐社会认知研究的体系化,源于心理学家对个体行为的无意识的或者内隐的作用机制的承认。不同学科领域的心理学研究者,从不同的视角出发,使用诸如自动化、无意识、内隐过程等术语,并将这些术语和已有心理结构组合,形成如内隐记忆、内隐态度、内隐刻板印象等概念体系,尽管不同研究者在使用这些术语时存在着差异,但都承认个体行为的无意识作用机制。

3-2　内隐心理加工机制

内隐社会认知试图探明个体认知、情绪、动机和行为的无意识机制。内隐活动过程的重要特征是:内隐活动过程不受个体意识性监控作用;内隐活动过程一旦被引发,就不会因为意识性监控而终止;内隐活动过程快且迅速,只需要极少的认知资源。内隐过程形成于刺激和反应之间的一致性和经常性的联结,反映了个体生活的常规性。内隐心理活动过程随着引发条件不同而有所差异。有些内隐过程需要个体有意识地引发(如个体的熟练技能),称为目标依赖性内隐加工过程;有些认知过程要求与个体行为反应相联系的刺激呈现,称为前意识性的内隐过程。不仅如此,内隐社会认知假定个体的高级心理活动过程可以受到刺激线索的自动引发,且一旦引发就不需要意识性监控或者过程的觉知。内隐社会认知研究关注社会情境特征和个体的认知与行为反应之间的联系,试图在情境和行为之间建立 if-then 关系,并且假定,这一关系不依赖于情境特征和个体的认知与行为反应之间任何意识性的调节机制。

内隐心理加工机制具有消极和积极的作用效果。一方面,内隐心理加工机制具有社会适应性价值,有助于个体利用有限的认知资源去面对新奇和复杂的社会情境；另一方面，内隐心理活动过程具有消极作用，个体无法意识到其行为背后的动机，意味着个体难以控制个体的行为。在许多情境中，人们没有发现他们的知觉、判断和行为受到歪曲，对其他人造成伤害，如刻板印象的自动提取过程，尽管有利于个体迅速地加工多方面的信息，但刻板印象自动提取的后果，则可能干扰个体的正常社会活动。内隐偏见研究发现，个体对特定群体的偏见可以因为目标刺激的最小程度呈现导致其自动化提取，并影响着个体的行为。当个体缺少可以真实探明的（内隐）原因时，他们倾向于将自己的行为合理化，例如归之于被社会接受的动机。个体的内隐态度也会影响个体自身的行为，如性别偏见导致女性在数学、物理等学科的发展弱势。

3-3　内隐社会认知的研究

为探索行为的无意识的内在心理机制及其对人的认知活动过程的影响，心理学家设计了加工分离程序（PDP）、Stroop 任务、阈下启动任务（Subliminal Priming Task，SPT）、词汇决策任务（Lexical decision task）、IAT 等研究方法。这些方法可以统称为内隐测量。

里博等人（Reber et al，1978）以实验研究加以证实。他们设计了一种人工语法，将被试分为两组，一组被试的任务是“努力记住字符串”，另一组被试的任务是“找出字符串排列的规律”。经过一段时间的学习，最后让被试判断一些新的字符串是否符合语法，结果发现，那些要求记住字符串的被试，其成绩显著高于要求找出规则的被试。这说明，原先没有意识到字符串里有什么规则的被试，反而较好地学到了里博的人工语法。

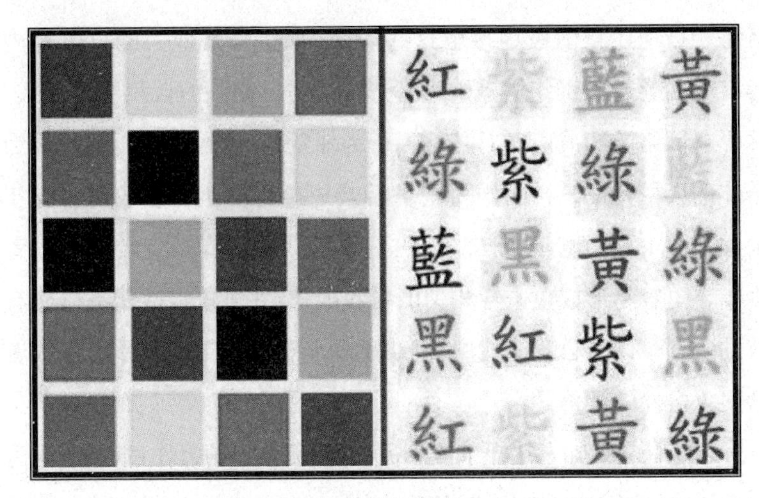

Stroop 实验材料

沙姆斯(Shames, 1995)的启动研究为考察无意识激活在内隐问题解决中的作用提供了证据。他指出,被试在问题解决中的直觉同内隐记忆研究中常见的语义启动效应类似——只不过它是内隐思维加工,而不是当前或过去经验的任何表征。涉及任务操作的大脑系统的激活一直保持到任务完成,从而形成一种认知紧张状态。当问题得到解决并获得完成时紧张状态就会消失。在缺乏对答案为何物的有意识觉察时,关于答案的体验、思想和行动对问题解决有影响。激活作用不是从代表待解决问题线索的节点自动扩散到代表答案的节点,答案的激活只有当个体在具体问题解决背景中进行操作时才能发生。

崔丽娟于 2005 年对网络游戏成瘾青少年的内隐攻击性进行了研究。网络游戏多带有攻击性内容,网络游戏成瘾青少年经常性地、一致性地接触带有攻击性内容的网络游戏,无论网络游戏成瘾者是积极地还是消极地接触这些内容(如接触其他人的攻击性内容),是否会导致网络游戏成瘾者形成攻击性相关的自我心理图式,并影响网络游戏成瘾者对其他人行为知觉和判断的差异,甚至成为个体的人格特征。崔丽娟对网络游戏成瘾青少年和非成瘾青少年采用了IAT内隐测量,研究发现,网络游戏成瘾青少年较非成瘾青少年会更容易形成攻击性相关的自我图式,并将攻击性相关概念有效纳入到个体的自我图式中;网络游戏成瘾青少年更容易形成或者增强攻击性的评价。

内隐社会认知是认知主体不需努力、无意识的操作过程,对内隐社会认知的研究使我们逐渐揭开无意识神秘的面纱,对我们进一步了解自身有深刻而丰富的意义。当然,内隐社会认知也是一个复杂的、深层的认知活动,目前对其的研究还是一个尚未成熟的理论范畴,需要心理学工作者通过更多努力为我们解答更多关于人类自身的疑问。

4. 对认知心理学的评价

心理学家艾宾浩斯曾经说过:"心理学有一个很长久的过去,但只有短暂的历史。"的确,心理学真正脱离哲学的怀抱成为一门独立的学科只有一百多年的历史,而认知心理学的历史仅仅只有三四十年之久。但就是这样年轻的认知心理学,凭借实验研究的现代化技术手段和实验计划的精明图式,对心理学的许多领域进行了卓有成效的研究,建立了一些颇有意义的理论,为心理学的长足发展积累了丰富的经验。有人就以行为主义的一兴一衰作为心理学发展史的两座重要里程碑,把心理学史划分为三个阶段:行为主义以前的心理学；行为主义心理学；行为主义以后的心理学。试图说明认知心理学的兴起具有划时代的意义。

在传统心理学里，冯特特别重视低级心理过程的研究，虽然他也承认高级心理过程（意识、思维、语言等）是心理学的内容，但他认定高级心理过程不能像低级心理过程一样用实验的方法来研究，从而使高级心理过程成为心理学的一个禁区，使许多心理学家不敢问津。行为主义心理学则索性把内在的心理过程拒之门外，研究仅仅局限于可观察的外显外为。格式塔虽然对高级心理过程作了些初步的尝试，但其研究是很有限的。认知心理学是心理学历史上第一次把高级心理过程作为自己的主要研究对象，开创了心理学研究的又一个新领域。

在研究方法上，认知心理学把自我观察、实验室实验和计算机模拟有机地结合起来，开辟了心理研究的新途径，这也是很值得我们重视的。总之,认知心理学的出现具有十分重要的进步意义。

然而,认知心理学也由于自己的理论观点和方法论的局限性，在具体研究过程存在着一些弊端。

首先，对于认知心理学的研究范围方面的问题，要做具体分析。一方面认知心理学在一定程度上打破了以往心理学有形或无形地设置的禁区，研究人的高级心理过程（主要是认知过程），但是，另一方面，认知心理学把自己的研究主要局限于人的“认知”过程，而对于人的包括情绪、情感在内的意向活动，对于人的个性心理特征的研究显得无能为力。它对于情绪、期望等有所涉猎，但显得少而零碎，并且常常是为了研究认知过程而附带加以研究的。从这个意义上来说，它把心理学的研究范围大大地缩小了，缺乏体系性。因此，它所提出的观点、取得的研究成果难以构成完整的心理学体系。

其次，信息加工这种研究方式仍然是一种“物”的研究方式，即是说，作为心理学研究对象的人仍被视为按照机械原理运作的机器一样的存在物。它忽略了人是一个具体的、活生生的、历史的存在，人的头脑中存有很多的经验并不断地接受着各种内外刺激，人具有物所不具有的主动性和灵活性。

最后，计算机解决问题的方式和人的方式是否是同一的，在多大的程度上同一，是很令人存疑的。现有的关于问题解决的信息加工理论主要建立在对人的解决问题的策略和过程的推理和模拟上，然而两者却未必等同。计算机根本不理解它所处理的信息的内在涵义，它只是按照既定的程序指令运行。而且它会一步一步地把所有的路径都走完，而不管有些路径是错误的或者费时费力、效率极低。而人就不同了，人具有大量的背景知识，使问题解决有很高的灵活性。比如说，人类思维的直觉性。并且，在问题解决过程中，人还受他的认知环境、评价策略、认知风格、自信心、动机、情感情绪等因素的影响，这些都是靠单纯的计算机所不可能实现的了。

生活中的“动作失误”

在日常生活中，你是否出现过下面的一些小失误，比如把洗面奶挤在牙刷上；剥开一粒糖果，却把包装纸放进嘴里，把糖果扔进垃圾桶里。

认知心理学家Reason做过这样一个实验,他要求被试尽可能快地回答下列问题:

问:能长出橡子的树叫什么?

答:橡树(oak)。

问:我们把那些滑稽的故事叫什么?

答:笑话(joke)。

问:一只青蛙发出什么声音?

答:嘎嘎声(croak),

问:百事可乐的主要竞争对手是谁?

答:可口可乐(coke)。

问:斗篷的另一种说法是什么?

答:披风(cloak)。

问:你把一只蛋中的白色部分叫什么?

答:蛋黄(yolk)。

最后一道题的正确答案应该是蛋清(albumen)。然而,85%的被试都答成了蛋黄(yolk),因为它们与前面几个答案押韵。相反,如果只问被试最后一个问题,只有5%的人回答是蛋黄(yolk)。(你也可以问懂英语的人这些问题,看看他怎么回答)

为什么我们会出现这些小小的失误呢?认知心理学家们在做了大量实验之后给了我们这样的解释。他们认为动作失误是注意失败的直接后果。人们在练习过多遍的事情上也会出错。当做这些事情的时候,注意看起来可有可无,但当要从一件事转移到另一件时,或者又出现了新的事件时,注意就变得必不可少了,但我们常意识不到这一点,所以有一点小失误就不足为奇了。当然在多数时候,我们总是在注意与不注意间频繁切换,因此动作失误并不是很普遍。

? 考考你

1. 认知心理学发展至今有多少年的历史?

2. 谈谈你对认知心理学与行为主义心理学之间差异的理解。

3. 在认知心理学发展的过程中,现代科学技术的发展发挥着怎样的作用?

4. 人的信息加工系统是如何工作的?

5. 什么是内隐社会认知?

二　心理学研究的新内容——心理学与现代社会

1981 年,美国心理基金会杰出教学奖得主亨利·格雷特曼(Henry Gleitman)就曾对心理学有过这样的描述:"一个松散地联系在一起的学术王国,它横跨了从生命科学为一端到社会科学为一端的所有领域。"

从心理学的诞生到今天只有一百多年的历史,然而,这门年轻的学科却在现代社会中扮演着越来越重要的角色。的确,作为一门研究人的心理活动规律以及人与人、人与社会互动的规律的学科,心理学的身影出现在我们社会生活的方方面面。也正因为如此,随着社会的发展,心理学研究也不断地扩大着自己的领域,充实着新的内容。心理学家们不再像心理学诞生之初那样,单纯去关注人自身,而是希望通过对规律的研究和概括,帮助人们更好地理解现代社会一些特有的现象,帮助人们适应这个纷繁芜杂的社会。在这一部分,我们将选取几个心理学在现代社会中得到发展和应用的领域进行介绍,使你对心理学这门学科有更深入、更全面的了解。

1. 互联网与心理学

不知不觉间,互联网已经用它神奇的触角延伸到了我们身边的每个角落。作为 20 世纪人类最伟大的发明,它几乎无所不在,我们可以利用互联网结交朋友,获取信息,开展交易。互联网如此迅速的发展,在改变着人们生活与工作方式的同时,也在改变着人们的心理与行为,甚至在很多人对网络还不甚熟悉的时候,一种与网络相关的心理疾病——网络成瘾综合征已经扰乱了很多“网虫”的生活。心理学家们开始思考,网络为什么会对人们产生如此大的影响?这种影响是怎样产生的?网络成瘾在心理学上是如何界定的?人们在受到影响后又会有怎样的表现?这就是我们在这部分里将要了解的内容。

1-1 爱上互联网的理由——从心理学的角度看网络的吸引力

很多上过网的人都有这样的经历,本来是准备上一个小时的,但想起来看表的时候却发现两个小时已经过去了,本来是想在电脑上写点文章的,可忍不住又打开了 IE 浏览器。网络的魅力究竟何在?

一是互联网具有新异性的魅力。在网络上,用户可以进入到一个广阔的大千世界,了解到五花八门的新奇事物,而这些往往是现实生活中所不可能接触到的。好奇是人类的本性,我们渴望了解未知的空间,向往走进陌生的领域,而网络恰恰为我们提供了机会。

二是互联网具有可操作性的魅力。网络为使用者提供了一个可以自由操作的平台,在这里,我们不是被动的信息接受者,而是主动权的掌握者。在这里,我们可以充分发挥自己的主观能动性。每个人都有一种控制的欲望,只不过有人强烈,有人微弱。网络的可操作性正是可以满足用户的控制欲望,迎合了我们的这种需求。

三是互联网具有匿名性的魅力。在网络上,我们可以隐去自己的真实身份和其他人交往,没有人知道正在说话的你到底是谁。在网络上,每个人都可以卸下现实生活中的防备,畅所欲言,不必在意别人的看法。这种宣泄与交流的快乐也使很多网民乐此不疲。

四是互联网具有虚拟性的魅力。网络上有很多虚拟社区,用户在这里可以进行虚拟的工作。有些网站,随着登录次数的增多,用户的级别还可以不断地晋升。用户在这里可以获得地位与尊重,满足现实中无法满足的需求,这也是互联网吸引力的一个重要方面。

此外,互联网还可以满足人们的很多需要。比如,快乐的需要。游戏会给人带来快乐,小的时候我们也有着种种的娱乐游戏,比如弹弹子、跳房子等,玩起来也废寝忘食。一到晚饭时间,街头巷尾叫孩子回家吃饭的声音就此起彼伏了。一个时代有一个时代的游戏,并伴随着一代代人成长。互联网还可以满足人们的社会交往需要。人是社会性的,每个人都需要进行社会交往,而网络恰好满足了这点。尤其在网络游戏中,人们可以结成小组或小队,与其他小组竞争。网络游戏提供的这种合作与竞争,更好地满足了人们的社会性需要。此外,互联网还可以满足人们自我实现的需要。每个人都希望活在这个世界上有价值,可以被认同,在社会生活中找不到自我实现的个体,如果网络能提供其自我实现的满足,那个体很可能就沉溺于其中了。比如,在学校生活中,最好的自我价值体现,就是学习成绩好,学生学习成绩好,家长表扬,老师喜欢,朋友羡慕,而这,又进一步促使学习成绩好的学生有更强的学习动机去学习。但是,很遗憾的是,根据人群中正常分布的原则,班级学习前五名的就是那几个人,一般不会有什么变化。那五个人达到自我实现了,其他人怎么办呢？网络就为这些青少年提供了其现实世界中所不能提供的多平台发展。擅长写作的,天天扎在网络文学吧上,成为网络写手;喜欢音乐的,就沉迷于网络音乐吧,写写唱唱,成为网络歌手;喜欢神聊的,就整天灌水;当然,特有游戏悟性的,就泡在了网络游戏上,成为游戏高手。

在现实生活中,由于种种方面的限制,人们的许多需要往往并不能被满足,或者不能被很好地满足。当一些网络使用者发现那些在现实生活中不能得到满足的需要可以在网络中得到满足时,这种需要得到满足的愉快体验又会进一步促使他们继续向网络寻找安慰,这就是强化的作用。最终使人们沉迷其中,并使一部分无法自拔的网虫成为网络成瘾综合征的受害者。

1-2　电子海洛因——网络成瘾综合征

美国心理学家金伯利·杨(Kimberly Young)是最早对网络成瘾现象进行研究的学者,她发现网络使用者对网络的依赖与病态的赌博有很多相似之处,并编制了网络成瘾量表来鉴别个体是否已经成瘾。量表由八道题目组成,她认为,个体只要对其中五道以上的题目做出肯定回答,就说明被测者已经成了互联网的俘虏。题目如下:

- 你是否着迷于互联网?
- 为了达到满意你是否需要延长上网时间?
- 你是否经常不能控制自己上网或停止使用互联网?
- 停止使用互联网的时候你是否感觉烦躁不安?
- 每次在网上的时间是否比自己打算的要长?
- 由于互联网你的人际关系、工作、教育或者职业机会是否受到影响?

- 你是否对家庭成员、治疗医生或其他人隐瞒了你对互联网着迷的程度？
- 你是否把互联网当成了一种逃避问题或释放焦虑情绪的方式？

20世纪90年代后期，随着互联网的普及，越来越多的心理学工作者开始关注这个问题，心理学家们用“病理性使用互联网”“网络依赖”“网络成瘾”等名词来描述这一现象，其中最常使用的就是网络成瘾综合征，简称网络成瘾。网络成瘾综合征是指患者没有一定的理由，无节制地花费大量时间和精力在国际互联网上持续聊天、浏览，以致影响正常生活，损害身体健康，并在生活中出现各种行为异常、心理障碍、人格障碍、交感神经功能部分失调。网络成瘾包括网络交际成瘾、网络游戏成瘾、信息收集成瘾等。

从网络成瘾的定义中，我们已不难看出它的危害。成瘾的概念最早源自临床医学中的药物成瘾，是指成瘾者由于服用药物而从心理及生理上产生了对这种药物的依赖，影响了个体的情绪和行为并导致功能损害；为了避免停药带来的不适躯体反应，不得不持续性或周期性地长期用药，欲罢不能。这种成瘾包括酒精、尼古丁、吗啡成瘾等，我们常说的吸毒就是药物成瘾的一种。后来，人们发现，基于服用药物的成瘾概念并不完整，有些人因为沉湎于某种活动而影响工作、生活，产生不良的后果，但在这种活动中并没有药物的摄入。因此，人们提出了行为成瘾的概念，像赌博成瘾、电子游戏成瘾等都属于行为成瘾。在行为成瘾中并不涉及任何具有生物效用的物质，它主要是以心理机制为基础。网络成瘾就是一种典型的行为成瘾。虽然这种成瘾中不涉及有害药物的服用，但它和吸毒一样会带给我们身体和心灵上的伤害。当一个人依赖上这种电子海洛因后，这种精神上的依赖会逐渐转化成躯体上的依赖，具体表现为每天起床后情绪低落，思维迟缓，头昏眼花，双手颤抖，疲乏无力和食饮不振，上网以后精神状态才能恢复至正常水平。如果缺乏一定的治疗，到了患病晚期，患者会出现与生理因素无关的体重减轻，外表憔悴，每天连续长时间上网；一旦停止上网，就会出现急性戒断综合征，甚至有可能采取自残或自杀手段，危害个人和社会安全。湖南有一个 14 岁的中学生，因为长期沉溺于网络游戏《传奇》而走火入魔，在一天凌晨从网吧回家的时候产生了幻觉，从四楼跌落身亡。我们从媒体上还可以看到很多类似的报道，这些鲜活的事例都告诉我们，电子海洛因的危害不容忽视。

1-3　他是你想象中的他吗？——互联网上的印象形成

如果问起上网的目的，很多人会提到结交朋友，网络为网民们提供了很多种结交朋友、交流信息的方式，OICQ、ICQ、BBS 使很多从未谋面的人成了朋友。然而，心理学家的研究表明，通过网络上的信息交流所形成的对网友的印象往往存在着很大的偏差，也就是说，我们想象中的网友并不是实际的他。

这个实验是由美国的罗德尼·富勒使用个性测验来完成的。他让参加实验的人通过完成个性测验的方式来评价自己从没有见过面的网友，在完成测验的时候，被试要把自己想象成自己的网友，按照他们的逻辑来回答问题，而他们的网友也会用同一份测验来评价自己。为了发现网络与现实的差异，实验者还选取了一些现实中的朋友来做同样的测验。实验结果表明,那些彼此见过面的朋友相互更了解一些,而那些只通过网络交流的朋友,彼此表现出很多的误解。他们盲目地认为对方具有理性分析的手段,而事实并非如此,他们还会高估对方对于结构和秩序的需求。

为什么会出现这样的情况呢？在网络上,我们对于交往对象的了解都是通过文字,而在现实生活中,人们则通过多种渠道来交流并形成对他人的印象。当一个人用不同的语气说同样一句话时,给别人的感觉是完全不同的,当一个人真诚地微笑着说“欢迎你”和斜着眼睛看着别人说“欢迎你”时,对方完全可以通过他的表情知道自己是不是真的受到欢迎。也就是说,在现实生活中,当我们形成对他人的印象时非语言线索的作用比语言线索要大得多。当我们在网上交流时,语言成了唯一的线索,虽然我们也可以用:)来表示微笑,用:0 来表示惊讶,但这毕竟远不如我们真实的表情和动作丰富多彩。因此通过这种途径所形成的印象往往会出现很大的偏差。随着互联网技术的发展,音频、视频交流已经在逐渐普及,每一个 ID 后面隐藏的个体将不仅仅只用语言来表达自己的个性,网络上印象的形成也会由于线索的增加变得更为客观。

关于互联网与心理学的研究还涉及其他很多领域,例如网络上的攻击倾向、网络团体中的人际关系、网络购物的影响因素等等。比如,网络游戏的攻击性对人格的影响就备受关注。大家知道,自1985 年来,美国《未来学家》杂志的编辑们每年都要选 10 项预测或趋势,他们为 2005 年选的 10 项中有一项趋势是:人类下一代可能会更好斗,更具侵略性,因为他们把更多的时间花在了电子游戏上。

电子游戏更具参与性,而且暴力和打斗色彩更浓。

我们把和互联网相关的心理学研究统称作网络心理学,这已经成为心理学研究领域中得到广泛关注的一门新兴分支学科。

你网络成瘾了吗?

2005 年崔丽娟用安戈夫方法对青少年网络成瘾的标准进行了设定研究,结果得到了网络成瘾的界定量表,共有 12 个项目,界定分数为 8,即受试者在 12 个项目中,对 8 个做出肯定回答即被界定为网络成瘾。12 个项目为:

- 通过逐次增加上网时间获得满足感
- 经常不能抵制上网的诱惑,一旦上网很难下来
- 下网后总难以忘记上网时所浏览的网页、聊天的内容等等
- 不上网的时候会很难过,并想方设法寻求上网的机会
- 停止使用互联网时会产生消极的情绪体验(如失落感)和不良的生理反应
- 每次上网实际所花的时间都比原定时间要长
- 为了上网而放弃或减少了重要的娱乐活动、人际交往等等
- 有时候,为了上网而放弃了学习和上课
- 对家人朋友和心理咨询人员隐瞒了上网的真实时间和费用

- 将上网作为逃避问题和排遣消极情绪的一种方式
- 总嫌上网时间太少,不能满足要求
- 长期希望或经过多次努力减少上网时间,但未成功

你网络游戏成瘾了吗?

2005年崔丽娟用安戈夫方法对青少年网络游戏成瘾的标准进行了设定研究,结果得到了网络成瘾的界定量表,共有10个项目,界定分数为7,即受试者在10个项目中,对7个做出肯定回答即被界定为网络成瘾。10个项目为:

- 沉溺于电子游戏活动(例如,沉溺于重温以往的游戏经历,计划下一次的玩游戏,并想办法弄钱或找时间去玩游戏)
- 需要不断打破纪录(或过关)来取得向往的兴奋(或想成为高手或游戏中的强者)
- 多次努力去控制、减少或停止玩游戏,但都失败了
- 企图减少或停止游戏时则烦躁不安或易激怒
- 当心境烦闷(例如无望感、内疚、焦虑、抑郁)的时候,就想通过玩电子游戏恢复好心情
- 当没有打破纪录(或者没过关)时,总希望再来一次,以实现突破
- 对家人、老师或其他人不说实话,掩盖参与游戏的程度

- 因为玩游戏而进行违法活动如伪造、欺骗、偷窃来获得玩游戏的钱
- 因为玩游戏而使重要的人际关系、工作、受教育的机会受到危害或丧失
- 依靠他人提供帮助来解决由于玩游戏引起的学习成绩下降

2. 广告与心理学

现代社会,广告几乎无处不在,走在大街小巷,各种广告牌和灯箱会充斥着我们的视野;打开电视,每过十几分钟就会听到"广告之后更精彩,不要走开哦";打开IE浏览器,还没有找到我们想要的信息,一个个广告弹出框就已经铺满了桌面。如此纷繁的广告信息,究竟什么样的广告才能吸引消费者的眼球?怎样才能给消费者留下深刻的印象并促成他们的购买行为?这是广告商们非常关心的问题,也是广告心理学所要研究的问题。在这里,我们选取广告心理学领域一些有趣而且典型的研究,为读者朋友们勾勒一个广告心理学粗略的轮廓。

2-1 眼睛所不能捕捉的信息——阈下广告

1957年,美国新泽西州的一家电影院在电影正常播放的时候,每隔5秒以3/1000秒的速度在一个活动的屏幕上呈现信息"请吃爆米花"和"请喝可口可乐"。以这样的速度所呈现的信息是观众丝毫觉察不到的,观众在意识层面上并没有主动地对这些信息进行加工。但它的结果却是令人出乎意料的——影院周围的爆米花和

可口可乐的销售量分别增加了57%和18%。

我们都知道,外界刺激必须达到一定的强度,才能被人意识到,人们才能听清楚,看明白,这一强度就是阈限。低于意识阈限的刺激,人们不能清楚地意识到,但仍然会有反应,这种情形叫做阈下知觉。新泽西这家影院里所呈现的广告是观众们所无法察觉的,因此被称做阈下广告,也叫做隐性广告。从20世纪50年代开始,阈下广告受到了越来越多广告商的关注,也在一些广告中得以应用。阈下广告对消费者产生影响的机制是什么呢?从心理学的角度出发,我们可以用精神分析学派的潜意识理论来解释。根据潜意识理论,潜意识是被压抑的欲望、本能冲动。非理性、冲动性、非逻辑性、非时间性、不可知性、非语言性等是潜意识的特点。这些东西总要按着快乐原则去追求满足。我们不能因为人们没有意识到这些东西而忽略它们的存在,相反,它们是人类精神世界的基础和人类外部行为的内动力。许多广告的成功,在于它诱发了很多人没有注意到的、同类产品广告中没有说出来的消费者的潜在需要。在消费者的购买活动中,大部分是潜在需要在发挥作用。据美国有关资料表明,消费者72%的购买行为是受朦胧欲望所支配的,只有28%的购买行为是受显现需要制约的。

由于担心阈下广告被不正当地使用,比如酒的生产厂家可能会利用这种广告激发人们潜意识中的欲望,引起人们酗酒,所以在许多国家都明令禁止使用阈下广告。虽然阈下广告没有得到推广,但其他变相的阈下潜意识的诉求却经常出现在媒体中。2004年末,一部《天下无贼》红遍了大江南北,当人们对这部电影的情节和技

《天下无贼》植入嘉士伯啤酒广告、惠普笔记本广告

巧津津乐道的同时，也对导演在电影中添加软广告的功夫十分佩服。在电影中，2号女主角在第一次出场时脖子上就挂着佳能最新款的DC，而这个品牌的DV也成为男女主角在第一场戏中的道具。同时，诺基亚手机、中国移动的标志、HP笔记本电脑更是闪现在不同的场景中。观众在看电影的时候并不会对这些产品的信息进行复杂的加工，但在潜意识中已经受到了这些信息的影响。否则，精明的商家才不会掏出大把的钞票给电影的制片方呢。

2-2　第一眼看哪里？——广告心理学中的眼动研究

很多广告都会提供丰富的图片和文字信息，哪些信息可以吸引消费者的注意呢？视向心理测量可以回答这个问题。视向心理测量是广告心理学研究中的重要内容，这种研究主要是利用心理学仪器——眼动仪考察人们在观看广告时的一些眼动特征，例如注视广

快速闪过的广告词

告画面的先后顺序，对广告的某一部分注视的时间、注视次数等。

20世纪70年代，日本电通广告公司对一幅佳能照相机广告进行了眼动研究。这则广告最上方是广告的大标题，标题下面是一只猫头部的特写镜头，下面是小标题、照相机和广告的正文。结果发现，所有的被试都是先从猫的眼睛及鼻子部分看起，然后注视上面的大标题，再将视线向下方的照相机移动。大部分被试对插图"猫"的注视比较多，而且反复看的也比较多，而对广告的正文注视却比较少。综合研究结果可以发现，这幅广告的文案部分远不如插图部分更能吸引人的注意力。

20世纪80年代以后，广告心理学的眼动研究蓬勃发展，并且获得了很多有意义的研究结果。同时，随着眼动技术与计算机技术的完美结合，加上其他技术的飞速发展，眼动仪的造价越来越低，性能也大大改善,这为眼动研究的广泛开展提供了可能性。一些认知心理学家还在探索建立认知加工的眼动模型,以此来解释和预测消费者在看广告时的认知过程。我们可以预见,这个领域还会有更大的发展空间。

2-3 我想和偶像用同样的洗发水!——广告心理学中的明星效应

看过周星驰执导的电影《功夫》的读者朋友应该对影片中那个扮演哑女的小姑娘有着深刻的印象,这个清纯的女孩在出演《功夫》之前曾为某化妆品拍摄过一支广告,酬劳仅为1000元,而在她凭借《功夫》一炮走红之后,很多厂家争着请她为自家产品代言,这时她的身价已经翻了几千倍。为什么众多商家愿意开出天价来聘请明星做产品的代言人?而这种代言的效果到底如何呢?我们可以从心理学的角度稍作分析。

首先,由于名人在社会上占据一定的社会地位,被公众关注,因此他们所拍摄的广告很容易激发起人们的兴趣,引起人们的注意。从这个意义上来说,能够吸引大多数人的注意已经是一个广告成功的第一步。

第二,名人的出现往往会引起人们一系列的心理变化,由崇拜到信任,由信任到追求,由追求到模仿。特别是那些名人的忠实崇拜者们,他们会在有意和无意间模仿自己偶像的穿着打扮,对于偶像所推荐的商品当然也会乐于购买。当刘德华在镜头前款款深情地诉说"我的梦中情人应该有一头乌黑亮丽的长发"时,他的忠实FANS们又如何能抗拒他手中那瓶洗发水的诱惑呢?另外,明星拍

刘德华洗发水广告

摄广告还有可能会使消费者产生“移情效应”,“移情效应”是指将人们对某一特定对象的情感迁移到与该对象相关的人或事物上去的心理现象。也就是人们常说的“爱屋及乌”或“恨乌及屋”现象。名人电视广告利用消费者喜爱、仰慕的歌星、影视明星、体坛名将等做广告,引导消费者将其对名人的喜爱之情迁移到名人所宣传、推荐的商品上来, 从而增强广告的宣传效果。

第三,名人广告可以增强广告的可信度。广告心理学的研究认为, 消费者对一个广告的相信程度取决于消费者对信息来源及信息本身的信赖程度, 前者可以说是消费者用来决定后者是否值得相信的重要依据和线索。当消费者对广告所宣传的商品的信息内容知之甚少,或一无所知时, 他们会信赖在这方面有专业知识的人，听取他们的意见和建议,认同他们的观念和思想。比如，在健康、医疗方面，人们愿意接受医生的意见和建议;在增强身体素质方面，人们愿意听取体坛名将的建议;在美容、着装方面，人们愿意接受文艺名人和服装设计专家的观点和思想，并以他们的看法为准则。名人电视广告正是抓住了人们的这一心理规律，选择使用过或正在使用某产品的名人，以自然的态度和切身感受来介绍产品，或以专家的身份来推荐产品，以期取得消费者的信任，提高广告的可信度。

当然,利用名人做广告如果方法不当也会适得其反。例如,在电视广告中,如果明星的表演过多,可能会过度吸引受众的注意,弱化商品信息对受众的刺激,如果明星在代言某商品后爆出了丑闻,那对于他所代言的品牌形象也会造成一定的负面影响,这些都是商家在请名人做广告时所应该考虑的因素。

3. 职业生涯规划与心理学

20 年前,毕业的大学生会由国家统一分配工作岗位,然后捧着这个铁饭碗准备就这么干一辈子,20 年后的今天,国家分配早已成为过去时,职场竞争的加剧也使所谓的“铁饭碗”早已不复存在,当“跳槽”这个词越来越频繁地出现在我们周围时,人们的择业日趋理性,很多人在思考,究竟什么样的工作更适合自己？自己的职业发展应该走什么样的路线？职业生涯规划成为人们经常谈论的一个话题。很多读者朋友都听说过“职业生涯规划”这个词,但你可能没有想到,在职业生涯规划的过程中,心理学的知识会发挥重要的作用,让我们一起稍作了解。

3-1　职业六角形——霍兰(Holland)的职业类型理论

在职业生涯规划的过程中,心理学的一些理论可以提供具体操作的指导原则和方法,这方面的理论有罗伊(Roe)的人格理论、帕森斯(Parsons)和威廉姆逊(Willianson)的特质因素理论、鲍丁(Bordin)的心理动力理论等,我们选取了应用比较广泛的霍兰的类型论做一概括的介绍。

约翰·霍普金斯大学的心理学教授约翰·L.霍兰在几十年间经过一百多次大规模的实验研究,结合人格类型和职业类型的理论,创立了职业类型理论。这个理论认为,大多数的人可以被归纳为六种类型:现实型、研究型、艺术型、社会型、企业型和传统型,而社会中的职业也可以被分为六种类型:现实型(R)、研究型(I)、艺术型(A)、社会型(S)、企业型(E)和传统型(C)。这六大职业类型,按照一个固定的顺序排成一个六角型。在这个职业六角形中,六种职业的密切程度不一,譬如,现实型(R)和研究型(I)在某些性质上有共通的地方,表现为不善交际,喜欢做事而不善于与人接触,较男性化等,我们称这两种类型的一致性高。相反,传统型(C)和艺术型(A)的一致性就比较低,因为两者具有的特点是完全不同的,如前者顺从性高,后者独创性高。各类型的一致性程度可以用它们在六角模型上的距离表示。

每种职业类型都有其对应的典型职业,有些职业同时具备了两种职业类型的特点,我们可以从下图中获得直观的了解。

不同类型的个体具有不同的性格特征,也适合于不同的职业。

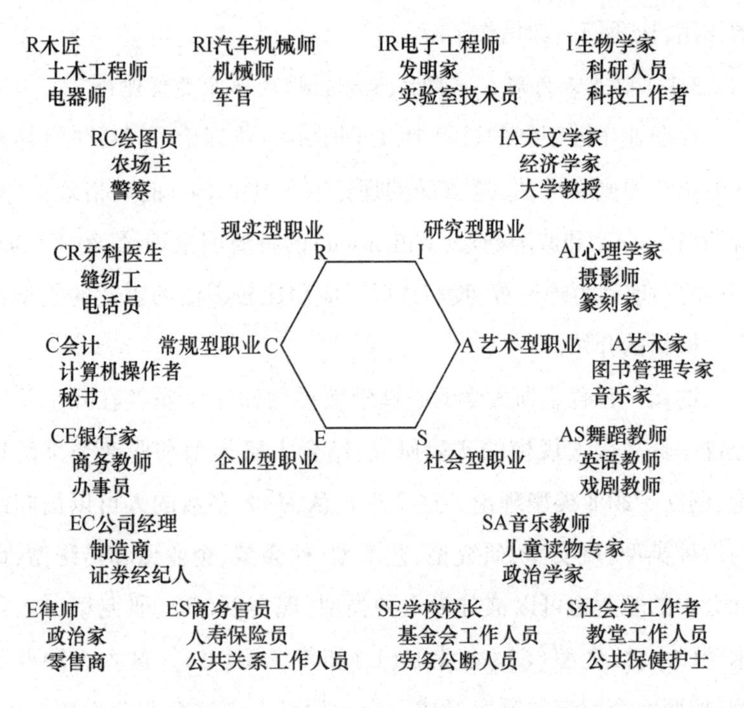

（1）实际型：这种类型的人具有顺从、坦率、谦虚、自然、坚毅、实际、有礼、害羞、稳健、节俭的特征，其行为表现为：喜欢有规则的具体劳动和需要基本操作技能的工作，但缺乏社交能力，不适应社会性质的职业，重视具体的事物，如金钱、权力、地位。其典型职业包括技能性职业（如技工、修理工等）和技术性职业（如摄影师、机械装配工等）。

（2）研究型：这种类型的人具有分析、谨慎、批评、好奇、独立、聪明、内向、条理、谦逊、精确、理性、保守等人格特征，喜欢抽象的、分析的、独立的定向任务以及这类研究性质的职业，愿意选择那些需要利用词、符号和观念进行工作的工作环境，但缺乏领导才能。

其典型职业是科学研究人员、工程师等。

(3) 艺术型:这种类型的人具有想象、冲动、知觉理想化、有创意、不重实际等人格特征,适合于在需要运用感情、想象来观赏、理解和创造艺术形式的环境中工作,但不善于事务性工作。其典型职业包括艺术方面的职业(如演员、导演、摄影师、作曲家等)和文学方面的职业(如诗人、剧作家等)。

(4) 社会型:这种类型的人具有合作、友善、善于交际、善于言谈、洞察力强等人格特征,有较强的社会交往能力以及教导别人的能力,善于从事那些利用人与人之间关系的技能和对人感兴趣的工作,能够在要求理解他人矛盾的环境中如鱼得水。其典型职业包括教育工作者和社会工作者。

(5) 企业型:这种类型的人有野心,具有冒险、独断、乐观、自信、精力充沛等人格特征,喜欢从事领导及企业性质的职业,愿意选择那些高度能量、高度热情和开拓精神的工作,以及具有关键作用和推动作用的任务。

(6) 传统型:这种类型的人具有顺从、谨慎、保守、实际、稳重等人格特征,喜欢有系统、有条理的工作任务,适合于需要对众多信息进行系统处理的工作环境。其典型职业包括办公室职员、会计、成本估算员、税务员、打字员等。

你可以对照上面的介绍观察一下自己,看看你适合于什么类型的工作。

3-2　了解你的心——心理测验在职业生涯规划中的应用

在进行职业生涯规划过程中,我们需要通过分析个体的能力倾向、性格特点、兴趣爱好以及价值观,从而发现适合于个体的职业,而这部分工作就是借助于心理测验来完成的。

心理测验的种类有很多,每种测验在职业生涯规划中都有不同的用途和功能,进行职业生涯规划时要根据需要选择适合的心理测验。

(1) 能力倾向测验

能力倾向测验是最早运用于职业生涯规划与辅导的心理测验,一些专家认为,能力倾向是一个人天生的、无法改变的潜在特质,这些特质可以配合某些职业所需要的条件,给予启发和探索。因此,能力倾向测验一直是职业生涯规划中不可或缺的测量工具,它可以用来预测受测对象未来在某一个需要某种特定能力的职位上的成功表现。

一般能力倾向成套测验是常用的能力倾向测验之一,此测验可以对一般智慧能力、文字能力、数字能力、空间能力、形状知觉、书写知觉、运动协调、手工灵巧、手指灵巧等九方面的能力进行评估。而职业—能力倾向的对照表中提供了不同职业所需要的不同能力,受测者可以根据自己的测验成绩与此对照表了解适合于自己的职业。

(2) 职业兴趣测验

兴趣是指一个人对其环境中人、事、物的喜爱程度,职业兴趣就是个体对某专业或职业所持的喜爱程度,职业兴趣测验可以对个体对某职业喜欢或不喜欢的程度进行评估。当一个人对某种事物发生兴趣时,他们就能调动整个身心的积极性;就能积极地感知、观察事物,积极思考,大胆探索;就能情绪高涨,想象丰富;就能增强记忆效果,增强克服困难的意志。所以,帮助个体发现适合于自己兴趣的职业是职业生涯规划中非常重要的一点。

常见的职业兴趣测验有斯特朗的职业兴趣量表、库德的职业兴趣量表、霍兰的自我探索量表等。霍兰的量表就是在他的职业六角形的理论基础上发展起来的,感兴趣的读者可以参阅一下相关的书籍。

(3) 人格测验

人格是指一个人比较稳定的行为习惯和表现,很多学者把人格看成生涯发展的一个重要变量,霍兰就认为一个人对职业生涯的选择直接和其人格类型相关联,即一个人在工作上的成就、稳定性与工作满意程度均取决于他的人格特质与工作特质的类型是否匹配。人格测验帮助受测者对自己的个人特质与需求进行澄清、了解与探索,一个人对自己的人格特质了解得越清晰,他在职业道路上的步履也就越稳健。因此,人格测验在职业生涯规划中也得到了广泛的应用。

常见的人格测验有卡特尔16种人格因素测验、艾森克人格问卷等,由于篇幅限制,这里不多作介绍。

除了上述心理测验外,价值问卷、职业生涯成熟问卷等心理测量工具也被广泛地应用于职业生涯规划领域,这些测量工具的使用需要专业人员的辅助,对其结果的解释也应慎重。当然,心理测验能帮助个体增进对自身的了解,而职业生涯的选择是一个复杂的过程,除了“知己”之外,还需要对社会环境有充分的把握,知己知彼,才能做出最合理的选择。

? 考考你

1. 你喜欢上网吗？看了我们的介绍,你认为你喜欢上网的原因是什么呢？

2. 什么是网络成瘾综合征？

3. 举几个利用名人效应来做广告的例子,分析一下这些广告的效果如何？

4. 霍兰的职业类型理论将职业分为哪些类型？你认为你适合于何种类型的职业？

编 辑 说 明

自2001年10月《经济学是什么》问世起,“人文社会科学是什么”丛书已经陆续出版了17种,总印数近百万册,平均单品种印数为五万多册,总印次167次,单品种印次约10次;丛书中的多种或单种图书获得过“第六届国家图书奖提名奖”“首届国家图书馆文津图书奖”“首届知识工程推荐书目”“首届教育部人文社会科学普及奖”“第八届全国青年优秀读物一等奖”“2002年全国优秀畅销书”“2004年全国优秀输出版图书奖”等出版界的各种大小奖项;收到过来自不同领域、不同年龄的读者各种形式的阅读反馈,仅通过邮局寄来的信件就装满了几个档案袋……

如今,距离丛书最早的出版已有十多年,我们的社会环境和阅读氛围发生了很大改变,但来自读者的反馈却让这套书依然在以自己的节奏不断重印。一套出版社精心策划、作者认真撰写但几乎没有刻意做过宣传营销的学术普及读物能有如此成绩,让关心这套书的作者、读者、同行、友人都备受鼓舞,也让我们有更大的信心和动力联合作者对这套书重新修订、编校、包装,以飨广大读者。

此次修订涉及内容的增减、排版和编校的完善、装帧设计的变化,期待更多关切的目光和建设性的意见。

感谢丛书的各位作者,你们不仅为广大读者提供了一次获取新知、开阔视野的机会,而且立足当下的大环境,回望十多年前你们对一次“命题作文”的有力支持,真是令人心生敬意,期待与你们有更多有益的合作!

感谢广大未曾谋面的读者,你们对丛书的阅读和支持是我们不懈努力的动力!

感谢知识,让茫茫人海中的我们相遇相知,相伴到永远!

北京大学出版社

2015 年 7 月

“人文社会科学是什么”丛书书目

哲学是什么
文学是什么
历史学是什么
伦理学是什么
美学是什么
艺术学是什么
宗教学是什么
逻辑学是什么
语言学是什么
经济学是什么
政治学是什么
人类学是什么
社会学是什么
心理学是什么
教育学是什么
管理学是什么
新闻学是什么
传播学是什么
法学是什么
民俗学是什么
考古学是什么
民族学是什么
军事学是什么
图书馆学是什么